鋼の物性と窒素

増補版

編 者
今井勇之進

著 者
村田威雄
坂本政祀

アグネ技術センター

序　文

　日華事変が我々の懸命な努力にも拘らず，第2次世界大戦に拡大されるや，たちまち重大問題として行く手を阻んだのはニッケル(Ni)，モリブデン(Mo)の決定的な欠乏であった。結局1Cr-1Mn-0.5Siの0.2C, 0.3Cの2鋼で，熱処理によって性能を如何に向上させ得るかを金研で調べた。ただし金研の溶解は高周波誘導加熱炉で溶解量10kg以下であるので，大同特殊鋼で50kg，必要に応じてはさらに大量のを電気弧光炉で溶製してということにした。ところが分析表(当時の分析表には窒素(N)の項目がない)が全く同じものでも両者に顕微鏡組織に微妙な相違がある。検鏡の世界の権威村上武次郎所長を煩わしたが，大同のは第一パーライトがスマートで美しく量が多めに見える。焼入性が確実に高い。炭素(C)量を高くして同じ焼入性の鋼を作ってみたが，大同のは靭性が微妙ながら好ましい。1940年代のガス分析は遅れていたが，この両者の差は溶解の差から来るもので，アーク炉が微量の窒素をもたらすものと推定した。C％を上げないで焼入性を上げるとNi, Moの節約にもなる。

　大戦中の日本の鋼材の進歩を調査に来たハレス博士に詳細を話したら，彼も当時公開し始めたばかりのBの研究についていろいろ教えてくれた。NはCと同様，多くの合金元素と親和し実に興味あるので，終戦後今井室の研究の主柱となり，発表論文は和英65以上を数えた。国際会議のメインポールに日の丸が揚げられたり，プロフェッサー・ナイトロジェンと呼ばれたのはその頃からである。

　1993年有名なドイツ材料学会から稀有な名誉会員に推挙されたが，その文中に窒素鋼の開発を特記し，来日されたドイツの第一人者ペッツオ教授から窒素鋼を纏められたいと依頼があった。同博士は今年定年退職である。そこで学術振興会で発行した鉄の合金元素という前後二巻の浩瀚な本に入れた含窒素鋼の後を継ぐものを，村田威雄君を煩わし，数年前から急速に脚光を浴びて来たFe-Cに代わるFe-N鋼の国際会議の記録等を，坂本政紀君を煩わして取り纏めたものを併せ，窒素検討の最前線を概観したものが本小冊子である。

1994年9月

今井勇之進

「増補版」発行にあたって

1994年11月に「鋼の物性と窒素」の初版本が発行され，その後1997年に「NITROGEN-ALLOYED STEELS」の発行へと続いた．両書は今井勇之進先生の長期に亘る精力的な窒素に関する研究成果を基にして纏められたものである．鋼の窒素に関する研究はその後も国内外で盛んに行われ「High Nitrogen Steels」，「THERMEC」などの国際会議をはじめ，国内では「ISIJフォーラム」や「ISIJ研究会」など組織的に研究が継続されている．

2001年9月今井勇之進先生は93歳の生涯を終えられました．ここに恩師今井勇之進先生の鋼中の窒素に関する研究への情熱が継承されるべきと思い，増補版の発行に到りました．

増補の第三部（担当：坂本政紀）はFe窒化物の特性を主にし，鋼中の窒素の挙動等に対する研究成果を纏めた．鋼に対して炭素と著しく異なる特性を明確に示した．即ち，$Fe_{16}N_2$ や Fe_4N の析出は著しい体積膨張を伴い，しかも両窒化物は固溶体と結晶構造が同一であることなど，また繰返し析出，2段析出，蒸着マルテンサイトなどの研究を述べた．

最近の高窒素鋼の研究により窒素は鉄鋼の強度，疲労，靭性，腐食等に顕著な有効性を示し，また省資源・耐環境特性，表面改質・接合特性，耐アレルギー特性に著しい効果を持つことが認められている．これらの最近の研究の詳細は「鋼の諸特性に対する窒素の有効性」研究会(ISIJ)の調査報告書（近々発行予定）に纏められているので参照されたい．

最後に，故今井勇之進先生の功績を示し，先生を偲びご冥福をお祈り申し上げます．

今井勇之進先生御略歴および叙勲・受賞			
昭和22年	東北大学教授	昭和52年	本多記念賞受賞
昭和42年	日本学士院賞受賞	昭和52年	アメリカ金属学会 Fellow Member
昭和44年	日本学術会議会員	昭和53年	勲2等瑞宝章受章
昭和44年	日本金属学会会長	昭和54年	韓国金属学会名誉会員
昭和46年	東北大学名誉教授	昭和54年	日本学士院会員
昭和50年	日本金属学会学会賞受賞	平成4年	文化功労者
昭和50年	金属博物館館長	平成5年	ドイツ材料学会名誉委員

2005年10月
坂本政紀

目　次

序　文
「増補版」発行にあたって

第一部　鉄鋼の諸性質におよぼす窒素の影響

 1. 緒　言 ·· 3
 2. Fe-N 平衡状態図 ··· 5
 3. Fe-N を有する多元系平衡状態図 ································ 9
  3.1　Fe-B-N ·· 9
  3.2　Fe-C-N ·· 9
  3.3　Fe-Al-N ··· 10
  3.4　Fe-Si-N ·· 11
  3.5　Fe-Cr-N ··· 11
  3.6　Fe-Mn-N ·· 12
  3.7　Fe-Co-N ··· 13
  3.8　Fe-Ni-N ··· 14
  3.9　Fe-Cr-C-N ·· 15
  3.10　Fe-18Cr-Ni-N ·· 18
  3.11　Fe-Cr-Ni-C-N ··· 18
 4. 固溶窒素の有効原子価 ··· 19
 5. 窒素の拡散 ··· 21
 6. 溶融鉄および鉄合金の窒素吸収，各種窒素添加法 ········· 23
  6.1　溶融鉄，鉄合金の N 吸収 ···························· 23
  6.2　各種 N 添加法 ·· 28
 7. 溶融鉄合金の脱窒素 ·· 29
 8. 固体鉄および鉄合金の窒素吸収 ······························· 31
  8.1　固体鉄，鉄合金の N 吸収 ···························· 31
  8.2　各種 N 添加法 ·· 34
 9. 固体鉄中における窒化物の溶解度 ····························· 35
 10. 含窒素 α-Fe の焼入れ時効，歪み時効 ······················· 41

11. Fe-N 合金のマルテンサイト ……………………………………………… 47
12. Fe-N マルテンサイトの焼戻し …………………………………………… 49
13. 含窒素オーステナイト鋼からのクロム窒化物，π 相析出 ………………… 51
14. σ 相析出におよぼす窒素の影響 ………………………………………… 53
15. 475 ℃ 脆性におよぼす窒素の影響 ……………………………………… 53
16. 機械的性質におよぼす窒素の影響 ……………………………………… 55
 16.1 Fe-N, Fe-C, Fe-M-N（M=V, Cr, Mn, Mo）合金 ………………… 55
  16.1.1 強度におよぼす N の影響 ……………………………… 55
  16.1.2 焼戻し脆性におよぼす N の影響 ……………………… 58
 16.2 B-N 鋼 ……………………………………………………………… 59
 16.3 Al-N 鋼 …………………………………………………………… 59
 16.4 V-N 鋼 ……………………………………………………………… 62
 16.5 Nb-N 鋼 …………………………………………………………… 63
 16.6 含 N フェライト系耐熱鋼，ステンレス鋼 ………………………… 64
 16.7 含 N オーステナイト系耐熱鋼，ステンレス鋼 …………………… 66
17. 内部摩擦と窒素 …………………………………………………………… 73
18. ステンレス鋼の腐食におよぼす窒素の影響 …………………………… 77
 18.1 フェライト系ステンレス鋼 ………………………………………… 77
 18.2 2 相ステンレス鋼 …………………………………………………… 78
 18.3 オーステナイト系ステンレス鋼 …………………………………… 80
19. 溶接金属の窒素吸収，および溶接金属の機械的性質におよぼす窒素の影響 … 85
 19.1 炭素鋼，フェライト系ステンレス鋼 ……………………………… 85
 19.2 2 相ステンレス鋼 …………………………………………………… 87
 19.3 オーステナイト系耐熱鋼，ステンレス鋼 ………………………… 88
20. 窒素の化学分析の現状 …………………………………………………… 91
21. 磁性材料としての窒化物と含窒素非晶質金属 ………………………… 93
あとがき ………………………………………………………………………… 95
参考文献 ………………………………………………………………………… 97

第二部　新型磁性材料：窒化磁石

1. 巨大磁気モーメント磁性体 $Fe_{16}N_2$ 窒化物 ………………………… 111
 1.1 巨大磁気モーメント磁性体の発見 ………………………………… 112
 1.2 巨大磁気モーメントの実証再確認 ………………………………… 114
 1.3 Fe-N 系の電子構造 ………………………………………………… 116
 1.4 $Fe_{16}N_2$ を析出した bulk 鉄の測定 ……………………………… 118

1.5 新磁性体 $Fe_{16}N_2$ の展望 ……………………………………… 118
2. $Sm_2Fe_{17}N_x$ 系磁石材料 ………………………………………………… 121
　　2.1 $Sm_2Fe_{17}N_x$ の磁性 ……………………………………………… 121
　　2.2 $Sm_2Fe_{17}N_x$ の結晶構造 ………………………………………… 123
　　2.3 $Sm_2Fe_{17}N_x$ の N 組成 ………………………………………… 124
　　2.4 ボンド磁石の開発 …………………………………………… 125
　　2.5 N 系磁石材料の展望 ………………………………………… 126
3. High Nitrogen Steels 国際会議 …………………………………… 127
　　3.1 降伏強度と破壊靭性 ………………………………………… 127
　　3.2 超高強度鋼 …………………………………………………… 128
　　3.3 強度と靭性 …………………………………………………… 129
　　3.4 応力腐食割れ（SCC）………………………………………… 130
　　3.5 磁気的性質 …………………………………………………… 134
　　3.6 疲労挙動 ……………………………………………………… 134
　　3.7 技　術 ………………………………………………………… 134
　　3.8 工業化（austenitic, ferritic and martensitic steels）………… 135
　　3.9 窒素による HSLA（High Strength Low Alloyed）鋼 ……… 136
4. はたして α″$Fe_{16}N_2$ は巨大飽和磁化磁性体か ……………………… 139
　　4.1 試料作成 ……………………………………………………… 139
　　4.2 X 線構造解析 ………………………………………………… 143
　　4.3 メスバウアー測定 …………………………………………… 147
　　4.4 磁気モーメント ……………………………………………… 150
参考文献 ………………………………………………………………… 157

第三部　Fe 窒化物の特性

はじめに
1. Fe-N 系窒化物 ……………………………………………………… 163
　　1.1 Fe 窒化物の構造と体積変化 ………………………………… 163
　　　　1.1.1 Fe-N 合金の窒化物の結晶構造 ………………………… 163
　　　　1.1.2 窒化物の体積変化 ……………………………………… 165
　　　　1.1.3 Fe 窒化物の磁気的性質 ………………………………… 165
　　　　1.1.4 まとめ …………………………………………………… 166
　　1.2 Fe 窒化物と固溶体 …………………………………………… 166
　　　　1.2.1 $Fe_{16}N_2$ と α′相 ………………………………………… 166
　　　　1.2.2 Fe_4N と γ 相 …………………………………………… 167

  1.2.3 Fe_2N と ε 相 ……………………………………… 168
 1.3 Fe_4N 相の恒温組織変化 ……………………………… 169
2. Fe-N 合金の 2 段析出 …………………………………………… 171
 2.1 α 相からの 2 段析出 ………………………………… 171
  2.1.1 2 段析出の組織観察 ………………………………… 172
 2.2 Fe 二元合金からの 2 段析出 …………………………… 174
  2.2.1 Fe-W 合金の 2 段析出の組織観察 ………………… 176
 2.3 恒温変態における 2 段析出 …………………………… 177
3. Fe-N 合金の繰返し析出 ………………………………………… 179
 3.1 Fe_4N の繰返し析出 …………………………………… 179
 3.2 Fe 二元合金中の Fe_4N の繰返し析出 ………………… 182
  3.2.1 焼入れ時効と恒温保持における繰返し析出……… 183
  3.2.2 繰返し析出の考察 …………………………………… 184
 3.3 $Fe_{16}N_2$ の繰返し析出 ………………………………… 184
4. Fe-N 合金における内部摩擦 …………………………………… 187
 4.1 Fe-N マルテンサイトの内部摩擦 ……………………… 187
 4.2 窒化した Fe-Nb 合金の内部摩擦 ……………………… 190
 4.3 内部摩擦による Fe-C-N 合金の焼入れ時効 ………… 192
5. Fe-N 合金の恒温変態 …………………………………………… 197
 5.1 543 K 以上の恒温変態…………………………………… 197
 5.2 523 K 以下の恒温変態…………………………………… 199
6. 恒温マルテンサイト変態と蒸着マルテンサイト ……………… 203
 6.1 Fe-N 合金の恒温マルテンサイト変態 ………………… 203
  6.1.1 高濃度 Fe-N 合金の恒温変態 ……………………… 203
  6.1.2 まとめ…………………………………………………… 206
 6.2 蒸着マルテンサイト ……………………………………… 206
7. 巨大飽和磁化磁性体 $Fe_{16}N_2$ の変遷…………………………… 209
 7.1 $Fe_{16}N_2$ を含む bulk Fe の飽和磁化 ………………… 209
おわりに……………………………………………………………… 213
参考文献……………………………………………………………… 215

索　引………………………………………………………………… 219

第一部

第一部
鉄鋼の諸性質におよぼす窒素の影響

村田 威雄

1. 緒言

　窒素(N)は鋼の機械的性質，ステンレス鋼の耐食性を改善する目的で広く使用されている重要な合金元素であり，近年磁石材料への添加元素としても注目を集めている。一方，Nは鋼の靭性を損なう等の有害な影響をおよぼす場合があることも知られているが，これに関しても解明が進み，精錬法と分析法の進歩により問題は克服されつつある。

　Nは大気中から採取され，鋼に添加される。添加に関してはいろいろ冶金学的なオプションがあり，その除去もガス元素であるため比較的容易である。したがって，Fe－C系と並んでFe－N系はリサイクルの容易な合金系であると考えられ，この意味からも鋼へのN添加の問題は重要である。

　Nの鋼の諸性質におよぼす影響に関しては古くから多くのレビューが報告されている。最近のものに限れば，Stevens[1)-3)]はFe－N状態図と相の物理的性質，Nの拡散，NのFe中への溶解度に及ぼす合金元素の影響を集録し，1971年に日本学術振興会製鋼第19委員会は鉄鋼の諸性質に及ぼす合金元素の影響をまとめ，そのなかでNの影響を詳述し[3a)]，1972年に今井は鋼の合金元素としてのNについて概説している[4)]。

　本項はNの影響について主に1967年以降の進歩を述べたものである。なお，引用したレビューに記載されている文献については，重複を避けるためにその一部を紹介するに止めた。なお，元素の含有量が％または無表示の場合，単位はwt％である。

2. Fe － N平衡状態図

　1932年に錦織[3b)]は文献の平衡状態図を電気抵抗の温度変化，顕微鏡組織観察とX線回折によって評価し，2種の共析反応を確認し，Lehrerの状態図（図1(a)参照）が最も確からしいものであることを明らかにした。

　Fe-N系の主な相反応と，この系に現れる相の結晶学的データを表1(a), (b)に示す。最近の状態図はMassalski編集の図書[5)]に掲載されている。Wriedtら[6)]はFe-N2元系平衡状態図とそこに現れる相の構造，熱的性質を詳しくまとめているので参照されたい。図1(b)にFe-N平衡状態図を示す。この状態図はLehrer[3c)], 村上・岩泉らの研究をまとめてMax Hansenが1936年に刊行した二元合金状態図集[3e)]によったものである。Fe_4Nの480℃近傍の磁気変態は村上・岩泉[3d)]によって明らかにされたものである。Hansen － Anderkoの1958年版[3f)]所載の図も，前述のMassalski所載のものもすべて基本的にはこの1936年版によっている。

　α Feには最大0.1 wt%，γ Feには最大2.8 wt%のNが固溶する。共析点は592℃，共析点におけるN濃度は2.4 wt%である。γ' (Fe_4N_{1-x})の格子定数aと熱膨張係数αを次式[7)]で示す。ただし，C_Nはγ'中のN濃度(at%)である。

$$a(nm) = 0.37988 + 14.82 \times 10^{-4}(C_N - 20)$$

$$\alpha(K^{-1}) = (7.62 \pm 0.75) \times 10^{-6}$$

Kunze[8)]はFe-N系における相変態の熱力学関数を計算して相境界を求め，実験値との良い一致を得ている。さらにN_2またはNH_3ガスとα, γ, ε相との平衡を計算した結果も示されている。

　fcc鉄中のCとNは侵入型固溶元素としてオーステナイトのfcc格子中の8面体格子間位置を占めることがわかっている。このN原子は，メスバウアー分光法

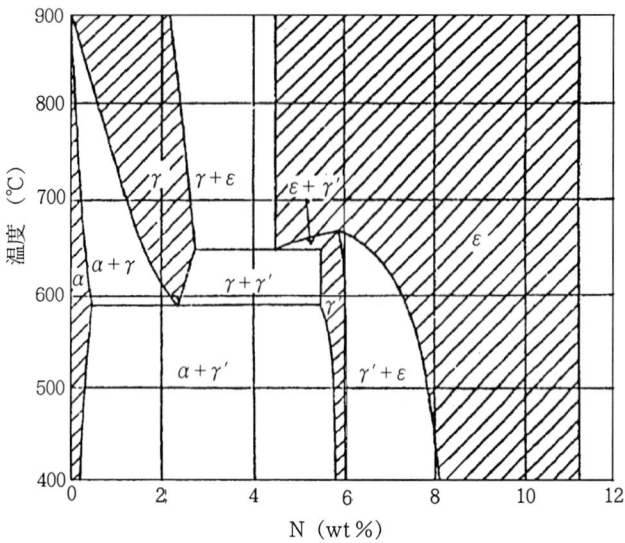

図1 (a) Fe-N平衡状態図 (E. Lehrer, Z. Elektrochem., 36 (1930), 383)

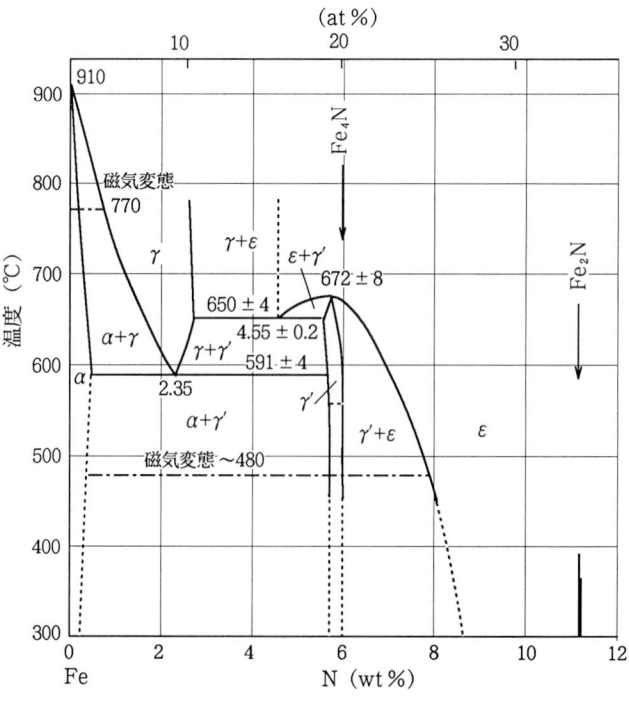

図1 (b) Fe-N平衡状態図 [3e]

2. Fe−N平衡状態図

表1 (a) Fe−N状態図の凝縮相における相変化[5]

反　　応	各平衡相の組成 (at% N)			温　度 (℃)	反応のタイプ
αFe(para) $\rightleftarrows$ αFe(ferro)	0			770	キュリー点
γFe $\rightleftarrows$ αFe	0			912	同素
δFe $\rightleftarrows$ γFe	0			1394	同素
L $\rightleftarrows$ δFe	0			1538	溶融
ε $\rightleftarrows$ Fe_4N	19.5			680	相合
ε $\rightleftarrows$ Fe_2N(a)	~33.3			≥ 480	相合？
γFe $\rightleftarrows$ αFe + Fe_4N	8.8	0.40	19.3	592	共析
ε $\rightleftarrows$ γFe + Fe_4N	15.9	10.3	19.3	650	共析
γFe $\rightleftarrows$ αFe + $Fe_{16}N_2$(b)	...	...	...	...	共析？
L + δFe $\rightleftarrows$ γFe(a)	~11	~3.5	~6	~1495	包晶？
L + γFe + Fe_3N(a)	...	...	...	...	包晶または共晶

(a) 認められず. 概念的に可能.
(b) 認められず. 概念的に準安定相として可能.

(b) Fe−N結晶構造のデータ[6]

相	組成範囲 (at% N)	Pearson シンボル	空間群	結晶構造	典型例
安定相（0.1 MPa）					
αFe	0 ~ 0.4	cI2	Im3m	A2	W
δFe	0 ~ 3.5	cI2	Im3m	A2	W
γFe	0 ~10.3	cF4	Fm3m	A1	Cu
Fe_4N	19.3 ~ 20.0	...	...	L'1	Fe_4N
ε	約15 ~ 約33	hP3	$P6_3$/mmc	L'3	"Fe_2N"
Fe_2N(a)	約33.2	...	...	...	...
FeN_6	約86	...	...	...	...
FeN_9	約90	...	...	...	...
その他		...			
εFe(b)	0 ~ ?	hP2	$P6_3$/mmc	A3	Mg
マルテンサイト	0 ~ 2.7	cI2	Im3m	A2	W
	2.7 ~ 9.5 (c)	...	...	L'2	マルテンサイト
$Fe_{16}N_2$	約11.1 (c)	...	I4/mmm	...	...

(a) 斜方晶　(b) 13GPa以上の圧力で安定
(c) 体心正方格子

によればN-Fe-Nのダンベル型の構造を示すことから，N原子間に引力的な第2隣接相互作用が働くと考えられている[9]。bcc鉄中でのNも8面体格子間位置を占める。

3. Fe－Nを有する多元系平衡状態図

Fe-N-X3元系平衡状態図に関しては，Raghavanの状態図集[10]がある。また，最近は副格子モデルを用いた理論状態図が盛んに報告され，CALPHAD (Calculation of Phase Diagram)による状態図計算が行われ，実験値とよく合致することが認められている。今後，この種の状態図研究が材料開発に重要な役割を果たすと考えられている。

3.1 Fe－B－N

杉本ら[11]は，FountainらのBNおよびFe_2Bのγ域での平衡溶解度積を用いてBとNの低濃度域での平衡状態図を得ている。この結果を図2に示す。Bの固溶量は極めて小さく，例えば850℃では4ppmである。

3.2 Fe－C－N

この系に関しては文献10に 500, 565, 575, 600, 700 ℃の等温断面図が記載されている。この系には下記の不変系反応がある。

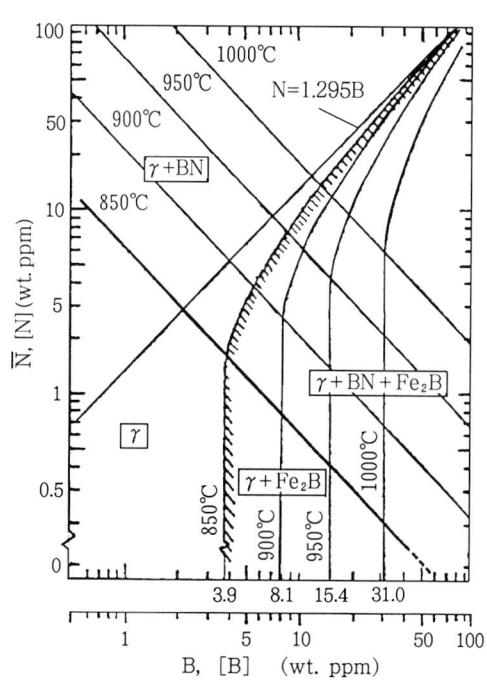

図2 Fe-B-N系の850-1000℃での平衡状態図[11]

$$\gamma + \varepsilon \rightleftarrows \gamma' + Fe_3C \qquad 575℃$$

$$\gamma \rightleftarrows \alpha + \gamma' + Fe_3C \qquad 565℃$$

また，Fe－CオーステナイトへのNの溶解度は以下の式で示されている。

0%C	$\log(wt\%) / \sqrt{P_{N_2}} = 656/T - 2.090$
0.66%C	$\log(wt\%) / \sqrt{P_{N_2}} = 673/T - 2.155$
1.0%C	$\log(wt\%) / \sqrt{P_{N_2}} = 769/T - 2.272$
1.2%C	$\log(wt\%) / \sqrt{P_{N_2}} = 817/T - 2.352$

ただし，Tは絶対温度，Pは気圧である。

Zuyaoら[12]は熱力学的な状態図の計算により $\varepsilon/(\varepsilon + \gamma')$ と $\gamma'/(\gamma' + \varepsilon)$ 相境界を求め，前者については更に実験的な検討を要することを指摘している。

3.3 Fe－Al－N

Hillertら[13]は2副格子模型を用いて状態図の熱力学的な計算を行い，溶融Fe－Al合金の液相面投影図とN_2ガスの溶解度を計算した。その結果を図3，4に示す。

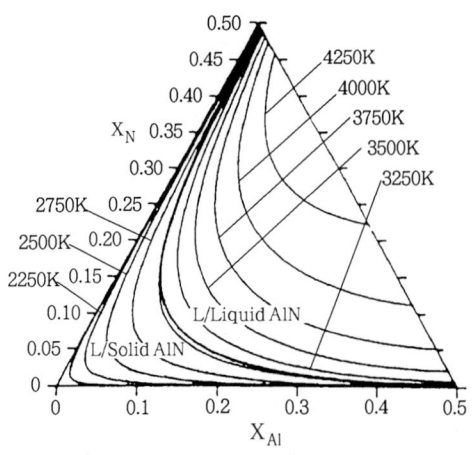

図3 L/液体AlN, L/固体AlNの液相面[13]

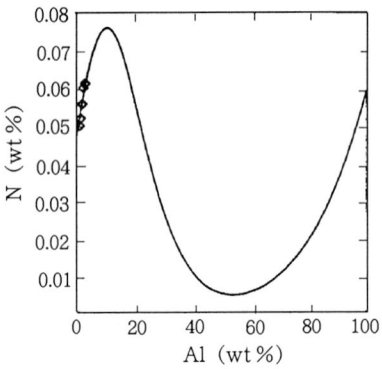

図4 1 bar N_2 ガスの液体Fe－Al合金(1900K)への溶解度[13]
実験点は H.Wada, R.D.Pehlke(Metall. Trans. B,9B (1978) 441)による。

3. Fe－Nを有する多元系平衡状態図

約50%Alを境に低Al側ではN^0のサイト割合が多く,高Al側ではN^{-3}サイトの方が多くなる。AlNの昇華点は1気圧で2690K,3重点は3067.7K,9.75barであると予測し,AlNは10barのN_2雰囲気中で溶融可能であろうと述べている。

3.4 Fe － Si － N

文献10にL/(L + Si_3N_4), α/(α + Si_3N_4) の相境界とγ, αへのN溶解度が示されている。図5に示すように,Si含有量の増加にともないN固溶量が減少する。

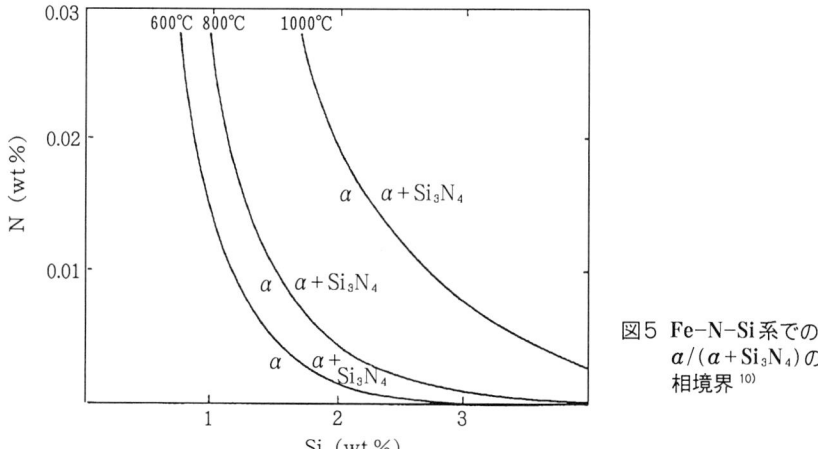

図5 Fe-N-Si系でのα/(α + Si_3N_4)の相境界[10]

3.5 Fe － Cr － N

文献10に567, 700, 1000, 1200℃の等温断面図がまとめられている。この系には以下の不変系反応が認められている。

$$L + \alpha \rightleftarrows \gamma + Cr_2N \qquad 1328℃$$
$$L + Cr_2N \rightleftarrows \gamma + CrN$$
$$L \rightleftarrows \gamma + \varepsilon + CrN \qquad >1200℃$$
$$\gamma + Cr_2N \rightleftarrows \alpha + CrN \qquad 790℃$$
$$\gamma + \varepsilon \rightleftarrows CrN + \gamma'$$

$$\gamma \rightleftarrows \alpha + \mathrm{CrN} + \gamma' \qquad 580℃$$

また，Fe-Cr系へのN溶解度については1250, 1150, 1050℃の場合 の式が与えられている．1050℃の例を以下に示す．

$$\log(\%\mathrm{N}) = -1.613 + 0.1363\,(\%\mathrm{Cr}) - 0.00255\,(\%\mathrm{Cr})^2$$

Frisk[14]は2副格子模型に基づいて相の平衡計算を行い，1000~1300℃における等温断面図を求めた．計算された相境界は，今井ら，Jarlらが実験的に得た相境界にほぼ一致する．

3.6 Fe－Mn－N

Caian Qiu[15]はGibbsエネルギーを用いた熱力学計算で溶融Fe-Mn合金，fcc, bccへのN溶解度を求め，実験値とほぼ一致することを示している．また，500, 600, 700℃の等温断面図と液相面の投影図を計算で求め，Mn$_4$NへのFeの溶解度は温度を高くすると増加し，710℃で最大値を示した後hcp相への変態が起こるまで減少すると予測している．

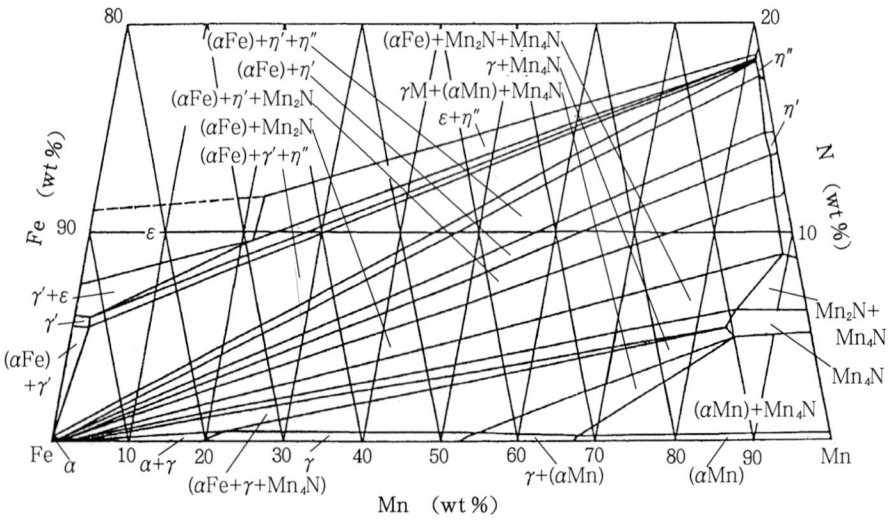

図6 Fe-Mn-N系の500℃での等温断面図 [10]

文献10に500,550℃の等温断面図と液相とγへのN溶解度がまとめられている。図6に500℃の等温断面図を示す。Mn量の増加により、α-Feと平衡する窒化物はγ'(Fe$_4$N), η(Mn$_3$N$_2$), Mn$_2$N, Mn$_4$Nと変化し、N溶解度が減少する。

3.7 Fe－Co－N

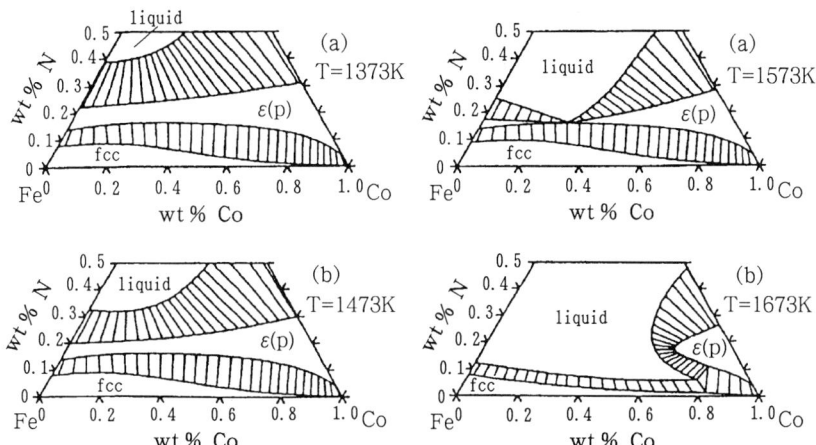

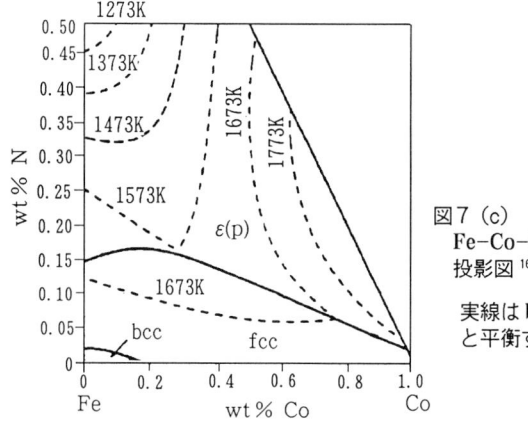

図7(a), (b)　Fe-Co-N系の熱力学計算による等温断面図[16]

図7(c)
Fe-Co-N熱力学計算による液相面の投影図[16]

実線はbccとfcc相, およびfccとε相と平衡する液相の組成

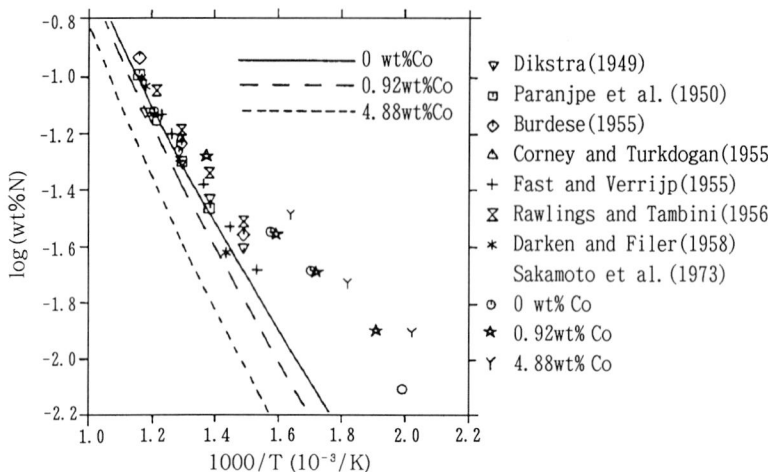

図8 Fe-Co-N系のbcc固溶体において$(Fe,Co)_4N$と平衡するN濃度の熱力学計算値 実験点は文献値を示す[16]

図7(a), (b), (c)に熱力学的に計算した液相面投影図[16]を示す。$\varepsilon(p)$は常磁性ε相(六方晶)である。また，$(Fe,Co)_4N$と平衡するN量の温度依存性の計算値と実験値との比較を図8に示す。

3.8 Fe-Ni-N

図9に熱力学的に計算した液相面投影図[17]を示す。また，N_2一気圧と平衡するfcc相のN溶解度の計算値と実験値との比較を図10に示す。Niはfcc相と液相のN溶解度を減じる。

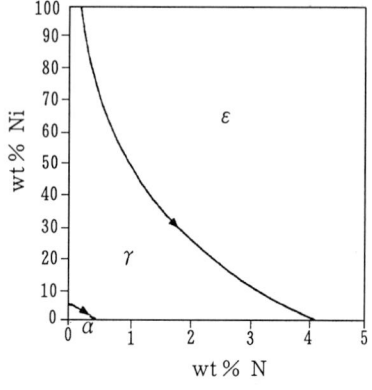

図9 Fe-Ni-N系の液相面の計算値[17]

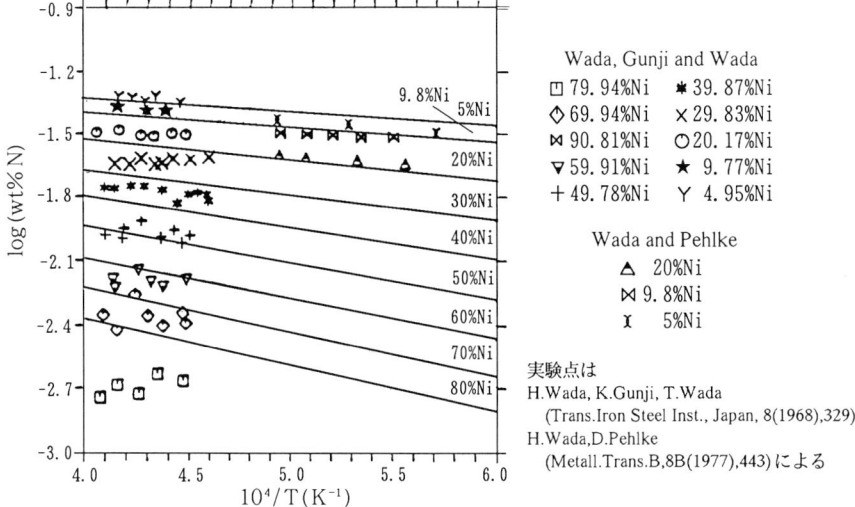

図10 液体Fe-Ni合金への1気圧N_2の溶解度の計算値 [17]

3.9 Fe − Cr − C − N

今井らはFe-Cr-C-N 4元系状態図を明かにした。7Cr[18], 12Cr[19], 18Cr[20]の各Cr量のFe-Cr-C-N 4元合金の代表的な断面組織図を図11 (a), (b), (c)に示す。この図に示されているように，$Cr_{23}C_6$, Cr_7C_3, Cr_2N, CrN, α, γ, Lなどが関与する各種の4相領域が確認されている。たとえば1000℃～1300℃の範囲では，N量が増加すると$\alpha + \gamma + Cr_{23}C_6 + Cr_2N$, $\gamma + Cr_{23}C_6 + Cr_7C_3 + Cr_2N$の4相領域が現れる。相変化に関与するFe側における不変系反応はつぎの五つであると考えられる[21]。

I	1250 ℃	$\alpha + L \rightarrow \gamma + Cr_{23}C_6 + Cr_2N$	包共晶反応
II	780 ℃	$\gamma + Cr_{23}C_6 \rightarrow \alpha + Cr_7C_3 + Cr_2N$	包共析反応
III	770 ℃	$\gamma + Cr_2N \rightarrow \alpha + Cr_7C_3 + CrN$	〃
IV	760 ℃	$\gamma + Cr_7C_3 \rightarrow \alpha + CrN + Fe_3C$	〃
V	565 ℃	$\gamma + CrN \rightarrow \alpha + Fe_3C + Fe_4N$	〃

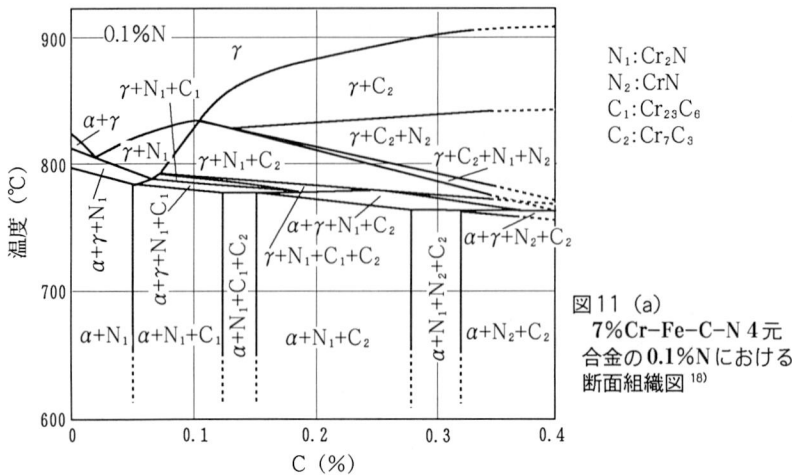

図11 (a) 7%Cr-Fe-C-N 4元合金の0.1%Nにおける断面組織図 [18]

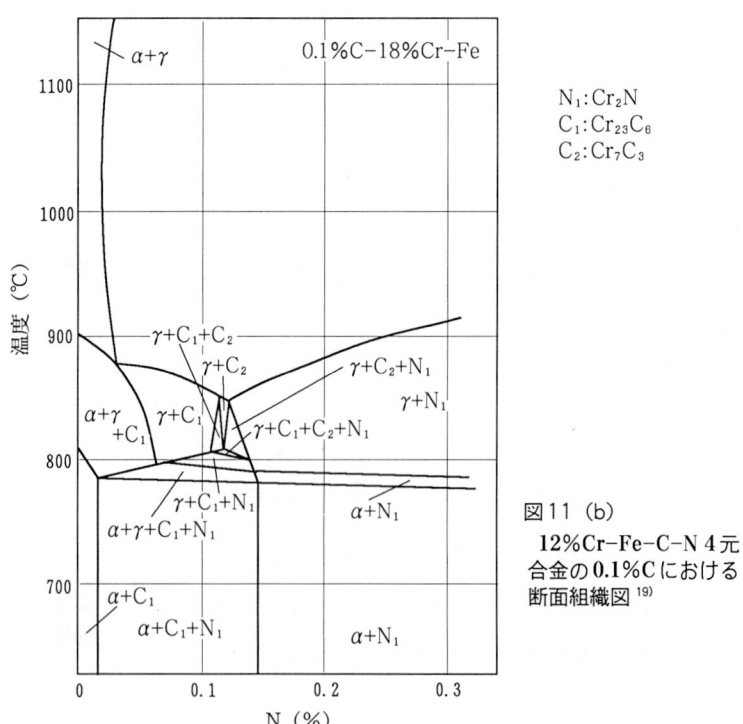

図11 (b) 12%Cr-Fe-C-N 4元合金の0.1%Cにおける断面組織図 [19]

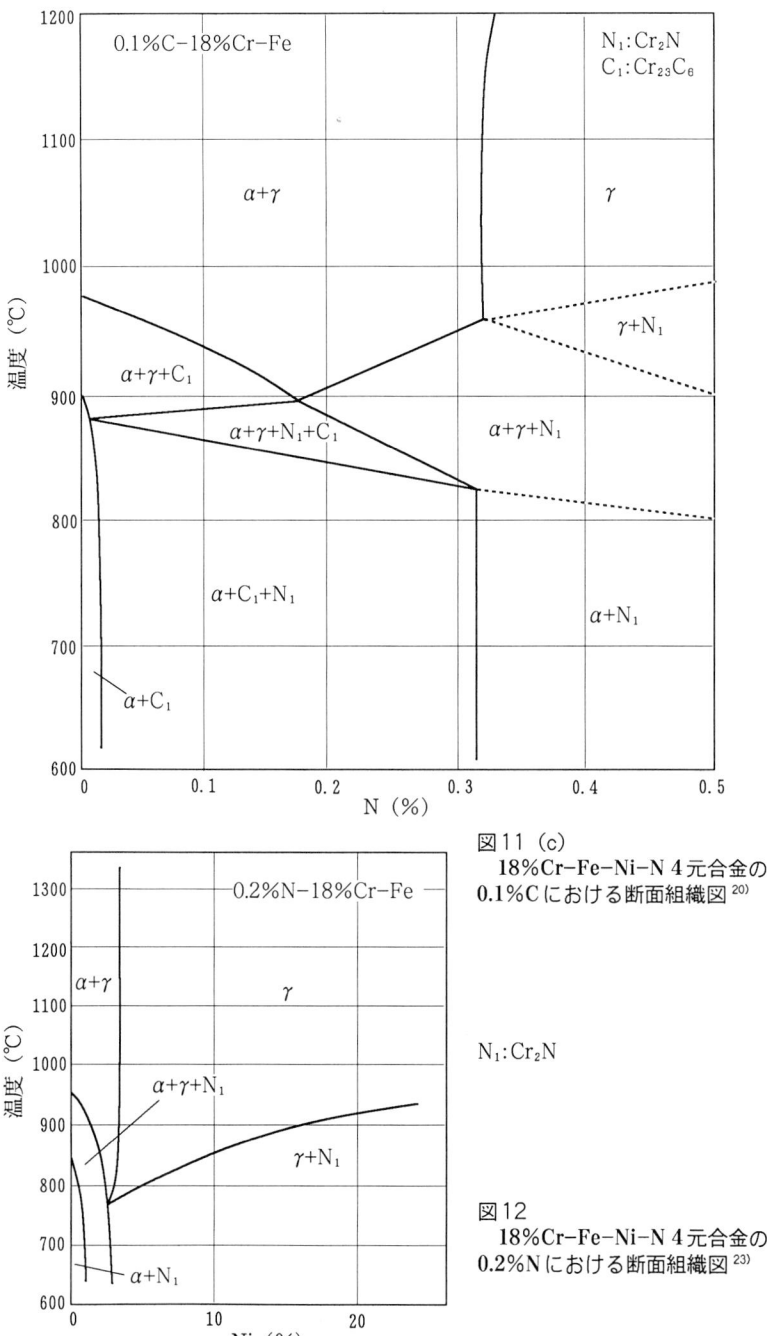

図11 (c)
18%Cr-Fe-Ni-N 4元合金の
0.1%Cにおける断面組織図[20]

図12
18%Cr-Fe-Ni-N 4元合金の
0.2%Nにおける断面組織図[23]

Hertzman[22]は1000℃での熱力学的な平衡計算を副格子モデルを用いて行い，今井らの実験結果にほぼ一致する結果を得ている。

3.10 Fe – 18Cr – Ni – N

18Cr-Fe-Ni-N 4元系合金の断面組織図を図12[23]に示す。1000℃までは$\alpha + \gamma$, γが存在し，温度降下につれて$\gamma + Cr_2N$の2相領域およびFe-Cr-N 3元系の900℃に存在する3相領域$\gamma + \alpha + Cr_2N$ ($\gamma \to \alpha + Cr_2N$)が4元系内に広がる。

Frisk[24]は熱力学的な平衡計算を副格子モデルを用いて行い，N溶解度，各種断面図を計算し，実験的に得られている平衡状態図にほぼ一致する結果を得ている。

3.11 Fe – Cr – Ni – C – N

Hertzman[25]は標記合金系 (Cr < 27, Ni < 17%) のFeコーナーの1000℃での相平衡を得ている。Hillert-Staffanssonの副格子モデルを用いたコンピュータ計算 (脚注参照) で得た相境界は実験結果にほぼ一致している。この熱力学的な計算手法は多成分系の相平衡の予測に有効である。

熱力学的データを用いた平衡状態図のコンピュータ計算手法は，過去10年の間に著しく進歩し6元系以上の実用材の平衡を明かにする基本的なルーチンになりつつある。最近の進歩については文献26)を参照されたい。また，Hillert-Staffanssonの副格子 (Sub-lattice) モデルについては文献27)に解説されている。

---

4. 固溶窒素の有効原子価

　メスバウアー効果の測定によると，Fe-N合金のオーステナイトおよびマルテンサイトにおいてN原子は負イオンの挙動を示すが，Fe-C合金の場合には逆にC原子は正イオンの挙動を示す[28]。エレクトロ・トランスポート(Electro-transport)の測定によるオーステナイト域での有効原子価をつぎに示す[29]。

$$N\begin{cases} -8.3 \pm 1.0\,(1000\,℃) \\ -14.1 \pm 1.7\,(925\,℃) \end{cases}$$

$$C\begin{cases} +8.6 \pm 1.0\,(950\,℃) \\ +13.7 \pm 1.7\,(842\,℃) \end{cases}$$

　Nの有効原子価は普通考えられている +5 または -3 に比べて非常に大きい。CおよびNイオンはそれぞれ正および負であり，これはメスバウアーによる結果と同じである。しかし，最近のエレクトロ・トランスポート実験によれば，γ-Fe 中でのCとNはともにカソード方向に移動し，有効原子価はそれぞれ +3.7 および +3.2 であり，CとNが共存するといずれの有効原子価も増大する傾向を示す[30]。

　一方，フェライト鉄中でのC, Nの実効原子価はそれぞれ $+4.3 \pm 1.1$ (752℃)，$+5.7 \pm 1.4$ (736℃) であり，いずれの値も5に近い[31]。

5. 窒素の拡散

α - Fe 中におけるNの拡散係数を下に示す。

$$D_{N\alpha} = 1.5 \times 10^{-2} \, [\text{cm}^2/\text{s}] \exp(-19[\text{kcal/mol}]/RT)^{32)}$$

$$D_{N\alpha} = 7.8 \times 10^{-3} \, [\text{cm}^2/\text{s}] \exp(-18.9[\text{kcal/mol}]/RT)^{33)}$$

これらの値はNのα - Feへの溶解速度または脱出速度を測定して求めたものであり,従来の値とあまり変わらない。

α - Feにおける550~810℃でのFeの粒界拡散係数D'におよぼすNの影響を下に示す[34]。

α-FeでのFe:

$$P = 1.74 \times 10^{-16} \, [\text{m}^3/\text{s}] \exp\{-(91 \pm 4)[\text{kJ/mol}]/RT\}$$

ただし,$P = D' \cdot d$,dは粒界の幅(0.5nm)

N(420ppm)を含む場合:

$$P = 7.95 \times 10^{-12} \, [\text{m}^3/\text{s}] \exp\{-(180 \pm 40)[\text{kJ/mol}]/RT\}$$

ただし,$P = (\Gamma \max / c_{Fe}^V) \cdot (1 - X_A')D'$

$\Gamma \max = 3.21 \cdot 10^{-5} \, \text{mol/m}^2$(結晶粒界でのFeとNの濃度)

$c_{Fe}^V = 1.41 \times 10^8 \, \text{mol/m}^3$(バルク材でのFe濃度)

X_A' = 結晶粒界でのN濃度

P, S, CおよびNが結晶粒界に偏析するとFeの粒界拡散の活性化エネルギーが増加し,拡散速度は小さくなる。

溶融鉄中におけるNの拡散係数[35]をつぎに示す。

$$D_N = (11 \pm 2) \times 10^{-5} \text{ cm}^2/\text{s} \qquad (1600\,°C)$$

この値は溶融鉄へのNの溶解度を測定して求めたものである。既出のα-Feの拡散の式[36]から1535°Cにおけるδ-Feの値を求めると，$D_N = 4.0 \times 10^{-5}$ cm^2/sであり，溶融鉄の値に比べて著しい差異はない。すなわち，δ-Fe→溶融鉄の変化があってもD_Nは急激に変化しない[37]。

窒化物中におけるNの自己拡散係数をつぎに示す。

Fe$_4$N[38] 　$D_N = 3.2 \times 10^{-12}$ cm^2/s 　　(504°C)
　　　　　　　　$= 7.9 \times 10^{-12}$ cm^2/s 　　(554°C)

ε[39] 　$D_N = 4.43 \times 10^{-3} \exp(-27050/RT)$
　　　　　　　　$= 9.8 \times 10^{-11}$ cm^2/s 　　(500°C)

これらの値は，純鉄をNH$_3$-H$_2$混合ガス中で窒化し，純鉄の表面に生成する窒化物の成長速度を測定して求めたものである。いずれの値もα-Fe, γ-Feでの値に比べて著しく小さい。なお，オーステナイト系ステンレス鋼におけるNの拡散係数については16.7で述べる。

6. 溶融鉄および鉄合金の窒素吸収, 各種窒素添加法

6.1 溶融鉄, 鉄合金の N 吸収

1600 ℃付近での溶鉄の N 溶解度は次式で示される[40]。

$$\log K (= [\%N]/\sqrt{P_{N_2}}) = -518/T - 1.063 \pm 0.0004$$

溶鉄への N 溶解度の N 圧力依存性に関しては, Sieverts の法則が 1650 ℃で 0.1 から 200MPa までの範囲で成り立つ[41]。

種々の溶融鉄合金の N 溶解度が測定されている。その結果を表 2[42]-[46] 及び図 13[47], 14[48], 15[45] に示す。

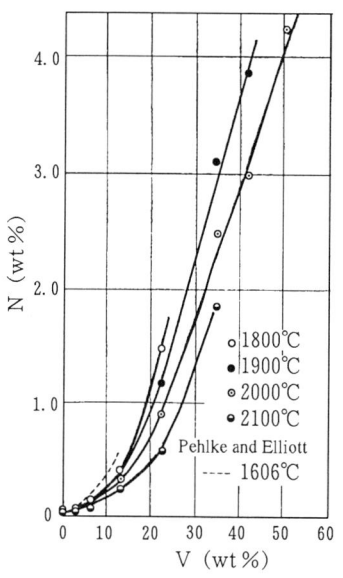

図13 溶融 Fe-V 合金の 1 気圧窒素中における N 溶解度 [47]

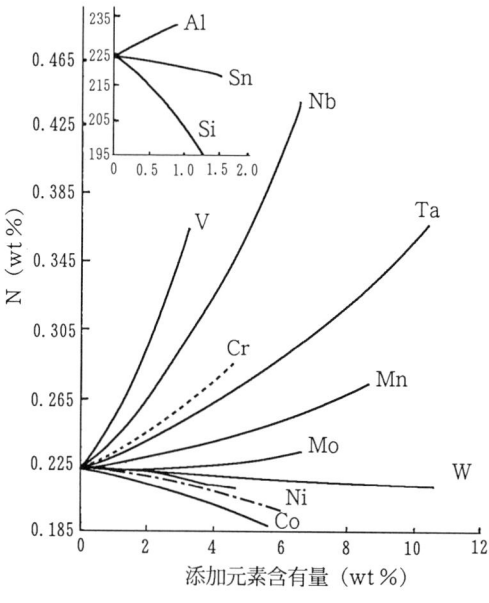

図14 溶融 Fe-18%Cr-8%Ni 合金の N 溶解度におよぼす合金元素の影響 (1600℃, 1 気圧 N₂ガス中) [48]

表2 溶融鉄合金のN溶解度 ($P_{N_2} = 1$ 気圧)[42]~[46]

合　金	温度範囲	濃度範囲	N溶解度（Nおよび合金元素量はwt%）
Fe-N	1500°～1800℃	—	$\log [N] = -285/T - 1.21$
Fe-C-N	1450°～1750℃	C<5%	$\log [N] = -\left[\dfrac{285}{T}+1.21+\dfrac{[C]}{4.575}\left\{\dfrac{1646}{T}-0.409\right\}+\dfrac{[C]^2}{4.575}\left\{\dfrac{504}{T}-0.233\right\}\right]$
Fe-Co-N	1600℃	Co 10~85%	$\log [N] = -1.337 - 0.0105[Co]$
Fe-Ni-N	1600℃	Ni 10~65%	$\log [N] = -1.337 - 0.0147[Ni]$
Fe-Cr-Ni-N	1550°～1700℃	Cr<21% Ni<11%	$\log [N] = -1.348 + 0.0518[Cr] - 0.000541[Cr]^2$ $\quad -0.011[Ni] + 0.000252[Ni][Cr]$ $\quad -[350-135[Cr]]\left(\dfrac{1}{T}-\dfrac{1}{1873}\right)$
Fe-Cr-Ni-Nb -Mo-Si-N	1600℃	Cr<18% Ni<10% Nb<6% Mo<6% Si<6%	$\log [N] = \log 0.045 + 0.0468[Cr] + 0.0667[Nb]$ $\quad +0.0106[Mo] - 0.0107[Ni] - 0.047[Si]$ $\quad -0.00136[Cr][Nb] - 0.00002[Cr][Mo]$ $\quad +0.00041[Cr][Ni] + 0.00149[Si][Cr]$ $\quad +0.00080[Si][Nb] + 0.00037[Si][Mo]$ $\quad +0.00032[Si][Ni] + 0.00041[Ni][Nb]$ $\quad -0.00017[Cr]^2 + 0.00020[Ni][Mo]$ $\quad +0.00011[Mo][Nb]$
Fe-0.06C -0.3Si-9.7Mn -17.6Cr-5Ni	1540°～1740℃	$P_{N_2}=0.79$気圧	$[N] = 35 \times 10^{-1} T^2 - 0.012T + 10.546$
	1600℃	$P_{N_2}=0.79$気圧	$[N] = 3.21 \times 10^{-4}[Cr]^2 + 1.01 \times 10^{-2}[Cr] + 0.045$ $\quad 1.19 \leq Cr \leq 21.40$ $[N] = 1.05 \times 10^{-3}[Mn]^2 + 2.32 \times 10^{-2}[Mn] + 0.211$ $\quad 3.84 \leq Mn \leq 11.08$ $0.05 \leq C \leq 0.15, 1.25 \leq Ni \leq 7.37$の範囲では[N]はほとんど変化しない

6. 溶融鉄および鉄合金の窒素吸収, 各種窒素添加法

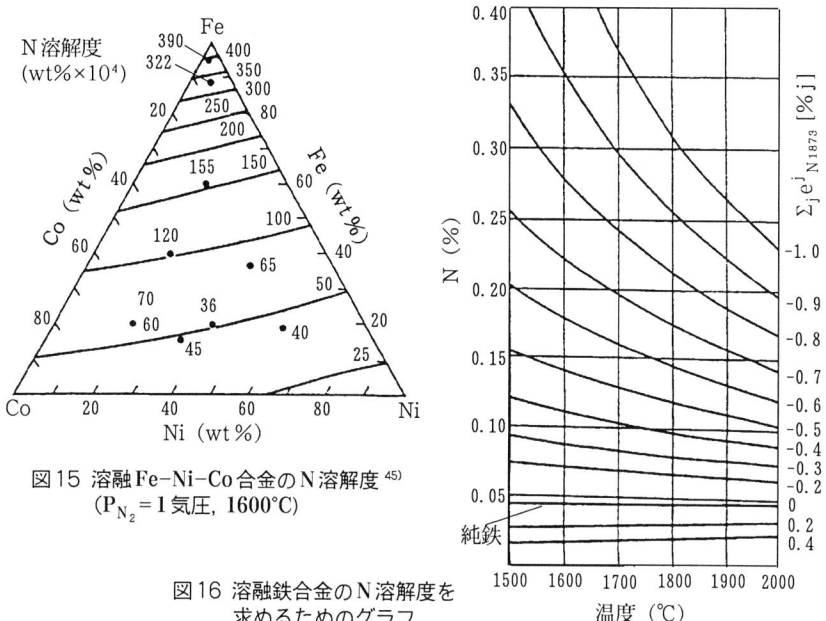

図15 溶融 Fe-Ni-Co 合金の N 溶解度 [45]
($P_{N_2} = 1$ 気圧, 1600℃)

図16 溶融鉄合金の N 溶解度を
求めるためのグラフ

任意の溶融鉄合金の N 溶解度を求める方法として Nelson の方法がある。Chipman ら[49]は, 溶融 Fe-j 合金における N の溶解熱 ($h_N^{(j)}$) が相互作用助係数 ($e_N(j)$) に比例する事実を見いだし, N 溶解度を正確に算出する式を導き, 次式を得た。

$$\log[\%N] = -188/T - 1.25 - \left[\frac{3280}{T} - 0.75\right] \sum_j e_{N(1873)}^{(j)} [\%j]$$

代表的な $e_N^{(j)}$ の値を表3[49]-[54]に示す。1気圧の窒素ガス中における任意の溶融鉄合金の N 溶解度を上式を用いて求めることができる。この計算は図16のチャートを利用すると容易になる。

Fe-N-Cr[55] および Fe-N-Nb[56] 系の相互作用係数 $f_N^{(X)}$ は次式で表される。

$$\log f_N^{Cr} = (-148/T + 0.033)[\%Cr] \qquad Cr < 15\%$$

$$\log f_N^{Cr} = (-148/T + 0.033)[\%Cr] + (1.56/T - 0.00053)[\%Cr]^2$$
$$15\% < Cr < 60\%$$

表3 溶融鉄中に溶解したNに対する第3元素の相互作用助係数

第3元素(j)	$e_N^{(j)}$ 1600℃	$e_N^{(j)}$ 2000℃	文献
B	0.13		(a)
C	0.13		(b)
O	-0.19	-0.14	(c), (d)
O	-0.12(*)		(e)
Al	-0.028		(c)
Si	0.047		(b)
P	0.047		(c)
S	0.013		(c)
S	0.007(*)		(e)
Ti	-0.53		(c)
V	-0.100	-0.063	(b), (f)
Cr	-0.045	-0.031(**)	(b), (g)
Mn	-0.023		(b)
Co	0.010		(b)
Ni	0.010	0.010(**)	(b), (g)
Cu	0.006		(b)
As	0.018		(c)
Se	0.006(*)		(e)
Zr	-0.63		(c)
Nb	-0.067		(b)
Mo	-0.011		(b)
Sn	0.006		(b)
Te	0.070(*)		(e)
Ta	-0.034		(b)
W	-0.002		(b)

(a) H.Schenck, E.Steinmetz : Arch. Eisenhüttenwes., 39 (1968), 255
(b) J.Chipman, D.A.Corrigan : Trans. AIME, 233 (1965), 1249
(c) E.Schürmann, H-D.Kunze : Arch. Eisenhüttenwes., 38 (1967), 585
(d) 和田春枝, 郡司好喜, 和田次康 : 日本金属学会誌, 32(1968), 831
(e) 石井不二夫, 萬谷志郎, 不破祐 : 鉄と鋼, 68(1982), 946
(f) 和田春枝, 郡司好喜, 和田次康 : 日本金属学会誌, 33(1969), 720
(g) 和田春枝, 郡司好喜, 和田次康 : 日本金属学会誌, 32(1968), 933
(*) 1580℃
(**) 相互作用母係数を換算した値

$$\log f_N^{Nb} = -0.086\,[\%Nb] + 0.0019\,[\%Nb]^2 \quad 1600\,℃$$

$$\log f_N^{Nb} = -0.079\,[\%Nb] + 0.0018\,[\%Nb]^2 \quad 1650\,℃$$

$$\log f_N^{Nb} = -0.067\,[\%Nb] + 0.0014\,[\%Nb]^2 \quad 1700\,℃$$

TiのようにNとの相互作用が大きい元素を添加すると，N圧力がある値に達するまでSievertsの法則が成り立つ．N溶解度のN圧力依存性が折れ曲がるN圧力以上でTiNの晶出が始まる．各種溶融NiCr鋼におけるTiNの溶解度積を図17

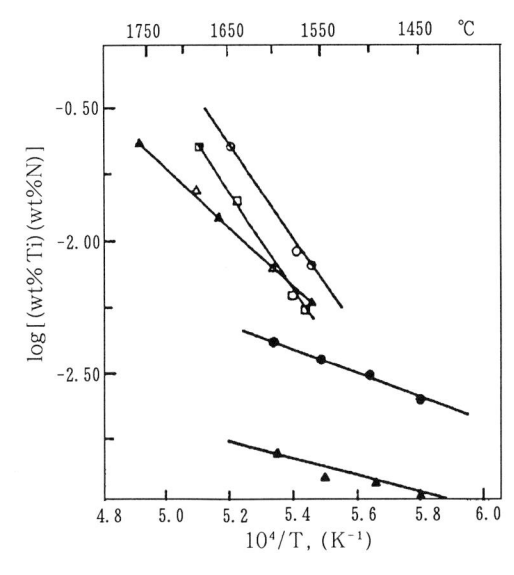

図17 Fe-Cr-Ni合金中のTi窒化物形成に対する溶解度積(pctTi)・(pctN)のvan't Hoff表示[57]

に示す[57]。

Fe-Ni-Cr溶湯中の化学組成とN溶解度(1気圧)との関係は,一般に次に示す学振推奨値を用いて求められている。

$$\log[\%N] = -518/T - 1.063 + 0.046[\%Cr] - 0.00028[\%Cr]^2 + 0.02[\%Mn]$$
$$- 0.007[\%Ni] - 0.048[\%Si] + 0.12[\%O] - 0.13[\%C]$$
$$+ 0.011[\%Mo] - 0.059[\%P] - 0.007[\%S]$$

ただし,Tの単位はK

溶融鉄(1600℃)のN吸収速度におよぼす合金元素の影響について長ら[58]はつぎの結果を得ている。C(≦3.81%), Cr(≦10.69%), Mn(≦4.33%)はほとんど吸収速度係数kに影響を与えない。Siは約2%まではkを大きくするが,それ以上では4.4%Siまでの範囲でkはほぼ一定の値を示す。また,[S]と[O]の影響に関してはNの初期吸収速度をつぎの式で与えている。

Fe-S : $(dc/dt)_{t=0} = 0.22 \times 10^{-4} P_{N_2} / [\%S]^{2/3}$　　　　([S]≧0.05%)

Fe-O: $(dc/dt)_{t=0} = 0.12 \times 10^{-4} P_{N_2}/[\%O]^{2/3}$　　　$([O] \geq 0.04\%)$

この式から知られるように [S] および [O] は N 吸収速度を著しく低下させる。[S] および [O] 濃度がそれぞれ一定の値を越えると吸収速度は $\sqrt{P_{N_2}}$ よりも P_{N_2} に比例する[59]。溶鉄中での N_2 気泡上昇時における化学反応速度定数は $[\%O]+[\%S]/2$ の関数で表され，$[\%O]+[\%S]/2$ の増加とともに減少する[60]。これは [S] と [O] が界面反応抵抗を増やすためであるが，この効果は高温 (2000℃) では失われる[61]。[%O] の吸窒防止効果を低炭素鋼の製鋼工程に応用して，全窒素吸収量を 3~9ppm に抑えることができる[62]。

窒素含有量によっては鋼の凝固時にブローホールが発生する。ブローホール生成の臨界窒素含有量は，凝固時雰囲気圧力が約 10Torr 以下では雰囲気圧力に関係なくほぼ一定の値 (約 40ppmN) を示す[63]。

6.2 各種 N 添加法

N はとくにオーステナイト系ステンレス鋼の機械的性質を改善するので，様々な N 添加法が開発されている。溶融状態での N 添加法としては古くから母合金を用いる方法，加圧 N_2 ガス中での溶解法，プラズマ中溶解法，加圧エレクトロスラグ再溶解法，加圧鋳込み法があり，固体状態での N 添加法に関しては窒化物の粉末冶金で固化する手法と，メタロイド/金属の積層物の拡散接合による成形法がある。この中で加圧エレクトロスラグ再溶解法は 20t レベルで操業されている[64]。

HIP を利用した溶解実験によると，200MPa の N 雰囲気中で Fe-20Cr-10Ni に約 5% の N を添加できる[65]。Fe-Cr-Ni と Fe-Cr-Mn 合金を N_2 プラズマ・アーク溶解すると N を約 0.3% 添加できる[66]。SUS304L ステンレス鋼，およびその Cr 濃度を 23% まで増やしたものを，$Ar+N_2$ ガス中でアトマイズして得た粉末を HIP 法で固化して，各々の N 量が 0.15 と 0.21wt% のものが得られている。N 量は Backfill gas に影響され，アトマイズ粉の空洞はアトマイズ雰囲気に影響される。アトマイズ雰囲気が Ar の場合には空洞が数多く認められるが，雰囲気を N_2 とすると減少する[67]。

7. 溶融鉄合金の脱窒素

　溶鉄への Ar ガス吹き込みによる脱窒速度は，ガスの上吹き，底吹きに関係なく 2 次の速度式で表される。脱窒速度は液側物質移動，気泡界面における化学反応，および気相側物質移動により律速され，化学反応速度定数は [%O]＋[%S]/2 が増えると減少する[68]。一方，脱窒速度はガス側物質移動で律速され，Ar バブリングによる脱窒で気泡が N で飽和していない可能性があることを指摘した報告もある[69]。[%S] および [%O] がおよそ 100ppm 以下ではガスおよび金属相の物質移動律速になりやすく，1600℃でのガス吹付け実験によると界面化学反応速度定数 k_r は次式[70]で与えられる。

$$k_r = 15 \times 10^{-2}\{1/(1+161[\%O]+63.4[\%S])\}^2 \quad [m/s\cdot\%]$$

　この界面抵抗は，るつぼ材質，脱酸方法に関係なく気泡界面には存在せず，溶鉄の自由表面にのみ存在する[71]。

　RH(Rheinstahl und Heraeus) 真空精錬法は脱水素，脱炭，脱酸等鍛造用鋼の高純度化に広く用いられているが，一般の RH 法では脱窒は進みにくく，脱窒率は 20〜40%[72]，N 濃度は普通鋼の場合で 15ppm 以下[73]である。減圧下で酸化剤粉体を Ar ガスとともに上吹きすると N 濃度を 10ppm 以下とすることができる[74]。還元ガス吹込み実験によると，水素ガスは見掛けの脱窒反応速度を上げ，CO ガスは溶鋼成分によって脱窒を阻害することがある[75]。

　現在は，真空下粉体上吹法 (VOD − PB) による N が 20ppm 以下の超極低窒素鋼の製造技術が確立している[76]。一方，DH (Dortmund Hörder) 法でも N が 15ppm レベルの鋼が大量生産されているが，10ppm を容易に得ることができる技術レベルには達していない[77]。

　溶融 Fe-Cr 合金の場合も脱窒速度は 2 次反応式を満足し，界面抵抗に対する界

面通過と液相内物質移動の混合律速である[78]。界面抵抗は [O] あるいは [S], また Cr の増加とともに大きくなる[79]。Cr 濃度が約 20% の溶鉄に関する 1600℃でのガス吹付け実験によると界面化学反応速度定数 k_r は次式で表される[80]。ただし, a_O と a_S はそれぞれ [O] および [S] の活量である。

$$k_r = 5.7 \times 10^{-2}/(1 + 161 a_O + 54.5 a_S)^2 \quad [\text{m/s·\%}]$$

フェライト系ステンレス鋼の低 C+N 化は耐食性と靭性改善のための重要課題であり, 実用化には (C+N) 量を 100~150ppm とする必要があると言われている。酸素吹錬と Ar 撹拌を併用した VOD 法によると 16~19% Cr 鋼で [C] < 10ppm, [N]15~25ppm が得られている[81]。12% Cr 鋼では AOD 法と AR 法を併用して, (C+N) 量が 250ppm 以下のものが得られる[82]。

8. 固体鉄および鉄合金の窒素吸収

8.1 固体鉄,鉄合金のN吸収

表4に各種合金元素を含むオーステナイト中に固溶したNに対する添加元素の相互作用助係数を示す[83],[84]。Nに対するTiの相互作用助係数$e_N^{(Ti)}$が最も小さく$e_N^{(C)}$が最も大きい。HはNのオーステナイトへの飽和溶解度に影響を及ぼさない。表4に示されている$e_N^{(X)}$のうちで,Al,Ti,Zr,Nb,Taの値は盛らが計算によって求めたものである。

この計算の根拠は,溶融鉄中のNに対する添加元素の相互作用助係数とγ-Fe中でのNに対する相互作用助係数との間に明確な相関関係が存在するという実験事実にあり,その関係は次式で与えられる。

$$e_N^{(X)}(1200°C) = 1.9\,e_N^{(X)}(1600°C) - 0.005 \tag{1}$$

$$e_N^{(X)}(1200°C) = 1.8\,e_N^{(X)}(1600°C) - 0.004 \tag{2}$$

(1)式は$e_N^{(X)}(1600℃)$の値としてElliottらの値を用いた場合,(2)式はSchürmannらの値を用いた場合の関係を示す。

$e_N^{(X)}(1200℃)$の値を用いて多元系のN溶解度($P_{N_2}=1$気圧,1200℃)を計算する方法[85]について簡単に紹介しておく。周知のようにHenry基準の活量係数f_Nを用いるとNの活量a_Nはつぎのように示される。

$$a_N = f_N\,[\%X] \tag{3}$$

N濃度(%Xで表示)が無限に希薄なとき,すなわちX = 0のとき$a_N = 0$であり,$f_N = 1$と定義する。FeとFe-i合金を窒素ガス雰囲気中で加熱してNが金属中に飽和溶解したとき,FeおよびFe-i合金中のNの活量はガス圧が同一であるから互いに等しい。したがって,

表4 オーステナイトにおける相互作用助係数 $e_N^{(X)}$ の温度依存性 [83], [84]

合金元素	$e_N^{(X)}$ 1200℃	$e_N^{(X)}$ の温度依存性	合金元素の濃度範囲	注
H	0		P_{H_2} < 0.5atm	
C	0.085 +	395/T(K)−0.183	< 1.2%	
C	0.13		< 0.8	
Al	0.001			calc. (E)
Si	0.13	650/T−0.31	< 0.68	
Si	0.11 +	−360/T+0.349	< 0.58	
Si	0.056		< 1.6	
P	0.063		< 0.2	
Ti	−1.2 +			calc. (E)
Ti	−1.7 +			calc. (S)
V	−0.18	−2100/T+1.25	< 0.5	
Cr	−0.32	−4370/T+2.63	< 10	
Cr	−0.09	−320/T+0.133	< 14.1	
Cr	−0.098		< 2.4	
Cr	−0.11 +	−356/T+0.133	< 4	
Mn	−0.11	−284/T+0.08	< 15	
Mn	−0.034 +	−250/T+0.142	< 13	
Mn	−0.040		< 4	
Mn	−0.036 +	−72/T+0.013	< 6	
Co	0.016	67/T−0.030	< 15	
Co	0.014		< 12	
Co	0.016 +	10/T+0.009	< 12	
Ni	0.022	54/T−0.015	< 15	
Ni	0.017 +	−15/T+0.027		
Ni	0.015		< 10	
Ni	0.017 +	18/T+0.005	< 15	
Ni	0.0166	32.4(±3.5)/T−0.0056(±0.0027)	< 35	文献(84) 温度に依存せず
Cu	0.006 +	0.006	< 3	
As	0.028 +	150/T−0.074	< 1.5	
Zr	−1.2 +			calc. (S)
Nb	−0.13 +			calc. (E)
Mo	−0.05		< 1	
Ta	−0.069 +			calc. (E)
Ta	−0.066			calc. (S)
W	−0.015 +	−125/T+0.0070	< 3	

+ : $e_N^{(X)}$ の温度依存性または式(1),(2)から得た値。(E)および(S)はそれぞれ(1)式および(2)式を用いたことを示す。

8. 固体鉄および鉄合金の窒素吸収

$$a_N = f_N [\%X] \qquad (\gamma\text{-Fe})$$

$$= f_N^{[N]} \cdot f_N^{[i]} [\%N]_i = f_N^{[i]} [\%N]_i \quad (\gamma\text{Fe-i}合金) \qquad (4)$$

Fe-N 合金では $f_N^{[N]} = 1$ であるから Fe-i 合金の N 溶解 $[\%N]_i$ を求めるためには，ある温度における Fe の N 溶解度と $f_N^{[i]}$ を知ればよい。多元系合金の場合

$$\log f_N^{[ij]} = \log f_N^{[N]} + \log f_N^{[i]} + \log f_N^{[j]} + \cdots$$

$$= e_N^{[i]} [\%i] + e_N^{[j]} [\%j] + \cdots \qquad (5)$$

の関係があるから合金を構成する金属の相互作用助係数 $e_N^{[i]}$, $e_N^{[j]}$ ‥‥などを用いて多元系合金の $f_N^{[ij]}$ を容易に得ることができる。この $f_N^{[ij]}$ の値から $P_{N_2} = 1$ 気圧，1200℃におけるオーステナイトの N 溶解度を求めるためには図18を利用するとよい。この図は，純鉄の 1200℃における N 溶解度を (6) 式[86]から求め，(4)式の [%X] に代入し，(5)式の $f_N^{[ij]}$ を (4)式の $f_N^{[i]}$ に等置すると得られる (%C = 0, T = 1473K とおけば N = 0.0223%。この値は Darken ら[87]の式による値 0.0228 に近い)。

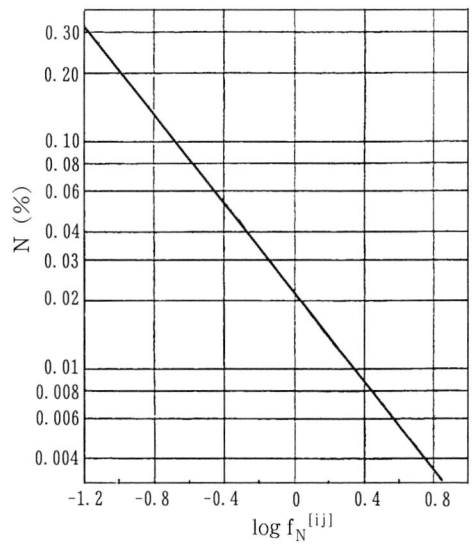

図18 1気圧の窒素ガスと平衡する γ-Fe (1200℃)のN溶解度と $\log f_N^{[ij]}$ との関係

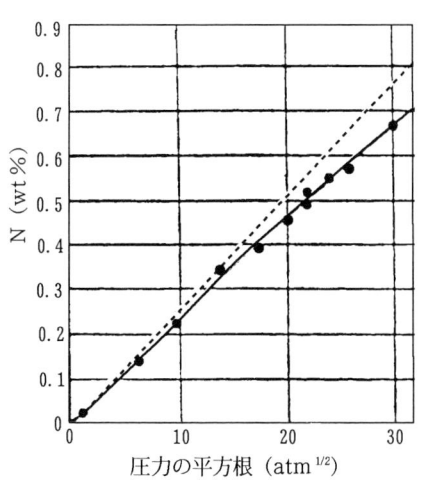

図19 1000℃における純鉄のN含有量と窒素圧との関係[88]

$$\frac{\log[\%N]}{\sqrt{P_{N_2}}} = \frac{652}{T} - 2.093 - \left(\frac{395}{T} - 0.183\right) \; [\%C] \qquad (6)$$

$$1323 \leq T \leq 1523 \, K$$

Nのγ-Feへの飽和溶解度はSievertsの法則に従うことから$f_N^{[N]} = 1$, すなわち$e_N^{[N]} = 0$とおいてきた。しかし、増本ら[88]が920 kg/cm²までの窒素ガス中でγ-FeにおけるNの飽和溶解度を調べた結果によると、図19に示したようにN溶解度は100気圧を越えるとSievertsの法則(図中破線)に従わないことが明らかになった。この実験で得られた$e_N^{[N]}$の値は0.144 (950℃), 0.176 (1000℃)である。

8.2 各種N添加法

固体鉄へのNの添加法については溶融鉄合金へのN添加を含めて文献[89]にまとめられている。メカニカルアロイング(MA)法とN_2ガス中焼結が検討されている。MA法ではFe_4N等の窒化物粉末または含N固溶体と, SUS316L金属粉末とで高N鋼を得た例[90], Fe-Si合金をN雰囲気中で混合して非晶質含N磁性体を得た例[91]が報告されている。

SUS410粉の圧粉体をN_2ガス中で1473Kで焼結すると0.26 wt%Nが吸蔵する。N_2ガスでの焼結速度は真空中焼結に比べて遅く, SUS304Lの真空での焼結速度にほぼ等しい[92]。

9. 固体鉄中における窒化物の溶解度

表5[93)-104)]にオーステナイトにおける種々の窒化物の溶解度積を，図20にそれらをグラフ化したものを示す。また，マイクロアロイング元素として重要なTiの溶解度積とNb窒化物のオーステナイトにおける溶解度積におよぼす合金元素の影響を以下に示す。

表5 オーステナイトにおける窒化物の溶解度積

平衡式	図20	文献
$\log[B][N] = -13{,}970/T + 5.24$	○	(93)
$\log[Al][N] = -7{,}400/T + 1.95$	(1)	(94)
$\log[Al][N] = -6{,}180/T + 0.725$	(2)	(95)
$\log[V][N] = -6{,}900/T + 2.35$	(1)	(96)
$\log[V][N] = -7{,}070/T + 2.27$	(2)	(97)
$\log[Y][N] = -17{,}600/T + 10.69$	○	(98)
$\log[Zr][N] = -8{,}376/T + 2.37$	○	(99)
$\log[Nb][N] = -10{,}150/T + 3.79$	(1)	(100)
$\log[Nb][N] = -10{,}230/T + 4.04$	(2)	(101)
$\log[La][N] = -14{,}100/T + 7.78$	○	(102)
$\log[Hf][N] = -13{,}500/T + 8.02$	○	(98)
$\log[Ta][N] = -12{,}800/T + 6.08$	○	(103)
$\log[Ta][N]^{0.85} = -7{,}400/T + 2.09$		(104)
$\log[Ta][C]^{0.85}[N]^{0.06} = -5{,}800/T + 2.02$		(104)

〔注〕図20にグラフ化したものは○印，データが2種あるものは各々(1)，(2)で示す。

Ti[105)]：

$$\log[\%Ti][\%N] = -16000/T + 5.09$$

NbN[106),107)]：

$$\log[\%Nb][\%N] = -8500/T + 2.89$$

$$\log[\%Nb][\%N] = -8500/T + 2.89 + (1085/T - 0.68)[\%Mn] - (48/T + 0.032)[\%Mn]^2$$

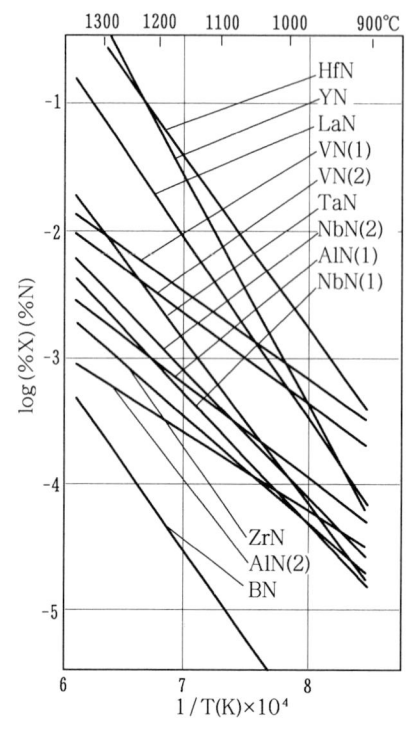

図20 オーステナイトにおける窒化物の溶解度積

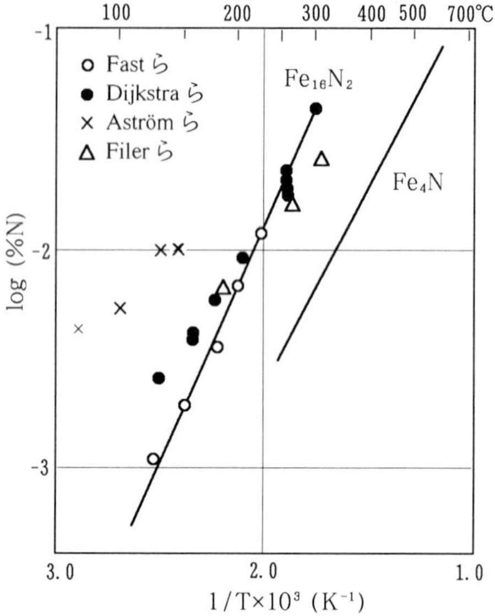

図21 $Fe_{16}N_2$ および Fe_4N と平衡する α-Fe 中のN溶解度 [115]

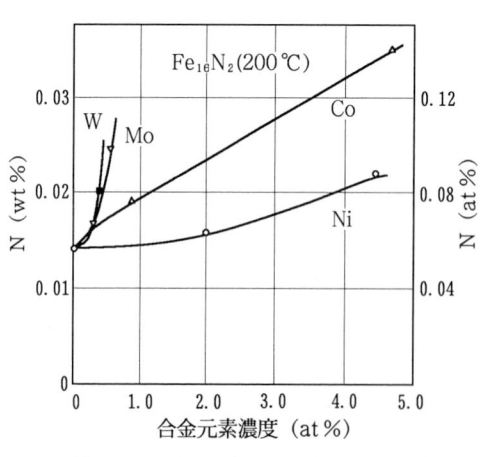

図22 α-Fe(200℃)中の $Fe_{16}N_2$ と平衡する N濃度におよぼす合金元素の影響 [110]

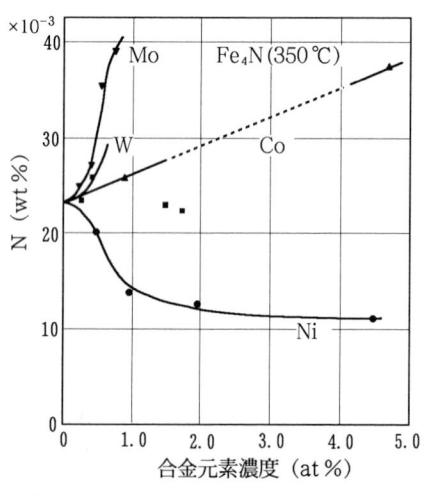

図23 α-Fe(350℃)中の Fe_4N と平衡する N濃度におよぼす合金元素の影響 [111]

9. 固体鉄中における窒化物の溶解度

$\log[\%Nb][\%N] = -8500/T + 2.89 - (1900/T - 1.103)[\%Si]$

$\log[\%Nb][\%N] = -8500/T + 2.89 + (1290/T - 0.77)[\%Cr] - (51/T + 0.034)[\%Cr]^2$

$\log[\%Nb][\%N] = -8500/T + 2.89 + (694/T - 0.44)[\%Ni] - (29/T - 0.0178)[\%Ni]^2$

また，Fe-18Cr-Ni合金においてCr$_2$Nと平衡するオーステナイト中のN溶解度[108]をつぎに示す。

$$\log[\%N] = -[860 + 16[\%Ni] + 1.5[\%Ni]^2]/T + 0.15 \\ + 7.8 \times 10^{-3}[\%Ni] + 1.2 \times 10^{-3}[\%Ni]^2$$

(Fe-18Cr-8Ni-N合金では $\log[\%N] = -1080/T + 0.284$)

α-Feに対するFe$_4$N(γ')，およびFe$_{16}$N$_2$(α'')の溶解度を以下に示す。

γ' : $\log[\%N] = -1814/T + 1.090$ [109]

α'' : $\log[\%N] = -1770/T + 1.880$ [110]:

低合金鉄の場合については坂本らが内部摩擦法によるスネークピークを利用した測定を行っている。

γ' [111] :

0.92%Co	$\log[N\%] = -1140/T + 0.26$
4.88%Co	$\log[N\%] = -1025/T + 0.16$
0.36%Mo	$\log[N\%] = -1090/T + 0.17$
0.65%Mo	$\log[N\%] = -1030/T + 0.12$
0.92%Mo	$\log[N\%] = -910/T + 0.03$
1.26%Mo	$\log[N\%] = -880/T + 0.02$
0.86%W	$\log[N\%] = -1170/T + 0.32$
1.26%W	$\log[N\%] = -1110/T + 0.24$

α'' [112]~[114] :

0.018%C	$\log[N\%] = -1890/T + 2.00$
0.39%P	$\log[N\%] = -1620/T + 1.83$
0.93%Co	$\log[N\%] = -1730/T + 1.92$

9. 固体鉄中における窒化物の溶解度

4.88%Co	$\log[N\%] = -1360/T + 1.45$
2.06%Ni	$\log[N\%] = -1750/T + 1.91$
4.70%Ni	$\log[N\%] = -1690/T + 1.89$
0.65%Mo	$\log[N\%] = -1750/T + 1.90$
0.92%Mo	$\log[N\%] = -1580/T + 1.69$
0.86%W	$\log[N\%] = -1770/T + 1.94$
1.26%W	$\log[N\%] = -1760/T + 1.99$

図21に$Fe_{16}N_2$およびFe_4Nと平衡するα-Fe中のN溶解度を示す。また，溶解度の合金元素依存性を図22, 23[110),111)]に示す。

フェライト中のN溶解度におよぼす合金元素の影響については集録[115)]に詳しい紹介があるから，ここではその要点について簡単に述べる。

図24にフェライトにおける種々の窒化物の溶解度積を示す。Mo, Ni, Pは窒化

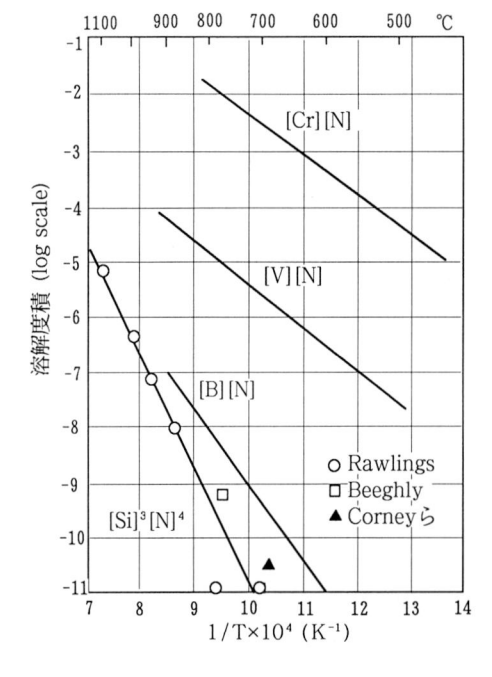

表6 Fe-3.1%Si合金のN溶解度 ($P_{N_2}=1$気圧))

温度（℃）	時間（hr）	N（%）
900	24	0.0010
950	48	0.0014
1000	48	0.0016
1000	24	0.0017
1100	6	0.0025
1200	6	0.0030

図24 フェライト中の窒化物溶解度積の温度依存性[115)]

9. 固体鉄中における窒化物の溶解度

物を形成しないが，いずれの元素もNの溶解度を減少させる。Mnの影響については0.75%Mnまではほとんど影響無しとの説と，溶解度を減少させるとの報があり，定説がない。

Fe-3.1%Si合金のN溶解度を表6に示す。この値をPearceのデータと比較すると固溶量はやや低い。一方，Si_3N_4の析出する温度は900～950℃であり，Pearceが主張する770℃とかなり異なっている[116]。

フェライトでのVNの溶解度についてはFountainらの報告[117]があるが，その後の研究によれば溶解度積の温度変化は次式で与えられる。

$$\log[\%V][\%N] = -5250/T + 0.12$$

V窒化物の溶解度積は炭化物の値にくらべてほぼ2桁小さい[118]。最近の副格子模型による熱力学的な計算によれば，フェライト中における[VN]の計算結果は実験値の1/5であり，更なる精密な実験が望まれている[119]。

[注] 窒化物について

シリコン窒化物はSi_3N_4であり，下記のαおよびβの二つの型が存在する[120]。

  αSi_3N_4(六方晶) a = 7.748Å， c = 5.617Å
  βSi_3N_4(六方晶) a = 7.608Å， c = 2.911Å

一方，Si脱酸した低炭素鋼に見いだされたシリコン窒化物はSiNであり，その結晶構造は六方晶(a = 3.17 Å，c = 5.05 Å)[121]である。市販の低炭素鋼Si脱酸鋼中のシリコン窒化物はMnを含む[122]。代表的な鋼中窒化物の結晶構造と密度，硬さ，融点，生成熱，ASTMカード番号が文献123)に一括掲載されている。また，窒化物の熱膨張の温度変化は文献124)に示されている。

---

10. 含窒素 α−Fe の焼入れ時効, 歪み時効

9章で述べたようにFe-N 2元合金の焼入れ時効によって析出する窒化物はFe$_4$NおよびFe$_{16}$N$_2$である。Nの析出にともなう固溶度の変化は内部摩擦法で測定されており，各種合金系での溶解度積が決定されている。Jack[125]は侵入型合金元素，とくにNの析出挙動に及ぼす置換型合金元素の影響を集録し，最近の研究動向を紹介している。

また，鈴木[126]はFeと低炭素鋼の再結晶に及ぼすC,N析出の影響を解説している。

Fe-0.028%N合金を450℃から氷水焼入れしたものの薄膜透過電子顕微鏡観察によれば，18℃ 100hの時効で大部分の析出中心(Fe$_{16}$N$_2$)は形成し終わり，時効

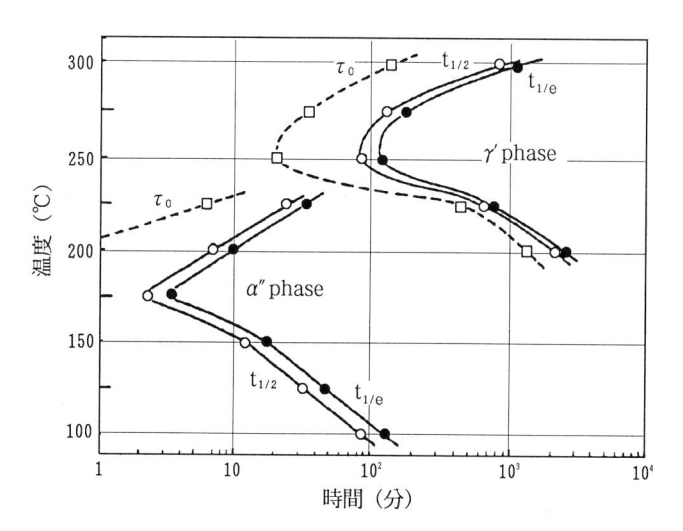

図25 α'', γ' の潜伏期間τ_0と固溶N濃度が最初の1/2になるまでの期間$t_{1/2}$の温度変化 [126]

10. 含窒素 α−Fe の焼入れ時効, 歪み時効

時間を増やしても析出物の間隔はほぼ一定に保たれる。この析出中心は均一に存在し，転位線上への析出は極くわずかであり，100℃でも復元することなく成長する[127]。

$Fe_{16}N_2$ は 225℃以下で析出するが，Fe_4N は約 200℃以上で形成される。析出の C 曲線を図 25 に示す。200℃で時効した場合，$Fe_{16}N_2$ は転位から析出し始める。100℃で時効を行なうと，転位の認められない部分から析出し始めることもある。いずれの場合も $Fe_{16}N_2$ は {100} α 面に平行に析出し，円板状に成長する[128]。写真 1 の円板像は $Fe_{16}N_2$ であって，写真の右上に認められる帯状の像は $Fe_{16}N_2$ の断面である。この円板の直径は時効時間の平方根に比例し，200℃で 25 時間時効すると数 μm にも達する。

$Fe_{16}N_2$ の析出は外部応力の影響を受ける。応力を印加すると $Fe_{16}N_2$ の析出に配列効果が認められる。たとえば，[001] 方向の引張り応力によって (001) 面に平行な $Fe_{16}N_2$ の核発生頻度が増大する。この核は，半径 15 Å 程度の円板状を呈し，

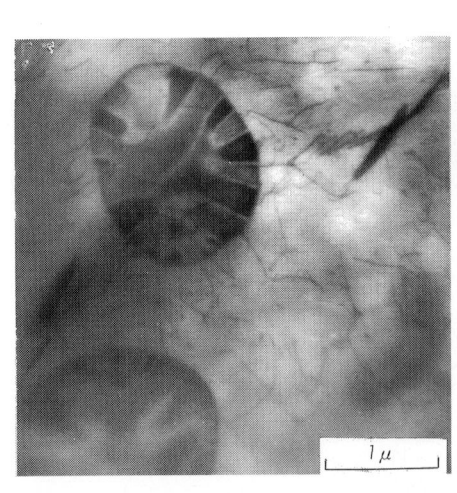

写真 1 Fe-0.022N 合金に認められる円板状の $Fe_{16}N_2$.[128] 写真面は {100} α に平行. 時効条件は 200℃×300 分. 基準線の長さは 1μm.

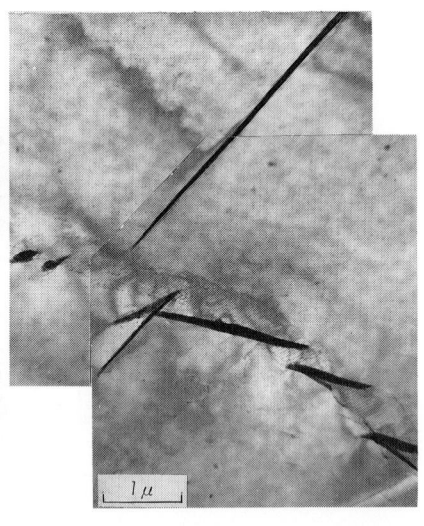

写真 2 Fe-0.022N 合金の亜結晶粒界から析出した松葉状の Fe_4N.[128] 時効条件は 250℃×1000 分. 基準線の長さは 1μm.

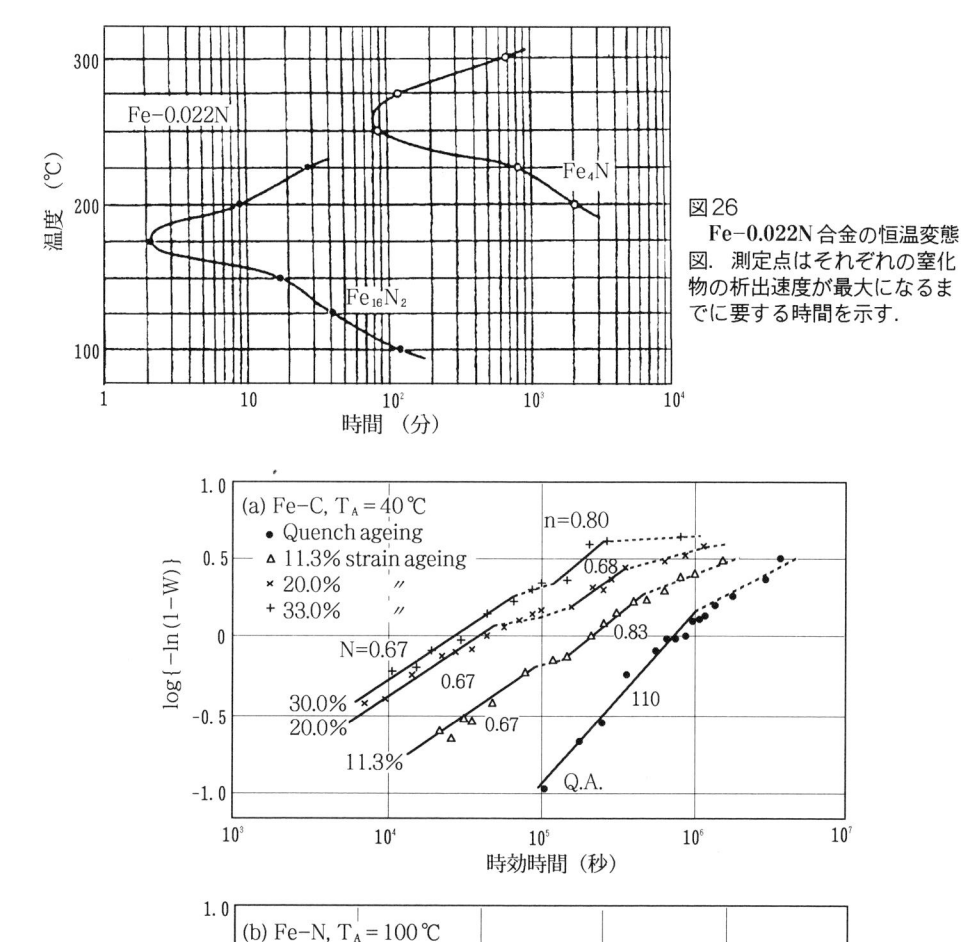

図26 Fe-0.022N合金の恒温変態図. 測定点はそれぞれの窒化物の析出速度が最大になるまでに要する時間を示す.

図27 規格化された歪み時効の時効時間依存性. ただし W は析出の分率 [132]

(時効時間)^{2}則に従う2次元成長をする[129]。

　Dahmenら[130]は，$Fe_{16}N_2$がしわのある円板状(ロゼット状)の外観を呈し，そのセグメントが{001}面から約10°傾いた面に沿っていることを示している。

　一方，安定窒化物Fe_4Nは結晶粒界，亜結晶粒界，非金属介在物および析出物($Fe_{16}N_2$, Fe-C-N合金のFe_3C)の界面より細長く薄いリボン状または松葉状(V字状)に析出し，<211>αに成長する。DahmenらによればV字状Fe_4Nはαの{049}面を晶癖面とし，その面の挟角は42°である。

　写真2に亜結晶粒界から析出したFe_4Nを示す。Fe_4Nの長さは時効時間の3乗に比例する。図26はFe-0.022N合金の窒素析出にともなう電気抵抗の変化から求めた恒温変態図であり，$Fe_{16}N_2$とFe_4Nの析出速度はそれぞれ約175℃，260℃で最大になる。

　$Fe_{16}N_2$からFe_4Nへの遷移過程に関しては，$Fe_{16}N_2$がFe_4Nの析出位置になることもあるが，$Fe_{16}N_2$がin situに変態してFe_4Nが生成することはないという報告と，120℃で析出した$Fe_{16}N_2$は240℃においてFe_4Nが析出する前に基質中に完全にとけ込むのでFe_4Nの核にはなり得ないとする報告[131]がある。

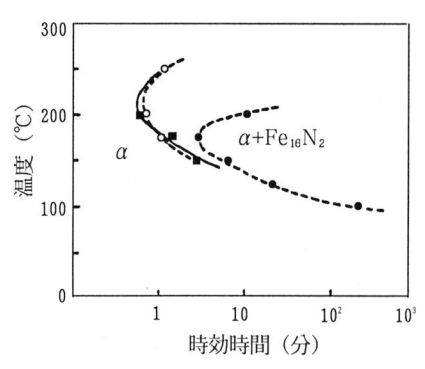

○　Fe-0.042N
●　Fe-0.026N
■　Fe-0.030N-0.018C

図28　Fe-0.018C-0.030N合金の
　　　50%析出を示すC曲線 [134]

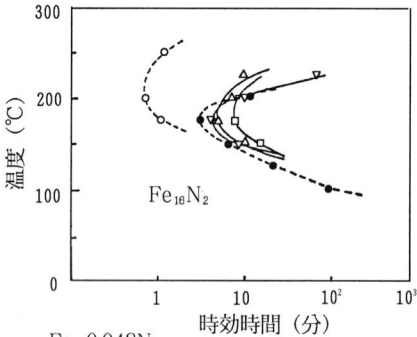

○　Fe-0.042N
●　Fe-0.026N
△　Fe-0.13P-0.028N
▽　Fe-0.29P-0.029N
□　Fe-0.39P-0.046N

図29　Fe-P-N合金（550℃焼入れ）
　　　50%析出を示すC曲線 [135]

10. 含窒素 α−Fe の焼入れ時効, 歪み時効

Fe_4N の析出速度は, Fe_3C の場合に比べて著しく速く, 図27に示すように歪みは規格化された析出分率 $\log\{-\ln(1-W)\}$ を増加させる[132]。歪み時効指数はNが20~40ppm以上ではN量によらずほぼ一定であるが, C量が約140ppm以下ではC量にほぼ比例して増加し, Nの場合と異なる挙動を示す[133]。CはFe$_{16}$N$_2$の析出を促進し, Nの溶解度を小さくする。時効析出曲線(C曲線)におよぼすCの影響を図28に示す[134]。また, Pの影響を図29[135], Co, Ni, Mo, Wの影響を図30~33[136]に示す。

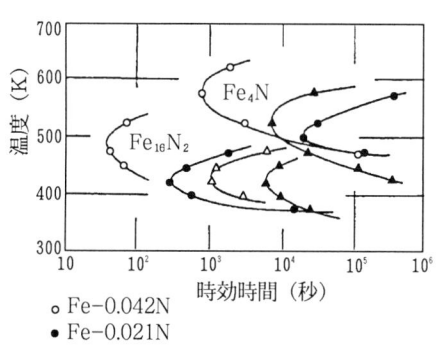

- ○ Fe-0.042N
- ● Fe-0.021N
- △ Fe-0.9Co-0.021N
- ▲ Fe-4.9Co-0.030N

図30 Fe-Co-N合金の50%析出を示すC曲線[136]

- ● Fe-0.021N
- ○ Fe-0.042N
- ✱ Fe-20Ni-0.039N
- ✱ Fe-4.7Ni-0.035N
- ✱ Fe-4.7Ni-0.026N

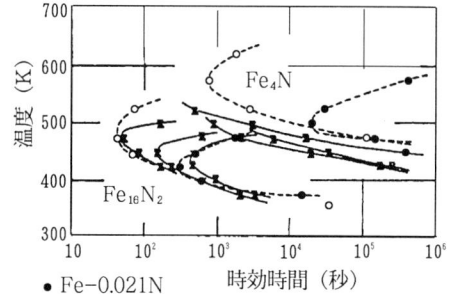

図31 Fe-Ni-N合金の50%析出を示すC曲線[136]

- ○ Fe-0.042N
- ● Fe-0.021N
- □ Fe-0.6Mo-0.031N
- ■ Fe-0.9Mo-0.036N

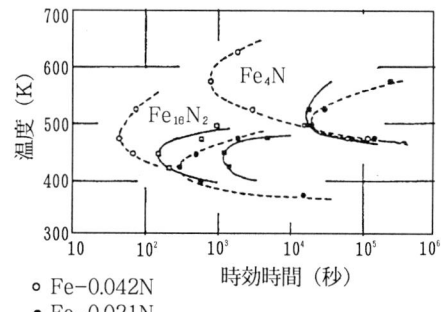

図32 Fe-Mo-N合金の50%析出を示すC曲線[136]

- ○ Fe-0.042N
- ▽ Fe-0.8W-0.042N
- ▼ Fe-1.2W-0.045N

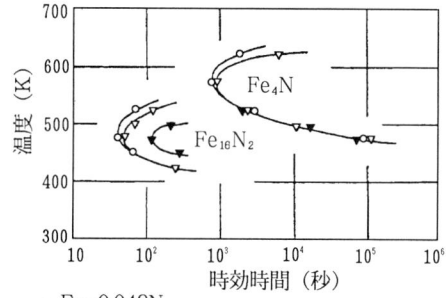

図33 Fe-W-N合金の50%析出を示すC曲線[136]

これらの図からわかるように，CはFe$_{16}$N$_2$の析出を促進し，Pは遅滞させる。Co, Ni, Moはノーズ温度より高い温度範囲では析出を遅滞させ，ノーズの上側を長時間側にずらすが，下半分はあまり影響を受けない。WはC曲線全体を長時間側にずらす。

Fe$_4$Nの析出に関しては，Niは析出を著しく促進し，Co, Moはノーズ時間をやや長時間側にずらす。Wは析出速度にほとんど影響しない。なお，AlNとFe$_8$NがあるFe-Al-N合金を60℃で中性子線照射するとNがこれらの析出物から放出されるという[137]。

MnはNと結合するのでNの歪み時効に影響すると予測される。0.32%Mn鋼の歪み時効指数(歪み時効による変形応力の増加量)はNが10ppmまではNを増やすと著増するが，20~40ppm以上ではN量によらずほぼ一定であり，純鉄の場合とほとんど変わらない[138]。

歪み時効の測定には流動応力，および電気抵抗が用いられることが多い。それらの変化量は(時効時間，t)$^{2/3}$に比例すること，またこの時間則の成り立つ範囲においては流動応力のデータの方が短いことが知られている。活性化体積は，t$^{2/3}$則の成り立つ時効の初期段階では数10から420b^3(b:バーガースベクトル)に増加し，tがさらに増加しても450b^{3}程度の一定の値を示す。このことは，歪み時効の初期段階ではらせん転位の平均ピンニング距離が時間とともに増えることを意味する[139]。

11. Fe－N合金のマルテンサイト

　Fe-N合金のマルテンサイトの格子定数とN含有量との関係については，マルテンサイトの格子定数におよぼすNまたはCの影響は互いに等しいことが判っている。Bellら[140]はマルテンサイトの格子定数をつぎの式で表した。

$$c = 2.868 + 0.024\, X_N\, (c \pm 0.005\, \text{Å})$$

$$a = 2.865 - 0.0019\, X_N\, (a \pm 0.004\, \text{Å})$$

　　　ただし，$X_N = $ (N原子の数)/(Fe原子100個)　　c, aの単位はÅ

この値はFe-C合金で得られているつぎの値

$$c = 2.866 + 0.0246\, X_C$$

$$a = 2.866 - 0.0026\, X_C$$

と実験の誤差範囲内で一致する。また，オーステナイトの格子定数についてはFe-N合金では

$$a = 3.564 + 0.0077\, X_N\, (a \pm 0.005\, \text{Å})$$

Fe-C合金では

$$a = 3.555 + 0.0092\, X_C$$

の値がえられている。これらの結果は，オーステナイトまたはマルテンサイトにおけるN原子の最大半径がC原子の値と同様であることを示している。

　Ms点に関してBell[141]は，NとCの濃度(at%)が等しければFe-N合金のMs点はFe-C合金のMs点よりも高いという(図34[141]参照)。Bellの得たFe-N合金のMs点は今井ら[142]の値より高い。

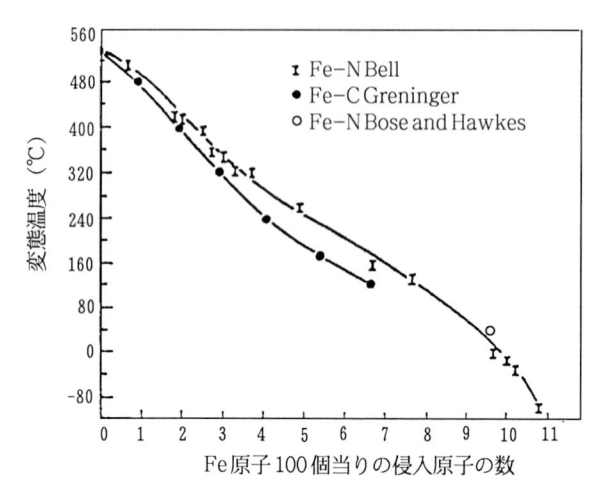

図34 Fe-N合金とFe-C合金のM_s点の比較[141]

12. Fe－Nマルテンサイトの焼戻し

焼入れたFe-N合金のマルテンサイトは，焼戻しによって次の3つ過程で分解する[143]。

1) $Fe_{16}N_2$ (α'') の生成　　　　>150 ℃
2) 残留オーステナイト (残留 γ) の分解
3) Fe_4N (γ') の析出　　　　　　>200 ℃

Fe-5.5 at.%Nのマルテンサイトの20℃での時効実験によれば，40hまでにマルテンサイトの格子欠陥への偏析(約0.07N/100Fe)，N原子のaまたはbからc型の8面体位置への移動(約0.06N/100Fe)，およびNの規則的配置(大部分はα''を構成)が起こる。670hまでの範囲では残留オーステナイトは変化を示さない[144]。$FeN_{0.1}$マルテンサイトのメスバウアー効果は，200℃，3sの時効でα''への規則化が起こりマルテンサイトの低N濃度域が生じることを示している。300sでα''が消えγ'が成長する。γ'は低N濃度域から析出する[145]。

焼入れたFe-C-N合金の-163~557℃での焼戻し実験[146]によれば，-163~-73℃で残留γがマルテンサイトに変態し，97℃までの温度範囲でマルテンサイトでのCとN原子の再分布が生じ硬さが増加する。97~177℃ではα''とε/η炭化物が析出し焼戻し硬さは最高値 H_V = 900(Fe-1.7C-3.8N, at%の場合)に達する。177~287℃では α'' がγ'に変態し試料の収縮が起こる。267℃以上では残留γが分解し，297℃以上でε/η炭化物がセメンタイトになる。Fe-CまたはFe-Nマルテンサイトの場合に比べて，Fe-C-Nでは$\alpha'' \rightarrow \gamma'$の変態が速く，残留$\gamma$の分解が遅い。炭窒化物の生成は認められない。

Fe-Mn-N合金の場合もFe-N合金と同様な焼戻し現象を示す[147]。160℃以上で残留γがフェライトとγ'に分解し，200℃以下でα''が{001}αハビット面上にリボン状に析出し，200℃以上で安定なγ'に変態する。γ'は{012}αに板

状に成長する。450℃での焼戻しによって，厚さが20Å以下のMn_3N_2が$\{001\}\ \alpha$に析出し硬さ(H_V)は1500($Fe-4\%Mn-0.7\%N$の場合)に達する。

最近のシンクロトロン放射光を用いたFe-Nマルテンサイト時効材の回折実験によれば，室温で3.5年，または405Kで1.5h時効処理したものにα''の超格子構造が認められる。室温で60h時効したものにもα''(超格子構造は示さない)が存在する。Fe-Cマルテンサイトの時効材にはε/η炭化物は認められるが，α''は認められない[148]。

13. 含窒素オーステナイト鋼からの
クロム窒化物, π相析出

　Ni-Cr系のオーステナイト鋼に認められている窒化物はCr₂N, π, Zであり, さらに添加元素によってAlN, TiN, VN等も析出する。窒化物のオーステナイト基質への溶解度については詳しい集録がある[149]。

　オーステナイトステンレス鋼に認められる主な窒化物はCr_2Nである。25Cr-20Ni鋼のCr_2Nの溶解度の方が25Cr-28Ni鋼の値に比べて大きく, いずれの溶解度も1000℃以下では$Cr_{23}C_6$の値に比べてけた違いに大きい。

　Fe-25Cr-28Ni-0.4NとFe-25Cr-20Ni-0.41Nの800℃での時効によれば, 粒界と粒界からCr_2Nがセル状に析出する。セル界面の移動速度は順次減少し, 数十時間で析出量は変わらなくなる。未反応部分にNが過飽和に固溶している状態でも成長が停止する[150]。同様な傾向は21-4N排気弁用鋼[151], Nitronic 50鋼[152]でも認められ, セル成長はNの長距離拡散に支配されると考えられている。

　0.3~0.6Nを含むFe-25Cr-28Ni-2Moの700~1100℃での時効実験[153]によれば, Cr_2N, πが析出するが, CrNは認められない。Cr_2Nは, N濃度が0.35%のとき大傾角粒界および不整合双晶境界上に析出するが, 粒内にはほとんど析出しない。粒界のCr_2Nは, 粒界のいずれかの側の結晶粒と一定の方位関係を有する。0.63N鋼では粒内にもCr_2Nが析出する。粒内に析出するCr_2Nは, (00・1)を底面とした薄片状を呈し, {111}γを晶癖面として析出する。Cr_2Nは, 母相と最密面および最密方向がそれぞれ互いに平行, すなわち

$$\{00\cdot 1\}_{Cr_2N} // \{111\}\gamma, \quad <11\cdot 0>_{Cr_2N} // <\bar{1}10>\gamma$$

の方位関係を保って析出する。冷間加工はCr_2Nの析出を促進し, 再結晶により塊状に変化する。

π相はβ-Mn型の結晶構造を示し，多くの場合Cr_2Nがπ相析出の前駆体となっている。Ni-Cr-N合金ではCr_2Nとγとの包析反応で生成する[154]。π相は18Cr-8Ni鋼では析出しないが，18Cr-10Ni鋼に2.5Siを添加したものには析出する。

π相は，0.36%Nを含む25%Cr-28%Ni鋼を800℃で時効すると数100hで析出し始める[155]。時効初期にはCr_2Nが生成し，完全に再固溶した後にπ相が生成，成長する。π相の化学組成は$Cr_{12}(Ni_{0.5}Fe_{0.4}Cr_{0.1})_8N_4$であり，これと平衡する基質中のN濃度は800℃で0.125%であり，Cr_2Nの溶解度に比べてやや小さい。高Cr-高Ni系のオーステナイトステンレス鋼の固溶NはCr_2Nよりもπ相で決まる[156]。

Fe-Ni-Cr-N系でのπ相を含む状態図については最近熱力学的に計算されている。図35 a, bに900，1000℃での等温，等N活量断面図[157]を示す。π相へのFeの溶解度は温度が低いほど多く，実験の傾向に一致する。

Z相($Cr_2Nb_2N_2$)は，1200℃で溶体化したNitronic50に認められ，これを1000℃で時効すると粒内に析出する[158]。

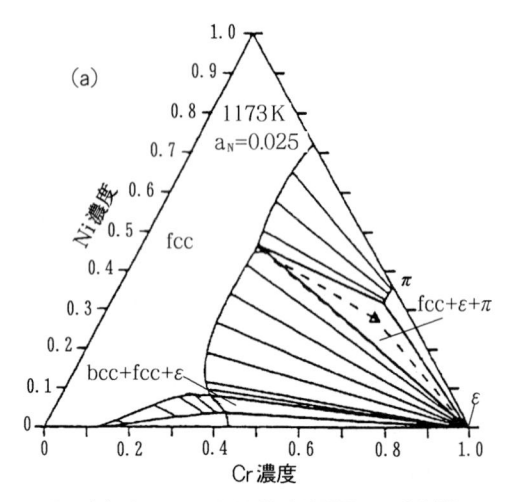

図35 (a) Cr-Fe-Ni-N系（1173K, a_N=0.025）の熱力学計算による等温断面図[157]．実験点はOno, M.Kajihara, M.Kikuchi (103rd Meeting of Japan Inst. Metals, Nov. 1988, Oosaka)による．

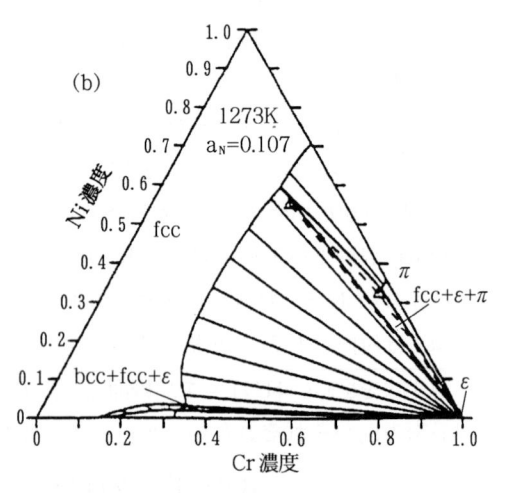

図35 (b) Cr-Fe-Ni-N系（1273K, a_N=0.107）の熱力学計算による等温断面図[157]．実験点はOno, M.Kajihara, M.Kikuchi (103rd Meeting of Japan Inst. Metals, Nov. 1988, Osaka)による．

14. σ相析出におよぼす窒素の影響

フェライト系ステンレス鋼(Fe-Cr合金，Cr < 25%)ではNが窒化物を形成し，基質のCr量を減らすのでσ相の生成を抑制すると考えられる。しかし，0.1%N含有の2相ステンレス鋼の場合，σ相析出のC曲線のノーズは820℃，30minにあり，析出は極めて早い[159]。オーステナイト系ステンレス鋼(Fe-Ni-Cr合金)ではNがオーステナイトを安定にし，σ相生成を抑制する[160]。Fe-12%Cr-15%Mnのσ相生成を防止するためには，Ni当量(= Ni + 30C + 25N)を約11%以上とする必要がある[161]。

15. 475℃脆性におよぼす窒素の影響

475℃脆性はフェライト系ステンレス鋼で広く認められている脆化現象でCr濃度が13%以上で起こる。脆化の原因についてはまだよく判っていないが，この温度近傍での時効によって固溶体が高Cr相と低Cr相の2相に分離することが判っており，これはスピノーダル分解によると考えられている。最近になって，C, Nが過飽和に固溶しているとこれらが転位上に集まり，これらの侵入型の固溶原子とCrとが一種の複合体を形成し，この部分がCrリッチ相になるという報告[162]がある。この説によれば，Crリッチ相の分布は転位組織と密接に関係することになるが，いわゆる変調組織との関係は明らかでない。

16. 機械的性質におよぼす窒素の影響

16.1 Fe-N, Fe-C-N, Fe-M-N (M = V, Cr, Mn, Mo) 合金

16.1.1 強度におよぼすNの影響

Nはα-Fe中に過飽和に固溶して固溶体を著しく強化する。図36はCを0.0014~16%含むFe-N合金単結晶の25℃および250℃における応力-歪み曲線である[163]。何れの温度においてもNは変形応力を著しく増加させる。250℃の場合には全ての合金にセレーションが認められ，C+N量の多いものほど著しい。また，加工硬化率は25℃ではあまりC+N量に依存しないが250℃では著しく依存し，C+N量の多いものほど大きな値を示す。

窒化した高純度多結晶Feによれば，室温での降伏点の増加は1%N当たり2360MPaである。Fe-0.08%N合金を23℃で16h時効したものは，焼入れたものより強度が高い。これは{110}α上の円盤状のN原子クラスターをa/2<111>らせん転位が横切るのに大きな応力を必要とするからであり，α″が析出すると，降伏点が下がり延性が増加する[164]。Nが50ppm以下（C+N<60ppm）の高純度Feの冷間加工性，熱

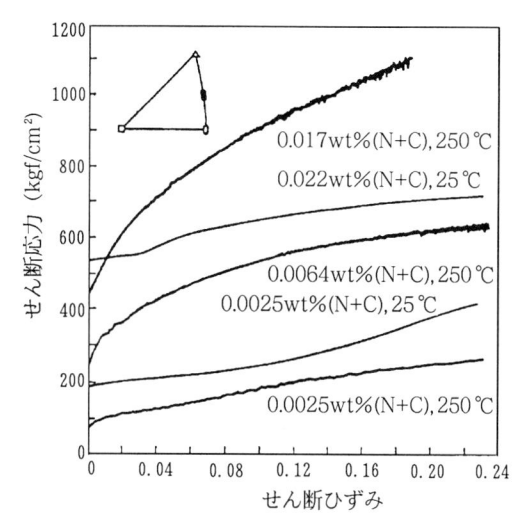

図36 鉄単結晶の応力-歪み曲線におよぼすNの影響[163]（歪み速度 = 6×10^{-4}/sec）

16. 機械的性質におよぼす窒素の影響

間加工性はともにC,N含有量に影響され, Nの効果はCの場合と同じ傾向を示す。引張り特性のC+N依存性[165]を次に示す。

C+N(ppm)	降伏点 (MPa)	引張り強さ (MPa)	伸び (%)
15	97	191	54.1
30	135	250	53.0
55	260	315	47.1

多結晶Fe-N基合金(0.001%C, 0.01%Nを含む)の下降伏応力の試験温度依存性を図37に示す。青熱脆性の起こる温度範囲ではセレーションが認められるが、この温度範囲を過ぎるとある温度から降伏点は急に低下する。降伏点はMn+N添加によって非常に増加し、1.6%Mnを含むものでは400℃で約12 tons/in^2(19kg/mm^2)に達する。また、Fe-N合金の加工硬化率は250℃以上では低下するが、Fe-Mn-N合金の場合には450℃まで著しく低下しない[166),167)]。

0.01%Nを含む低炭素鋼も青熱脆性域(225℃付近)で著しい加工硬化を示す。青熱脆化した試料の転位密度は、20℃で同じ歪みだけ変形させたものに比べて約50%多い。また、20℃変形の場合にはセル組織が認められるのに対して、225℃

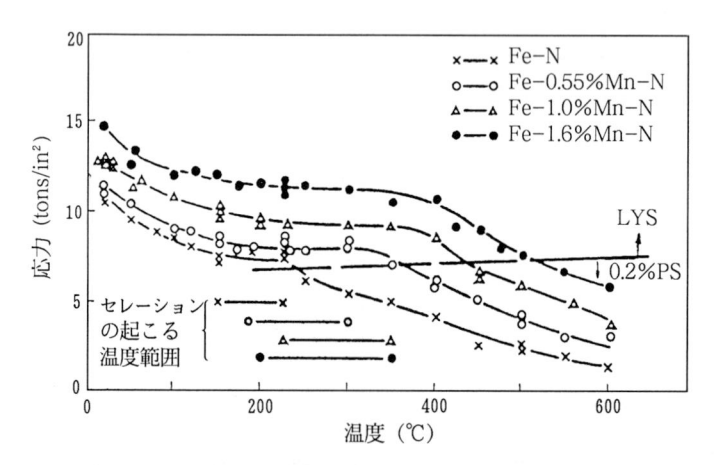

図37 0.01%Nを含む合金の下降伏応力(または0.2%耐力)と温度との関係[166)]

16. 機械的性質におよぼす窒素の影響

変形の試料には緊密な転位のタングリングが観察される[167]。Mn＋N添加による強化の機構については定説がないが，電子顕微鏡観察によっても析出物が認められないことからMn+Nによる固溶体硬化が注目されている。固溶体硬化は転位の摩擦応力が増加するほど顕著になるのであって，この応力の増加に寄与するものとしてMn原子とN原子の対またはクラスターなどが挙げられている。一方，高温での強化機構に関してはMn+Nによる回復の遅れが指摘されている[168]。Bairdらによると，NはMnより拡散し易いがMn-N結合は強いので，もし運動転位がNの雰囲気をともなう場合にはMn原子がこの移動速度を遅くするという。一般に，侵入型原子(I)は転位に弾性的に引き寄せられて雰囲気を形成する。雰囲気を作っている侵入型原子は，それと相当に強い親和力をもつ置換型原子(S)を化学的に引き寄せて熱的に安定な雰囲気を形成し，強度を高めると考えられる。この強化因子はI・S効果と呼ばれている[169]。

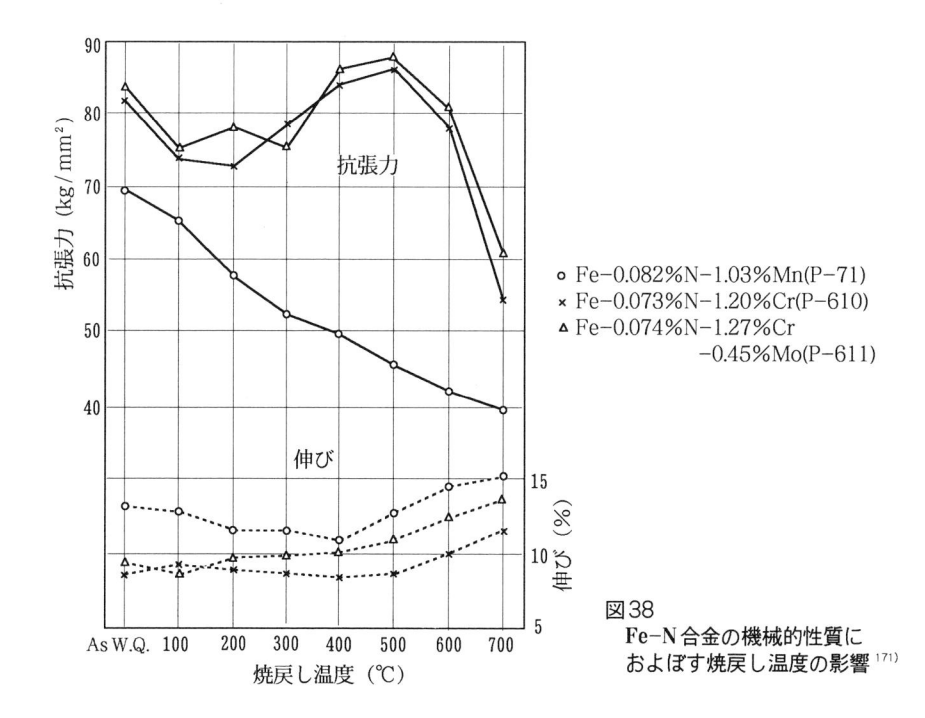

図38
Fe-N合金の機械的性質におよぼす焼戻し温度の影響[171]

○ Fe-0.082%N-1.03%Mn(P-71)
× Fe-0.073%N-1.20%Cr(P-610)
△ Fe-0.074%N-1.27%Cr-0.45%Mo(P-611)

Mn + N は 450 ℃ でのクリープ強さを増加する。0.75Mn + 0.015N を含む鋼の組織観察によると，荷重を負荷する時点では析出物は認められないが，450 ℃で 500 時間時効すると転位上にわずかな粒子が認められ，約 8000 時間後に 0.95% クリープさせた試料には転位上に多量の細かい板状の析出物が存在する。しかし，この析出物はクリープ強さを著しく高めるものではないし，転位の雰囲気形成も重要でないと考えられる。運動転位の有力な障害物となるものは Mn + N のクラスターであり，このクラスターは時効によって $Fe_{16}N_2$ に近い細かい析出物に変化するものと思われる[170]。このように固溶 N はクラスターあるいは雰囲気を形成して引張り強さなどを著しく高めると考えられており，固溶 N を例えば Al で固定すると，この強化は失われる。

C を添加しない Fe-N 基合金の強さは Fe-C 合金のそれに比べて劣らない。岡本ら[171]は 9 気圧までの窒素雰囲気中で溶製した Mn, Mo, Cr, V などを含む Fe-N 合金を用いて，機械的性質におよぼす熱処理の影響を調べている。この結果の一部を図 38 に示す。溶体化後に焼戻すと Mo, Cr を含む試料では 400~500 ℃に 2 次硬化が認められ，P-611 の試料でビッカース硬さは室温で約 370 に達する。Cr を含む合金は 550 ℃で焼戻した場合でも約 $80 kg/mm^2$ の引張り強さを示すが，伸びは比較的低く 11~18% の範囲内にある。

16.1.2 焼戻し脆性におよぼす N の影響

焼戻し脆性は，低合金鋼とくに Cr-Mo 鋼が 350~600 ℃の温度に保持された場合に，延性-脆性の遷移温度が上昇し，旧オーステナイト粒界で脆性破壊を起こす現象であり，この脆化機構はおもに P, Sb の粒界偏析に関係することが解明されている。N の影響に関しては，N も粒界に偏析し，上記粒界脆化機構に直接的に作用するという説[172]と，N の脆化機構は P のように粒界偏析によるのでなく，窒化物の析出形態，とくに粒界析出に関係するという説[173]とがある。

2¼ Cr-1Mo 鋼の溶接金属の場合，N 添加が焼戻し脆性感受性を抑制し，溶接金属中の N を増やすと溶接後熱処理材の延性-脆性遷移温度が低くなるという報告がある[174]。

16.2 B－N鋼

　Bは，主にNのscavengingの目的で添加される．BでNを固定すると，連続焼鈍で鋼板が急熱，急冷されても冷間加工性の優れた鋼帯が得られ，高い絞り加工性を要求される自動車用鋼板等に向けられている．Alキルド鋼の場合，%B/%Nが0.8~1.0のとき最大の伸びが得られる．BNはオーステナイト領域で速やかに析出するがAlNはBNよりも安定であるにもかかわらず析出速度が遅いので一般の製鋼条件では析出しない．冷却速度が遅い場合にはBNの回りにAlNが析出する．平衡条件ではBN→AlNの反応が生じ，固溶Bが増えて焼入れ性が良くなる[175]．
　調質型の中炭素B鋼(0.35%C)の0.2%耐力は固溶Nを増やすと大きくなるが，破壊靭性値K_{IC}は小さくなる．K_{IC}値はB-N因子$\beta = 34.0B - 13.3N$に比例して増加する(ただし，$\beta < 0$)[176]．
　低炭素の制御圧延B鋼(0.03%C)の引張り強さは，近似式

$$[B] = B - (N - 14.0\,Ti/47.9)\,10.8/14.0$$

$$\text{ただし，}N - 14.0\,Ti/47.9 \leq 0 \quad \text{ならば} \quad [B] = B$$

から求めた固溶B [B]に比例して増加する．ただし，[B]が約7ppmを越えると圧延後の冷却速度によっては靭性が顕著に劣化する[177]．Bは10~20ppm程度の微量添加で効果を発揮するが，BNは極めて固溶度が低く析出速度も大きいので，条件が揃えば焼戻し時に旧γ粒界に細かく析出して著しい粒界脆化を起こす[178]．

16.3 Al－N鋼

　AlNはオーステナイト粒を細粒化し靭性を向上させるほか，アルミキルド鋼では強い{111}再結晶集合組織を発達させ，加工性を改善する．Nは冷間圧延した(111)[$\bar{2}$11]再結晶の開始温度を上げ，圧延した(011)[110]サンプルではAlNが粗大化する温度までセル構造を生成しない．そのため，アルミキルド鋼では{111}方位の結晶粒が成長しやすい[179]．市山[180]らによれば，通常のアルミキルド鋼の場合には，焼鈍の昇温過程で析出するAlNにより，方位依存性のある回復抑制効果が生じ，とくに回復抑制効果の著しい{111}未再結晶部に再結晶核生成の頻

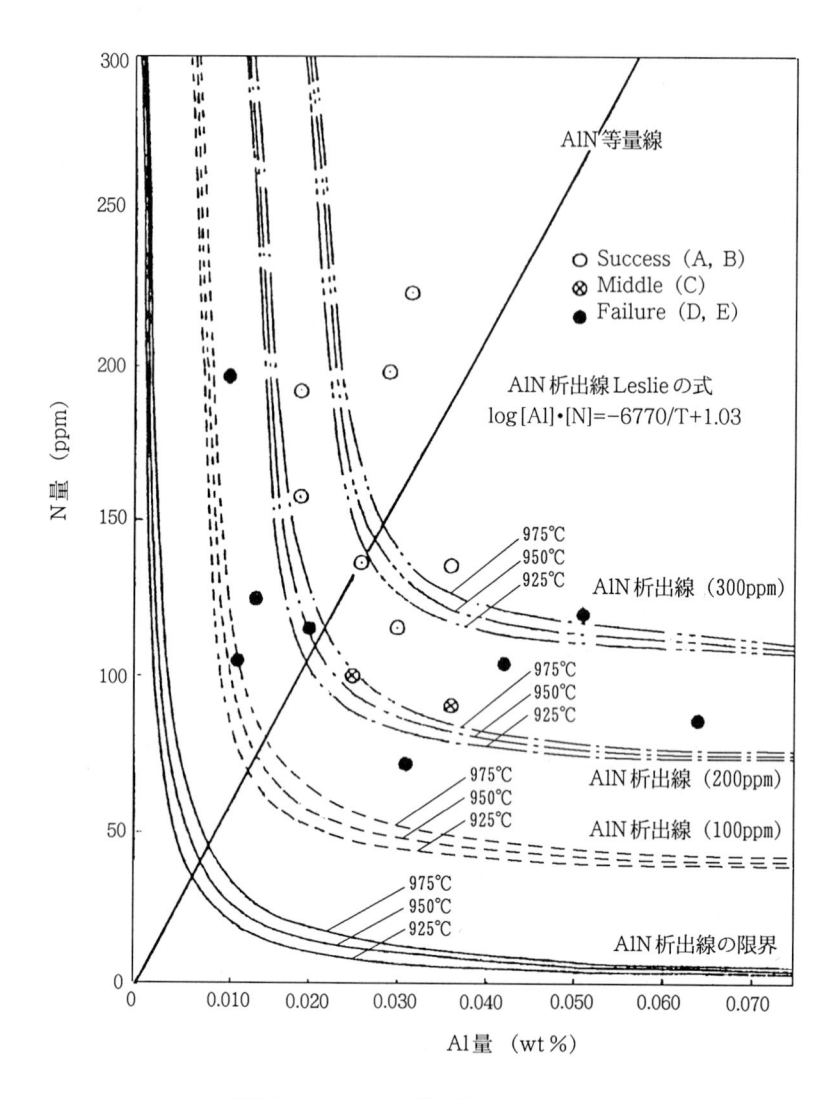

図39 (a) AlおよびN量とγ結晶粒度特性との関係 [184]

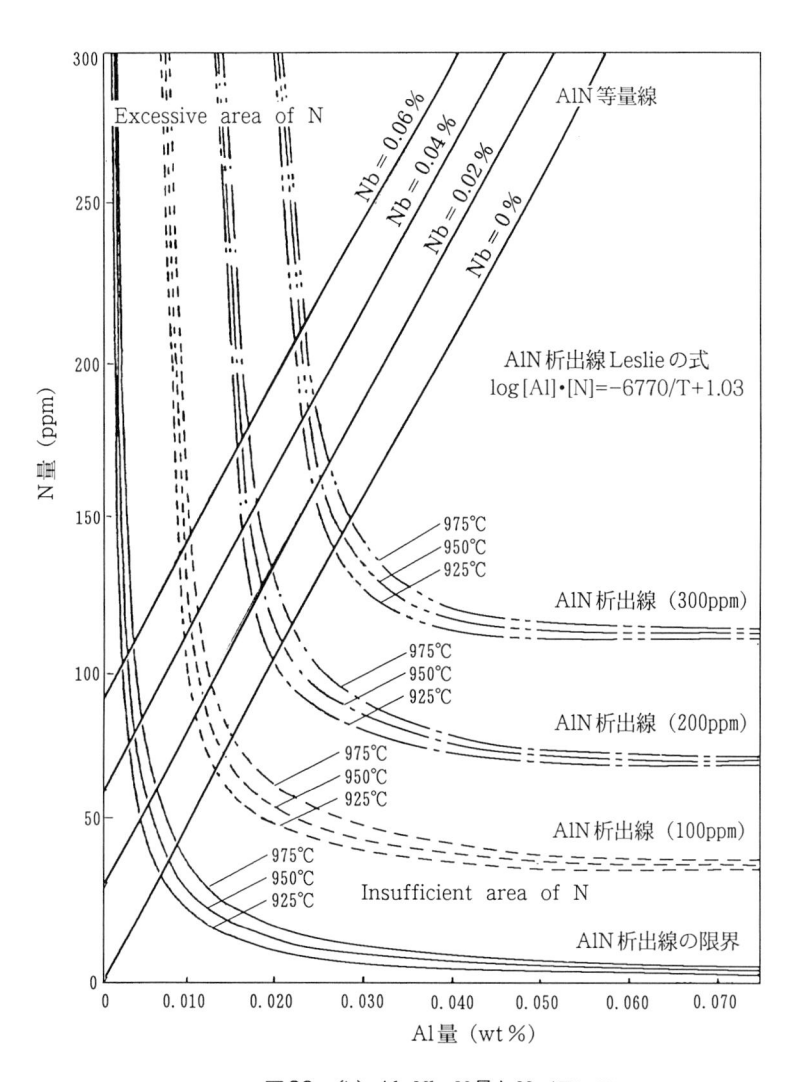

16. 機械的性質におよぼす窒素の影響

図39 (b) Al-Nb-N量とNバランス

度が高くなり，ここで生じた {111} 再結晶核が未再結晶部を蚕食して急速に成長する。また，Al と N が少ない場合には AlN が {111}<110> 等の方位の再結晶核を優先的にさせる。AlN 析出は C 量に依存し，C を増やすと溶体化処理→析出処理の場合には促進され，焼鈍のような昇熱過程では遅らされ，板面に平行な {111} 成分への集積が弱くなる。

構造用低合金鋼 0.4%C‐Cr‐Mo のオーステナイト結晶粒の粗粒化を防ぐためには Al/N 比を低減する，すなわち N 過剰型にして，Nb を添加する[181]。

原子力圧力容器 MnNiMo 鋼では，靭性確保の観点から [N]/[Al] ≧ 0.5 が望ましく，化学反応容器用 Cr‐Mo 鋼では焼入れ性低下が少なくポリゴナルフェライトの発生が少ない [N]/[Al] < 0.5 の範囲が好ましい[182]。

低合金肌焼鋼 0.2%C‐Cr‐Mo 鋼の場合，γ 中の N 固溶量 [N] は

$$\log[\%Al][\%N] = -6700/T(K) + 1.528$$

で与えられ，[Al][N] を増やすと焼入れ性が増加する。とくに，Al の寄与は著しく，0.01% から 0.05% に増加すると，焼入れ性倍数は 0.8 から 1.8 まで増える[183]。N 含有量によっては γ 結晶粒度が混粒になり，浸炭部品の疲労強度，熱処理での歪み特性に影響する。

肌焼き鋼の場合，図 39 a に示すように Al 過剰材に比べて Al と N が当量ないし N 過剰材のほうが良好な γ 結晶粒特性を示す。Al‐N 鋼では冷間加工の採用または浸炭温度の上昇によって，混粒が発生しやすいため，従来から Al‐Nb‐N 鋼が開発されている。図 39 b に Al‐Nb‐N 鋼の AlN 析出範囲を示す。この場合，Nb は 0.03% 以上，Al は 0.02～0.04% が最適である。N は 250ppm までの範囲では多いほど γ 結晶粒を安定化する傾向を示す。Nb を 0.1% 以上添加したものでは冷間加工性の低下が認められる[184]。

16.4　V‐N 鋼

V は鋼の焼入れ性を高め，析出硬化により鋼を強靭化する。V 添加により強度が確保されるので C 量を低くでき，溶接性が改善される。また，V は制御圧延用

の高強度高靱性厚鋼板の添加元素としても使われている。圧延過程でVNが析出し，組織を著しく微細化して鋼を強靱化する。Roberts[185]とLagneborg[186]はマイクロアロイングに関連してVN高張力鋼をふくめた最近の技術動向を紹介している。

　高強度フェライト/パーライト・マイクロアロイ鋼(DIN49MNVS3/C 0.49%, Si 0.3%, Mn 0.8%, V 0.10%)の靱性はMn, Si, V, Nを増やすことにより改善できる。Mnを1.3%, VとNをそれぞれ0.15%と0.02%まで増加すると強度を減らすことなくCを0.27%まで減らすことができ，引張り強度1000MPa, 衝撃値25Jの高強度鋼が得られる。VとN量はVN粒子径と析出密度よりも，セメンタイト・ラメラに接するα相でのVN無析出帯の幅に関係する。VとNの添加量を既述の量まで増やすと無析出帯の幅を50nmから0~25nmまで減らすことができる[187]。

　VNはVCに比べてγ相，α相における溶解度が小さく析出しやすい。VNの歪み誘起析出は900~950℃であり，VCの830~850℃に比べて高い[188]。Nの強化効果は，焼ならし材にくらべて熱間圧延材の場合に著しく，VN鋼の強度は熱間圧延の条件にあまり依存しないので機械的性質のばらつきが少ない[189]。

　ねずみ鋳鉄の場合, 0.006~0.008%のN添加は，Al, Tiが少量であれば強度を著しく高くするが，添加量を0.016%まで増やすと窒素フィシャー(亀裂)が現れる。この亀裂はVを0.3%添加することにより無くすことができる[190]。

16.5 Nb－N鋼

　NbはVに比べてγ相(1200℃以下)での溶解度積が小さいために，固溶C, NのScavenging効果があり，また著しい結晶粒微細化と析出硬化作用をもたらし鋼を強靱化するため古くから多くの研究がある[191]。

　制御圧延で作られる高強度高靱性厚鋼板にNbは不可欠の添加元素になっている。Nbはフェライト・パーライト系の制御圧延鋼では0.02~0.04%添加されている。この役割は，熱間圧延中にγ相に微細に析出するNb(C, N)がγが再結晶しなくなる境界温度を約100℃高めることによる変態後のα粒の微細化，変態後のα相に整合歪みを持つ微細なNb(C, N)による析出強化にある。VNの析出にも

同様な効果があるが，Nbの場合より小さい。Nbは強力な炭窒化物形成元素のため使い方には注意が必要である。留意点としてNb (C, N)はVNにくらべて基質に溶け難く，焼きならし材はほとんど析出硬化を示さないこと，鋳造材を低温γ域での低速変形すると粒界へのNb (C, N)の歪み誘起析出が起こり粒界割れをもたらすことが挙げられている[192]。また，連続鋳造した鋼塊片の中に対角長さが約1μmの立方型NbNが多数認められた例が報告されている[193]。

α域で形成されるNb (C, N)はα基質と整合歪みを有するので著しく強度を上げる反面，靭性を劣化させる。低温γ域ではNb (C, N)の析出が圧延加工によって著しく促進されるので，この析出条件下で制御圧延を行い鋼中のNを固定化すると，極めて靭性の優れた高張力鋼板が得られる[194]。冷間加工した低合金鋼を窒化することにより制御圧延鋼なみの高強度鋼を得る試みがあり，圧延後NH_3/H_2窒化した0.1%Nb-0.5%Mn-0.5%Ni鋼はHSLA鋼に相当する強度を示す[195]。

最近，Nbを高加工性と耐時効性が要求されるCが0.006%程度の極低炭素鋼板にも添加して，固溶N, Cの更なるscavengingを行っている。Nb/C>1の極低炭素鋼板のNb (C, N)析出速度と粒子径は，Nb/C<1の高強度低合金鋼の場合に比べて大きい。このことは，析出挙動がNbとC, Nの積だけでなく，その比に依存することを示している[196]。

Ti, Nbを添加したマイクロアロイ鋼のγと平衡する炭窒化物の組成と固溶N, C濃度の温度依存性が副格子－正則溶液模型を用いた熱力学的計算で求められている。この計算によれば，$(Ti_xNb_{1-y})(C_yN_{1-y})$のxとyは温度を上げるとそれぞれ増加，減少する。低温γ域では(Ti, Nb)Cが生成し，高温γ域ではTiNが生成することが実験的に認められており，この計算結果の傾向に合致する[197]。

16.6 含Nフェライト系耐熱鋼，ステンレス鋼

炭素鋼の高温クリープ強度は固溶Nに関係し，窒化物が析出するとクリープ速度が大きくなる。Mn添加の添加量を増やすとクリープ速度はクリープ歪みの増加に従って著しく小さくなる。これは，Mn-Nクラスターによるものと考えられており，固溶Nが強度を確保する上で必要とされている[198]。

16.機械的性質におよぼす窒素の影響

マルテンサイト系の Cr 耐熱鋼としては米国で開発された 9CrMoVNb 鋼，12CrMoVNbN 鋼，ヨーロッパで使われている 12CrMoV 鋼，日本では 12CrMoVTaN 鋼，10CrMoNbV (TAF 鋼) が知られている。N 添加はフェライトを減らし，焼戻しに対する抵抗を増やすので注目されている合金元素である。N 添加量を増やすと鋼塊中の気泡が発生するが全圧 8 気圧の Ar－N 雰囲気で溶解鋳造を行うことによって気泡のない 0.15%N の Cr 耐熱鋼を得ることができる[199]。

N は高温での耐酸化性を改善し，9Cr－0.5Mo－1.8W－0.2V－0.05Nb－0.04N の例では，N 量を 0.17% まで増やすと 600~750℃ での酸化増量は 1/5 に減少する[200]。また，低合金鋼を窒化することにより，420℃ での耐煙道ガス (N_2 + 15CO_2 + 0.3SO_2 + 1O_2 vol.%) に対する温度サイクル条件下での耐食性が改善される[201]。

9CrMoWVNb 鋼に N と B を添加すると長時間高温クリープ強度，硬さともに改善され，長時間加熱後の靭性も大幅に改善され，600℃，10^5h クリープ破断強さは 20kg/mm^2 まで増やすことに成功している[202]。また，9CrMoVNb 鋼に N を添加して VN を析出させ，HAZ 部の軟化とクリープ破断強度の低下を抑制できる[203]。

低 Si の TAF 鋼は 0.13~0.15%C, 0.04~0.05%N の添加によって，593℃，10^5h でのクリープ破断強さ 12kg/mm^2 が得られている[204]。12CrMoWVNb 鋼では N 添加量に比例して板状の VN が析出する。0.25%V と 0.03%N を添加したものではおよそ 300Å の VN が微細に分散析出し，母相との整合性が高く安定であるため長時間クリープ破断強さが増加する[205]。12CrMoV 鋼のクリープ破断強さは Ta と N の複合添加により増加するが破断伸びを減少させるため，焼入れ温度 1050℃ が推奨されている。また，Ta と N＋C の添加範囲はそれぞれ 0.2% 以下，0.16~0.20% としており，その範囲ではクリープ破断強さは Ta と N 含有量の一次結合で現される[206]。

耐食性に優れた高 Cr 鋼は C，N によって靭性が損なわれることがわかっている。衝撃試験による延性脆性遷移温度は N 量が 0.015% 以下では N 量が増えてもほとんど変わらず，0.015% を越えると急激に増加する。遷移温度は全 (C＋N) 量よりも析出炭化物，窒化物の体積含有率によって統一的に整理でき，体積含有率が約 0.4vol% までは遷移温度が急激に増加し，0.6vol% 以上ではほぼ一定値を示す[207]。

16.7 含Nオーステナイト系耐熱鋼，ステンレス鋼

Nは強力なオーステナイト形成元素であり，NiまたはMnと複合添加されて経済性向上に役立っている。また，Nは固溶体強化または析出強化型元素としても重要であり，その他，耐食性を改善する効果も認められているため，ステンレス鋼に関する国際会議[208]，と窒素含有鋼に関する過去2回の国際会議[209]でも数多く取り上げられている。ステンレス鋼のマルテンサイト変態，積層欠陥エネルギー，腐食等におよぼすNの影響に関してはReedのレビュー[210]があり，熱間加工性へのNの影響についてはAhlblomらがレビューの中で従来の研究を紹介している[211]。本章では主に機械的性質について述べ，耐食性に関しては後の章で触れる。

Irvineら[212]は，Nが図40に示すように実用的な固溶体硬化型元素の中で最大の強化作用を営むことを明らかにしている。高圧N雰囲気中で溶解した高Nステンレス鋼を用いた実験によれば，SUS304 (UNS S30400) またはSUS316 (UNS S31600) ステンレス鋼の引張り強さは侵入型に固溶しているN量の平方根に比例して増加する[213]（図41参照）。また，Nの粒界強化におよぼす寄与$\Delta \sigma$は，半実験式

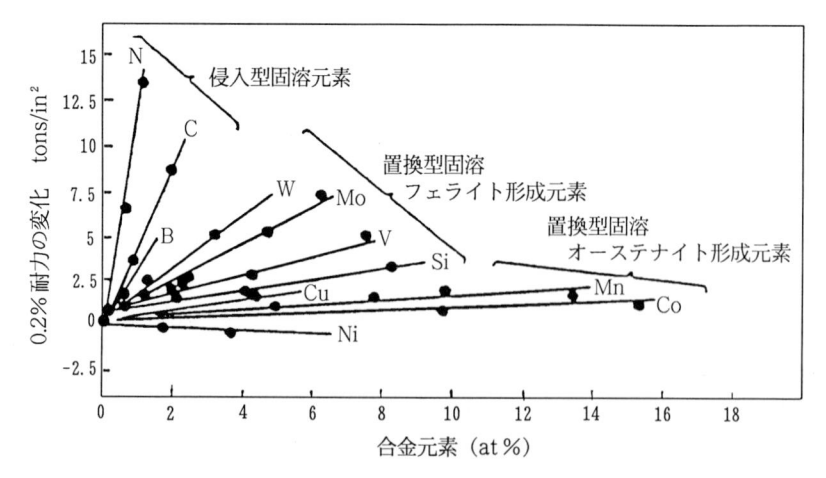

図40 オーステナイトでの固溶体硬化におよぼす合金元素の影響[212]

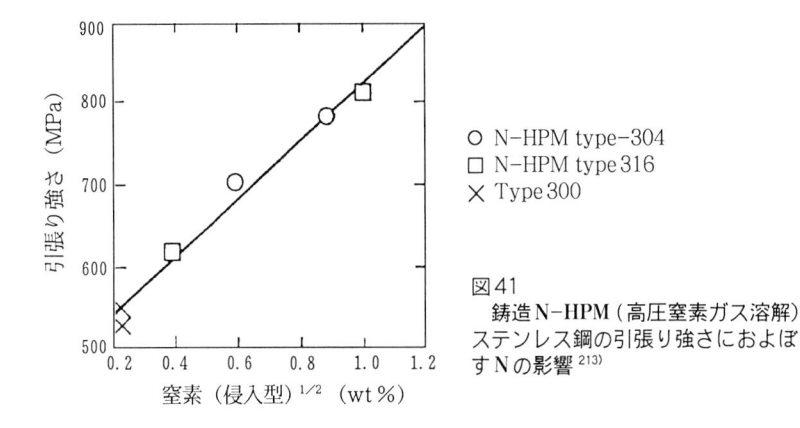

16. 機械的性質におよぼす窒素の影響

図41 鋳造 N-HPM (高圧窒素ガス溶解) ステンレス鋼の引張り強さにおよぼす N の影響[213]

$$\Delta\sigma[\text{MPa}] = \{8 + 75[1 - T/823]^{2/3}Cn\}/\sqrt{L}$$

で与えられる[214]。ただし，Cn は N 濃度(%), L は結晶粒度(mm), T は温度(K)である。

N は加工硬化係数を大きくするので，N 添加材では降伏点よりも引張り強さの増加率の方が大きくなる。これは N が積層欠陥エネルギーを小さくするためであると考えられている[215]。積層欠陥エネルギー SFE は次式[216]で与えられる。

$$\text{SFE}(\text{mJ}/\text{m}^2) = 34 + 1.4(\%\text{Ni}) - 1.1(\%\text{Cr}) - 77(\%\text{N})$$

SUS304 とそれに Mo が添加された SUS316 ステンレス鋼の耐食性向上の目的から C 含有量を 0.03% 以下に減らした SUS304L (UNS S30403) と SUS316L (UNS S31603) があり，さらに C を 0.02% 以下まで減らした 304EL 等が開発されている。しかし，低 C のため強度が不足するので，0.12~0.22%N を添加した SUS304N1(UNS S30451), SUS304N2 (UNS S30452) と SUS304NL (UNS S30453) 等が開発され実用化されている。0.2%N 添加により耐食性を著しく損なうことなく 0.2% 耐力は約 80% 増加できる。550~750℃ での 10 年間の時効処理によって室温強度はあまり低下しないが，550℃ 10 年時効材の衝撃値は SUS304N で 144J, SUS316N (UNS S31651) で 72J まで低下する[217]。

316MN (MN : Medium Nitrogen, $C \approx 0.01\%$, $N \approx 0.07\%$) の 550~600 ℃での 40000時間までのクリープ破断試験によれば，長時間側で従来材より高い破断強度を有し，破断靱性も高いレベルで安定化すること，粒界に微細なLaves相，G相，$M_{23}C_6$ が析出することが明らかにされている[218]。

その他 SUS304 ステンレス鋼に関しては，0.17％までのN添加は繰り返し数が多い場合 (Nf $\geq$ 5000) 600 ℃での低サイクル疲労強度を上げることが報告されている[219]。SUS304 と 316 ステンレス鋼の低温特性へのNの影響については，4Kまでの引張り強度はCとN添加によって増加するがNの寄与の方が大きく，また伸びは室温の場合とは逆に 77 と 4K では (C＋N) にほぼ比例して増加する[220]。18Crベースのステンレス鋼を非磁性の目的で用いるとき，冷間加工によるマルテンサイト変態を抑制する必要があるが，Ni 当量 Ni (eq) が次式

$$Ni(eq) = Ni + 0.46 Mn + 11.8 N + 12.6 C + 0.65 Cr + 0.35 Si$$

で，Ni(eq)が 34 以上であれば，4K で 15％ の変形を受けても透磁率 μ を 1.005 以下に維持できる[221]。

N添加は SUS304 ステンレス鋼の水素脆性をやや起こり難くしてくれるが鋭敏化したものにはほとんど効果が及ばないことが明らかにされている[222]。一方，Nは，高温加工時において中間温度脆性をもたらすことも知られており，とくにCとNを複合添加すると 600~900 ℃で粒界破壊による破断絞りの著しい低下を生じる。この脆性はC添加による粒界析出物，N添加による変形組織の不均一が原因で生成したものである[223]。

14Cr‐18Ni 鋼の 600 ℃での 1000h クリープ破断強度は，図 42 に示すようにCおよびN添加により増加するが，Nによる強化のほうがCに比べて大きい[224]。破断伸びはCの増加とともに粒界炭化物が析出するため低下し，0.1%C で 10% 以下になるが，Nに関しては 0.05%N までは粒界析出が起こらないため，破断伸びの変化は小さく，0.1% 以上で低下の傾向を示す。しかし，0.1%N でも 20% 以上の破断伸びが認められる。

25Cr‐28Ni 鋼の高温クリープ強度も固溶Nの増加とともに大きくなり，この傾

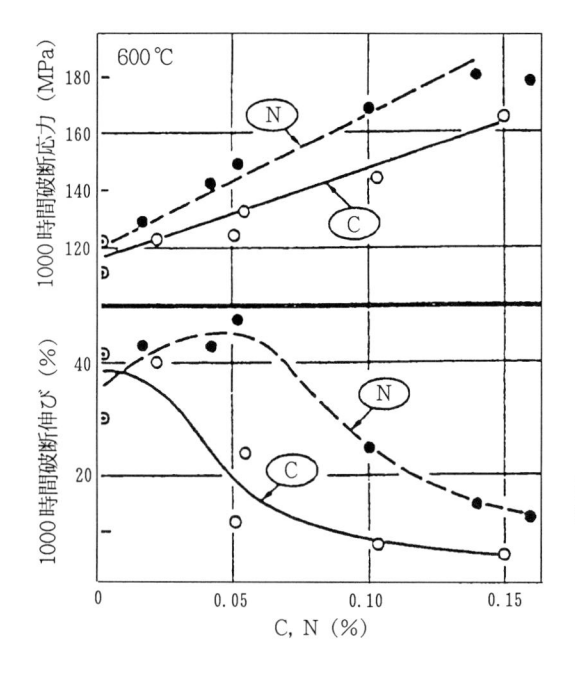

図42 1000h破断時間におよぼすCとNの影響 [224]

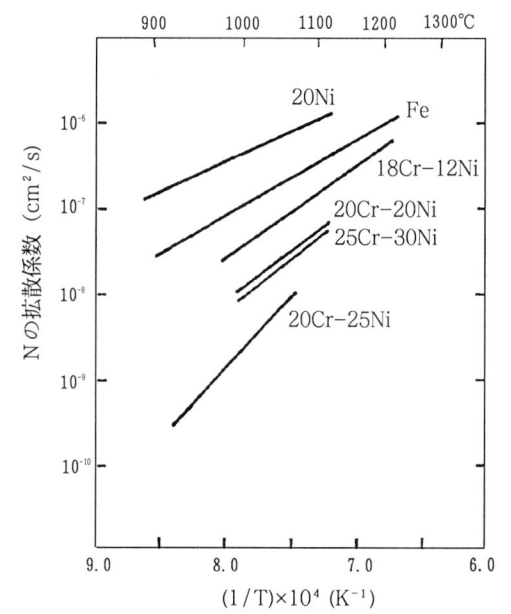

図43 オーステナイト鋼でのNの拡散係数 [228]

向は高応力側で著しい。クリープ速度の応力指数は6から4に減少する。この現象はN添加によってサブグレインの生成が減り，転位分布が均一に保たれることに関係するものと考えられている[225]。22Cr-28Ni-2W鋼での0.04~0.08Nの範囲ではNが多いほどクリープ破断強度が高くなり，650℃での10^5h破断強度は11kg/mm^{2}と外挿される[226]。HK40クラスの高強度耐熱NiCr鋼の開発も行われており，0.1C-2Si-13Ni-24Cr-0.8Mo-0.25NはHK40クラスの強度を示し，脆化レベルも大差ないという[227]。各種NiCrオーステナイト系ステンレス鋼におけるNの拡散係数の温度依存性を図43[228]に示す。高NiCr鋼中では特にCrがNの拡散係数が著しく遅くする。

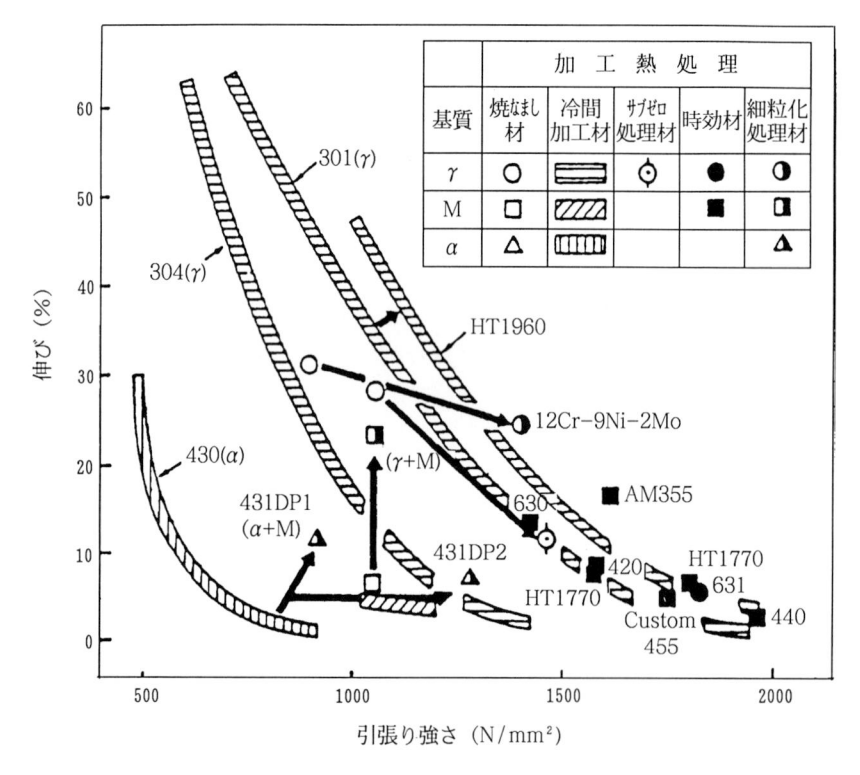

図44 ステンレス鋼の引張り強さと伸びの関係[229]

16. 機械的性質におよぼす窒素の影響

　Nは高強度ステンレス鋼の重要な添加元素であり，加工硬化と冷間加工後の歪み時効を活用すると約 2000MPa に及ぶ引張り強度が得られる。この強度は現在の高強度ステンレス鋼の中で最高のレベルである。図44に各種ステンレス鋼の強度と伸びを示す[229]。HT1960鋼 (6Ni‐15Cr‐2Cu‐2.8Si‐0.08C‐0.08N) と AM355鋼 (1Mn‐4Ni‐15Cr‐2.8Mo‐0.1N) は γ が不安定なため加工誘起マルテンサイトが生成し，更なる固溶体強化に寄与する。18Mn‐18Cr‐2Mo‐N は 1200MPa の降伏点を示し，それを 40% 冷間加工すると 1% での流動応力 (Flow stress) は 2170MPa にも達する[230]。

　10気圧の N+Ar 雰囲気で溶解して最大 0.8%N の NiCr ステンレス鋼を作ることが可能であり，20Cr‐10Ni‐0.8N の超高 N 鋼が試作されている。この鋼には機械的性質，耐食性，γ 組織の安定化など従来知られていた N 添加による改善効果を認めることができる。また，この冷間圧延材は，含 N 2相ステンレス鋼の 2500%[231] には及ばないが 500% を越える超塑性を示すことが見い出されている[232]。

　N 添加の新しい応用例として真空容器用 BN 表面析出ステンレス鋼が開発されている。SUS304 ステンレス鋼に B と N をそれぞれ 0.01 と 0.16% 添加したものを真空中において 1100K で 432ks 加熱すると，ステンレス鋼表面に BN が S が偏析している部分を除いてほぼ一様に厚さ約 0.06 μm ほど析出する[233]。SUS316 ステンレス鋼に B と N をそれぞれ 0.011 と 0.190% 添加して 830℃で 5min 間の BN 処理を施したものの放出ガス量は市販の SUS316L 鋼の電解研磨材に比べて H_2O については 1/4~1/6, また H_2 については 1/10 と非常に小さく，ベーキング後のガス放出速度も市販材の約 1/6 である[234]。

17. 内部摩擦と窒素

 Fe-N基合金の内部摩擦測定でよく認められているピークはスネークピーク (Snoek peak) であり，固溶N濃度と各種窒化物の溶解度積の決定に重要な役割をはたす。このピークは，bcc結晶の8面体中心位置を占めるN原子のstress induced diffusionに基づくものとされている。ピーク温度における振動数fを測定してα-FeにおけるNの拡散係数D_Nをつぎの式から求めることができる。

$$D_N = \frac{1}{36} \frac{a^2}{\tau}$$

 ここで，aはα-Feの格子定数である。緩和時間τはピークの共振条件$\omega\tau = 1$ (ωは角振動数，$\omega = 2\pi f$)を用いて求められる。D_Nの温度依存性が知られると，その活性化エネルギーはアレニウス型の式から容易に求まる。従来の内耗によるD_N値は18～58℃の温度範囲で測定されたものに限られていたが，Loadら[235]は7MHz，325℃でNのピークを求めることに成功し，この実験で得られたD_Nと，種々の温度で求めた内耗以外の測定方法(N吸収，脱Nなど)によるD_Nの値とを用いてD_Nの温度依存性をつぎの式で表した。

$$D_N = 4.88 \times 10^{-3} \exp(-18350/RT) \text{ cm}^2/\text{s}$$

(-50～1470℃のα-Fe，δ-Feで得た値)

 一般に利用されているスネークピークの高さQ^{-1}_{max}とN固溶量との関係 (N% = kQ^{-1}_{max}) において，kの値は結晶粒度に依存する[236)-238)]。Swartz[239]はこの粒度依存性は見かけのものであり，kの変化はtextureに関係すると報告している。

 Nのスネークピークの形態は，Fe-N合金に置換型元素が添加されると一般に複雑化し，合金元素の種類，濃度，N量などに依存することが知られている。図45にスネークピークにおよぼす合金元素の影響の一例としてFe-Mn-N合金の

表7 Fe-M-N系の内部摩擦

合金元素	濃度範囲 (≦wt%)	ピーク数	研　究　者
Al	1	2	井口(a)
Si	2.8	3～5	Leak ら (b), Rawlings ら (c), Sugeno ら (d)
P	0.18	2	Dickensheid ら (e)
Ti	0.6	3	Szabó-Miszenti (f)
V	0.7	2	Dijkstra ら (g), Fast ら (h), Jamieson ら (i), Perry ら (j)
Cr	4	2～4	Dijkstra ら (g), 添野ら (k), Ritchie ら (l)
Mn	2	3～7	Ritchie ら (l), Dijkstra ら (g), Enrietto(m), Gladman ら (n), Nacken ら (v), Couper ら (w), Fast ら (x)
Co	5	1	添野ら (o)
Ni	5	1	今井ら (p), 添野ら (o), Ritchie ら (l)
Cu	1	2	Köster ら (q), Fast (r), 添野ら (s)
As	0.2	2	添野ら (t)
Mo	1.5	2～3	Dijkstra ら (g), Fast ら (h), Köster ら (q)
Sn	0.2	2	添野ら (t)
Sb	0.2	2	添野ら (t)
W	2.5	2～3	添野ら (u)

a) 井口征夫:日本金属学会誌, **39** (1975), 1039
b) D.A.Leak, W.R.Thomasi, G.N.Leak:Acta Met., **3** (1955), 501
c) R.Rawlings, P.M.Robinson:J.Iron Steel Inst., **197** (1967), 211
d) H.Hashizume, T.Sugeno:Japanese J.Appl. Phys., **6** (1967), 567
e) W.Dickensheid, J.Brauner:Arch.Eisenhüttenwes., **31** (1960), 531
f) G.Szabó-Miszenti:Acta Met., **18** (1970), 477
g) L.J.Dijkstra, R.J.Sladek:Trans.AIME, **197** (1953), 69
h) J.D.Fast., J.L.Meijering:Philips Res.Rep., **8** (1953), 1
i) A.M.Jamieson, R.Kennedy:J.Iron Steel Inst., **204** (1966), 1208
j) A.J.Perry, M.Malone, M.H.Boon:J.Appl;.Phys., **37** (1966), 4705
k) 添野浩, 土屋正利:日本金属学会誌, **30** (1966), 1011
l) I.G.Ritchie, R.Rawlings:Acta Met., **15** (1967), 491
m) J.F.Enrietto:Trans.AIME, **224** (1962), 1119
n) T.Gladman, F.B.Pickering:J.Iron Steel Inst., **203** (1965), 1212
o) 添野浩, 土屋正利:日本金属学会誌, **31** (1967), 305
p) 今井勇之進, 増本健, 坂本政利:日本金属学会誌, **31** (1967), 1095
q) W.Köster, W.Horn:Arch.Eisenhüttenwes., **37** (1966), 245
r) J.D.Fast:Métaux Corr. Ind., **36** (1961), 431
s) 添野浩, 土屋正利:日本金属学会誌, **34** (1970), 302
t) 添野浩, 土屋正利:鉄と鋼, **56** (1970), 382
u) 添野浩, 土屋正利:日本金属学会誌, **33** (1969), 786
v) M.Nacken, U.Kuhlmann:Arch.Eisenhüttenwes., **37** (1966), 235
w) G.J.Couper, R.Kennedy:J.Iron Steel Inst., **205** (1967), 642
x) J.D.Fast., J.L.Meijering, M.B.Verrijp:Métaux Corr.Ind., **36** (1961), 112

17. 内部摩擦と窒素

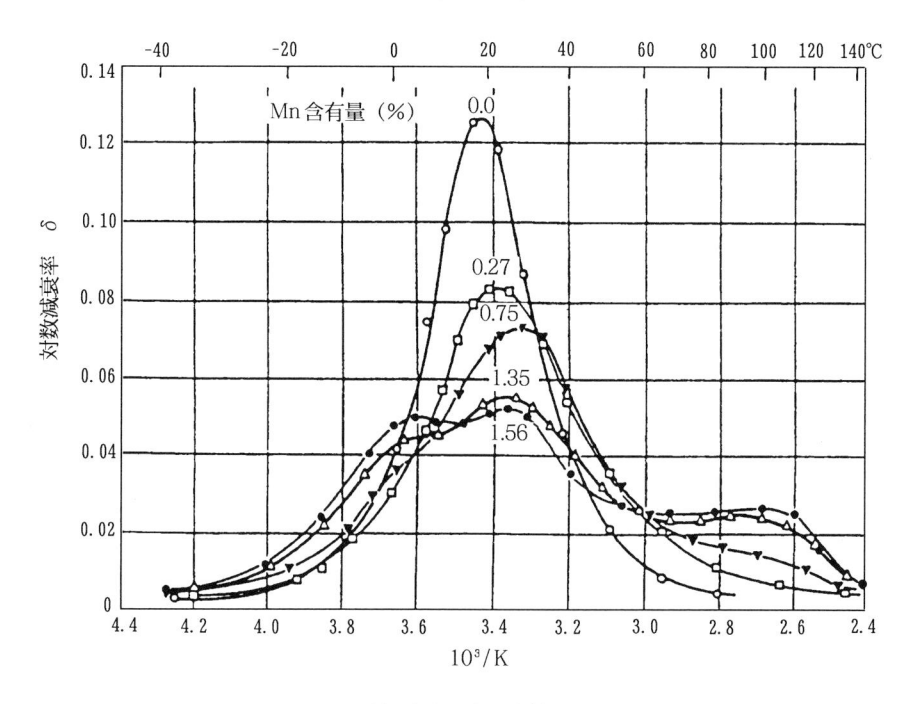

図45 Fe-0.05%N合金の内部摩擦におよぼすMnの影響[240]

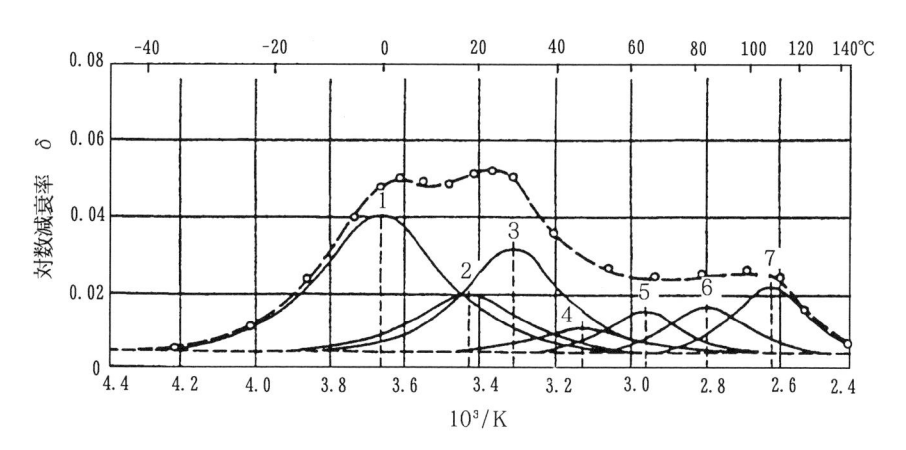

図46 Fe-1.56%Mn-0.05%N合金の共振曲線の分離解析[240]
　○印は測定値, 実線は計算で求めた曲線, 点線はその合計を示す.

結果[240]を示す。また，表7にこれまでに報告されてきたFe-M-N系の成分ピークの数を示す。合金元素の添加によって新たに新たに現れるピークは，Nと合金元素との弾性的，化学的相互作用に基づくものとされ，緩和時間の異なる成分ピークの合成されたものとして分離解析されている(図46参照)。しかし，成分ピークの数，高さなどは研究者によって異なっている。解析方法には，成分ピークの緩和過程は一つであると仮定する立場と，成分ピークの緩和時間は平均値の回りに分布していると仮定する立場とがあり，両者により成分ピークの数が異なってくる。

置換型元素を含む合金の固溶N量は，各成分ピークの高さの一次結合によって表されている。すなわち，$N\% = k_1 Q^{-1}_{1max} + k_2 Q^{-1}_{2max} + \cdots$ 。しかし，この関係はまだ検討段階にあり，一般には応用されていない。

内部摩擦で求めたα-Fe中の窒化物の溶解度に関しては文献[241]に詳しい記述がある。内部摩擦の測定から転位とC, Nとの結合エネルギーが求められ，Cの場合には0.55eV, Nでは0.80eVの値が得られている[242]。

Fe-N合金のマルテンサイトピークも測定されている。Cと同様に1Hz, 200℃付近にピークが現れる[243]。Fe-Ni-Nのマルテンサイトの内部摩擦は1.7Hzで40℃付近と160~210℃付近にピークを示す。前者はSnoekピーク，後者は冷間加工に似た機構によるものと考えられる[244]。

18. ステンレス鋼の腐食におよぼす窒素の影響

18.1 フェライト系ステンレス鋼

　Nはフェライト系ステンレス鋼では窒化物を形成しCrの低濃度層(Cr欠乏層)を形成するため耐食性を劣化する。しかし，2相ステンレス鋼とオーステナイト系ステンレス鋼の場合，NはNiの節減に役立つだけでなくMo添加と相まって耐食性，とくに耐孔食性を著しく改善するので0.1~0.2%Nを含むステンレス鋼が広く実用化されている。ステンレス鋼のやや最近の動向については，Nの寄与を含めて文献[245],[246]に紹介されて

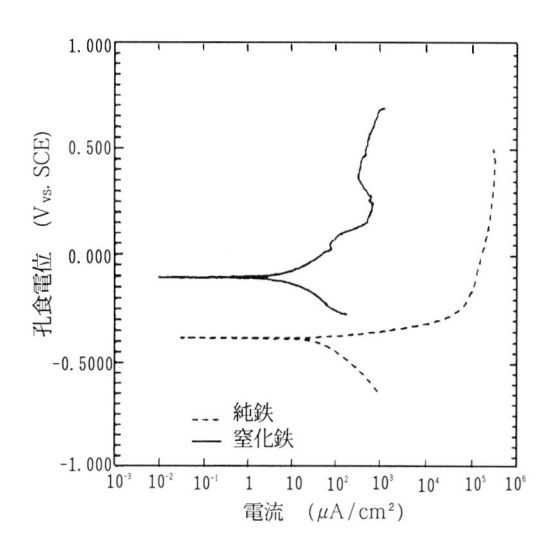

図47 純鉄と窒化鉄の7ppm酸素を含む
0.05 mol・NaCl(pH7.5)での分極特性 [247]

いる。Nの優れた効果の原因については諸説があるが，近年窒化により表面にFe$_4$NとFe$_{16}$N$_2$を生成させたFe試料について，中性と酸性での塩素イオンを含む水溶液環境で分極曲線が測定され，中性ではFeに比べて腐食電位が高い(図47参照)ことから窒化物がFeの陽極溶解を妨げ，孔食サイトでの酸性化を遅くすると考えられている[247]。

　フェライト系では，先述のようにCとNがCr炭窒化物を生成し耐食性と溶接性を劣化させるため，Ti＋Nbの添加によりCとNを固定し鋭敏化を防いでいる。

たとえば444(UNS S44400)ステンレス鋼の場合，Ti＋Nbの仕様値は0.2＋4(％C＋％N) min～0.8 maxと定められている[248]。

マルテンサイト系13Cr鋼の高温純水による粒界応力腐食割れと粒界腐食の防止対策としてTi / [C+N] > 15とすべきことが提案されている[249]。13Cr鋼のCO_2に対する耐食性はCが高いと低下するが，同一C量であればNが増えても耐食性が変化せず，熱間加工性が改善されるので，0.1NCuNiCr鋼が油井管向け材料として検討されている[250]。

一方Nは，高温高圧H_2ガス雰囲気で広く用いられているCrMo鋼の水素侵食を促進するのでTi等によって固定化されている。低N鋼(N = 10ppm)の方が高N鋼(N = 80ppm)に比べて耐水素侵食性の改善に必要なTiが少なく，また，低N鋼は高N鋼よりも優れた耐水素侵食性を示す。Bを含みAlを含まないものではBNを核とするメタン気泡が認められ，耐水素侵食性が著しく小さくなるが，B含有鋼にTi, Alを添加すると改善される[275]。Fe–N合金の場合にはNH_3ガスが生成し延性が低下する[276]。

18.2 2相ステンレス鋼

2相ステンレス鋼はα中にγが微細に分散析出した組織を示し，耐SCC性に優れた鋼種である。オーステナイト形成元素はおもにNiであるが，その他Mn, N等も添加される，Mnの多量添加はσ相析出を促進するのでN添加の方が有利とされている。α相とγ相の割合は1100℃溶体化の場合にはSchaefflerの組織図によって予測できる。γ相中のN量はα相を増やすと，また溶体化温度を高めると増加する。300～400℃で長時間加熱すると室温で擬へき開破壊が生じること，この脆化現象は溶体化処理温度を高くすると著しくなることが知られている[251]。

25Cr–6Ni 2相ステンレス鋼の場合，50％$FeCl_3$＋1/20 NHClの50℃水溶液での腐食速度は，1％Mo添加および0.15％までのN添加により低下する(図48参照)。孔食発生はα / γ界面を起点とし，その後の優先溶解相はNの増加に従いγ相からα相へ移る。このことはN固溶によるγ相の孔食電位の上昇を示す。MoはCr_2Nの析出を抑制するばかりでなく，アノード相の活性溶解をも抑制するのでNと

ともに耐食性を著しく改善する[252]。2相ステンレス鋼に関する別の報告[253]によれば，0.17%のN添加は沸騰10%硫酸と30℃での10%塩化鉄による腐食速度をそれぞれ約1および3桁小さくするが，1050℃以上で加熱するとα相中にCr_2Nが析出するため，N無添加材(0.006%N)の値を上回る。含N2相鋼の場合腐食環境が塩酸の場合にはα相が腐食され，硫酸または燐酸の場合はγ相が腐食される。N無添加材の場合にはどの腐食環境でもγ相が腐食される。

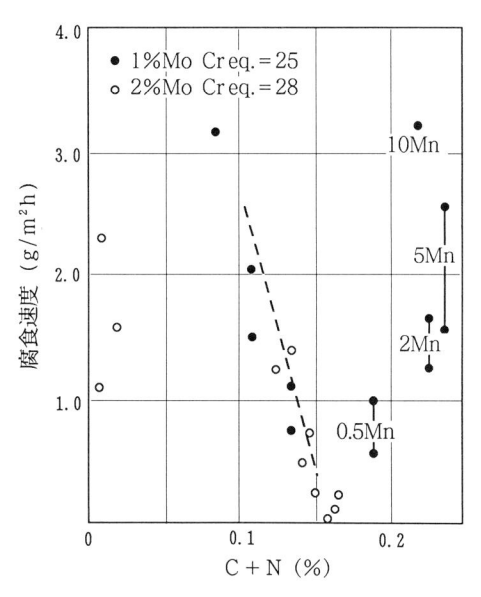

図48 Mo含有2相ステンレス鋼の腐食におよぼすC+Nの影響[252]

2相ステンレス鋼ではσ相析出が耐食性を低下させる。σ相は一般にα/γ境界を起点とし，粒界反応型変態($\alpha \rightarrow \sigma + \gamma$)によるものとされている[254]。Si添加は耐硝酸腐食性を改善するが，σ相の生成を促進する。4%Si添加材の800℃時効による硬さの上がり始める時間は，γ量がほぼ同じ(44~50%)であってもN無添加材では120s，0.1%N添加材では3600sである。Nを添加してγ相を50%以上とした23Cr-(4~14)Ni-4Siステンレス鋼は溶接金属を含めて，NによりCr炭化物，窒化物の析出が抑制されるため，沸騰高酸化性硝酸($40\%HNO_3 + 0.2g/1Cr^{6+}$)に対しても耐食性を示す[255]。また，22Cr-5Ni-3Mo2相ステンレス鋼の溶接実験によれば，母材ではNが少ないとγ相で孔食が発生し，全体の耐孔食性が低下する。NiとNをそれぞれ6，0.2%まで増やすと母材，溶接金属ともに耐孔食性が改善され，α相での耐孔食性が支配的となる[256]。2相ステンレス鋼はオーステナイトステンレス鋼に比べて耐SCC性に優れるが，N添加はこの応力限を増やすという報告がある[257]。

Nによるγの固溶体強化と調質圧延による加工硬化を利用した17Cr-7Niステンレス鋼が高強度の構造用ステンレス鋼の候補材料になっている。約20%の調質圧延を施した0.02C-1.2Mn-17Cr-6.7Ni-0.12N鋼は，引張り強さが1100MPa，伸びは23%であり，鋭敏化処理後の硫酸-硫酸銅腐食試験でも粒界腐食を生じない[258]。

18.3 オーステナイト系ステンレス鋼

Ni-Cr系のオーステナイトステンレス鋼の耐孔食性はN添加により著しく改善される。実験的に得られた耐孔食当量PREを次式[259]に示す。

$$PRE = \%Cr + 3.3 \times \%Mo + 16 \times \%N$$

一般にPREが20以上の合金は耐孔食性に優れると言われている。

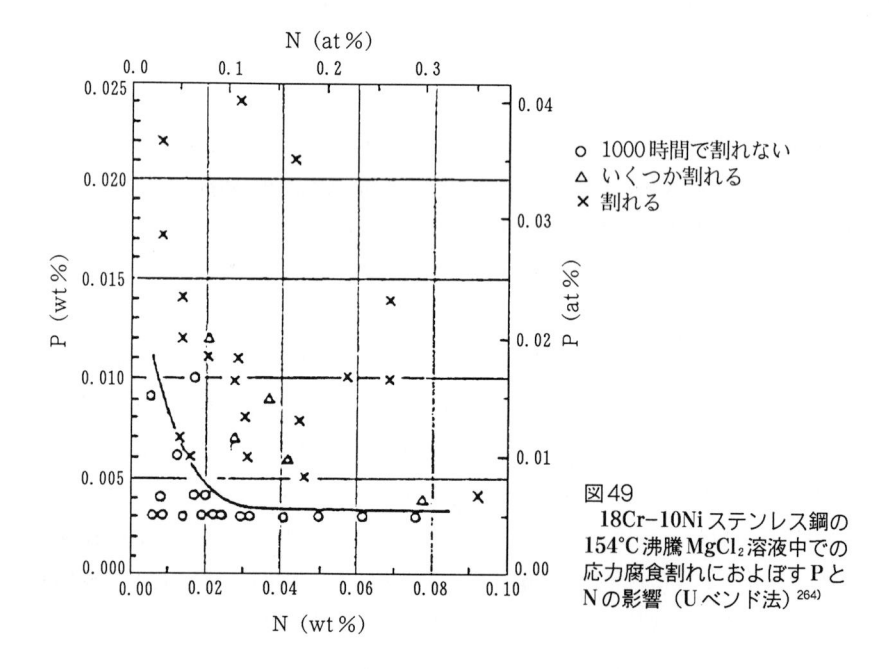

図49
18Cr-10Niステンレス鋼の154°C沸騰 $MgCl_2$ 溶液中での応力腐食割れにおよぼすPとNの影響（Uベンド法）[264]

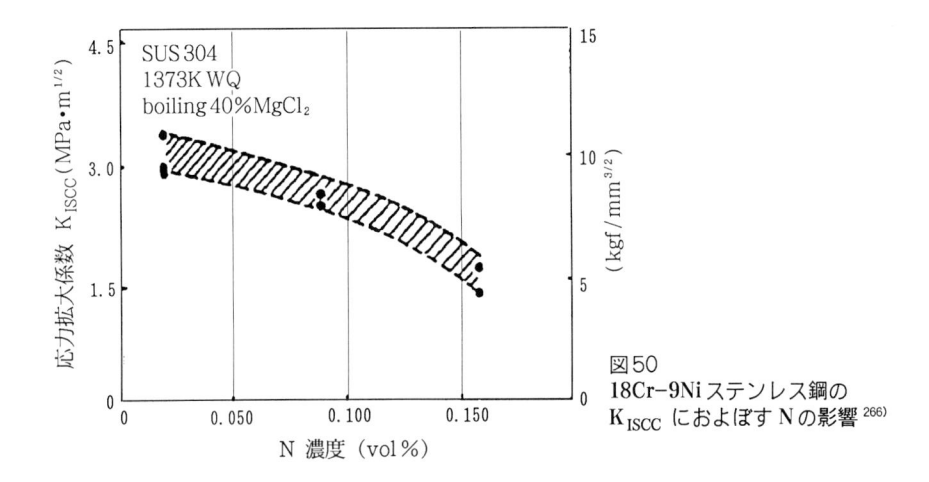

図50 18Cr-9Niステンレス鋼のK_{ISCC}におよぼすNの影響[266]

耐隙間腐食はMo, N添加により改善されるが,とくにそれらを共存させると著しい。また,隙間試験片の孔食電位は,自由面の孔食電位よりも0.3~0.9V低い場合があるので隙間試験片の孔食電位を求めることが重要である[260]。オーステナイト,および2相ステンレス鋼のマルチ・クレビス試験によれば,隙間腐食の発生数nと最大浸食深さの平均値Dの積($n \times D$)は次式で与えられる。

$n \times D$(mm) $= 0.716 - 0.014\%Cr - 0.003\%Ni - 0.031\%Mo - 0.039\%Cu - 0.524\%N$

ただし上記の式は,温度 = 30℃, 15~25%Cr, Mo $\leq$ 15.6%, 4.2~62.8%Ni, N $\leq$ 0.2%の範囲での重回帰で求めたものである[261]。

Nは,Ni-Cr系オーステナイト系ステンレスの塩化物応力腐食割れ(SCC)を促進する。Nが0.03%の低レベルでもSCCが起こり,電位が−0.15V(NHE)以上の場合に生成すると言われている[262]。18Cr-10Niと18Cr-18Ni系のオーステナイト系ステンレス鋼のスポット溶接試験片を最大21000ppmCl$^-$の水溶液中に80℃,8カ月浸漬した結果によれば,塩化物応力腐食割れ(SCC)に対してNはPと並んで有害元素の中に分類されている[263]。沸騰MgCl$_2$水溶液によるSCCは,Pの含有量によって,Nの効果は異なり,0.003%P以下では約0.08Nまで発生しないが,

0.003~0.010%Pの場合Nは著しい悪影響をおよぼす(図49参照)。18Cr-15Ni鋼を基本とすると，このNの悪影響は小さくなる[264]。SUS316ステンレス鋼のSCC破断時間は，冷間加工度が増えると短くなり，冷間加工度を一定とするとNを0.03から0.18%まで増やすと短くなる[265]。Nは，PやMoと同様に沸騰$MgCl_2$水溶液中でK_{ISCC}を低下させる傾向を示し，図50に示すようにN＞0.1%ではこの傾向が著しい[266]。このようなNのSCCに対する悪影響はNが積層欠陥エネルギーを下げ，積層欠陥を形成し易いことに関係すると考えられている。

一方粒界応力腐食割れ(IGSCC)に関しては，SUS316，347(UNS S34700)ステンレス鋼の場合C＜0.02%ならばNが0.13~0.15%含有しても鋭敏化後に$Cr_2(C, N)$の粒界析出がなく，耐SCC性への悪影響は認められない[267]。鋭敏化したSUS304ステンレス鋼(約0.05%C)の耐IGSCC性はNが0.16%まではNの増加に従って大き

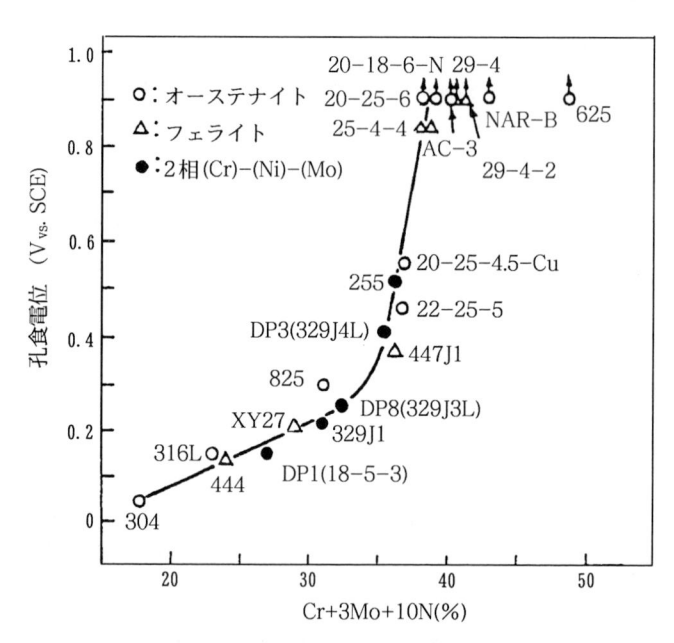

図51 人工海水中における各種ステンレス鋼および高合金の孔食電位[271]
　　　(人工海水-ASTM D-1141, 脱気, 80℃, 20mV/min)

くなる。これは，NがCrの拡散を遅滞させるので粒界Cr濃度を低下させないからである。Nを0.24%まで増やすと，粒界において不連続な炭化物析出が増えるためCrの低濃度層が広がり，耐IGSCCが劣化する[268),269)]。N濃度の高いものを鋭敏化するとIGSCCを示すが，鋭敏化の程度が低いと粒内SCCを示す。260℃の含塩素イオン水の条件において，高N型SUS316ステンレス鋼(0.019~0.027%C, 0.16~0.19%N)は，鋭敏化処理によってCr_2N析出による低濃度層を生成し，IGSCCを起こす[270)]。

含Nステンレス鋼の開発例について簡単に触れる。Nは耐塩化物性を改善するので，この特徴を生かしたものが国の内外で開発されている。たとえば，20Cr-25Ni-6Mo-1Cu-0.14Nオーステナイトステンレス鋼(UNS N08925相当品)は，Inconel625に匹敵する耐孔食性と耐隙間腐食性を示し，沸騰42%$MgCl_2$水溶液中でのSCC発生時間は16hと良好である。また，溶接金属の耐食性も十分保たれており，パルプ漂白，海水熱交換器への応用が期待されている。本開発鋼を含めた各種ステンレス鋼の孔食電位を図51[271)]に示す。Cuは耐SCC性を高めるが，中性塩化物溶液に対しては悪影響を与える可能性があるため，Cu無添加の20Cr-25Ni-6Mo-0.2N鋼が開発されている。この材料の用途として熱交換器，海水中でのガスと油のパイプライン等が挙げられている[272)]。高強度のステンレス鋼として25Cr-17Ni-4.5Mo-6Mn-0.45N鋼が開発されている。本材料は，10%$FeCl_3$水溶液での臨界孔食温度と臨界隙間腐食温度がそれぞれ約90，および50℃とAlloy625なみの耐食性を示し，鋭敏化を誘起することなく溶接可能である。この材料の降伏点は420MPaと大きい。石炭排ガスの脱硫プラントのスクラバーへの応用が検討されている[273)]。

Clが関与する高温腐食の例として，オーステナイトステンレス鋼へのN添加が含Cl燃焼灰(Na_2SO_4-$K_3Na(SO_4)_2$-NaCl)による粒界腐食を抑制する[274)]ことが明らかにされている。

19. 溶接金属の窒素吸収，および溶接金属の機械的性質におよぼす窒素の影響

19.1 炭素鋼，フェライト系ステンレス鋼

Nはアーク溶接過程で溶融金属に吸収され，場合によってはブローホール，靭性低下の原因になる。フェライト系材料ではオーステナイト系の場合と異なり，Nによる溶接金属の汚染対策が重要な課題になっている。

Feを用いた基礎研究によれば，N_2 + Arガス = 1気圧の条件では溶接金属のN量は平衡溶解度よりも高い値を示し，Sievertsの法則に従わない[277]。同様な傾向はFe-Cr, Fe-Niにも認められる[278]。また，溶融合金中のNの活量係数におよぼす合金元素の影響(相互作用助係数)は平衡状態で得られた値にほぼ等しいことから，溶融金属中のN量を一般的に推定可能であることが示されている[279]。N_2 + Arの全圧が1~30気圧の範囲では，N_2の圧力が一定であれば溶接金属中のNは全圧が高くなると減少する。また，N_2圧力が1気圧付近では平衡溶解度より高い値を示すが，高圧になると平衡値よりかなり低い値を呈する。N_2圧力が一気圧以上では溶接金属にブローホールが生成し，N圧力が高くするとその数が減少する傾向にある[280]。

炭素鋼(SM41A)のサブマージアーク溶接(SAW)において，ワイヤー先端溶融部，溶滴粒子(金属粒子)，溶着金属別にNを分析し，N量は例えば，各々70, 50, 80ppmと金属粒子の値よりも溶着金属の方が大きいこと，金属粒子のN量は溶接速度が増すに従い増加すること，多層盛り金属のN量は溶着層数が増えてもその差は高々7ppmであることが示されている[281],[282]。

エレクトロスラグ溶接，またはSAWのように大入熱溶接では溶接熱影響部(HAZ)の靭性劣化が問題になっている。50kg/mm^{2}級高張力鋼ではTi添加がHAZの靭性

改善に有効とされている。Ti量が0.013%のとき，N量を増やすとフェライト＋パーライト組織は微細になるが，衝撃値は組織の微細化とともに単純に増加しない。このことは靱性が組織以外の因子にも影響されることを示唆する。最適のN量は50ppmであり，それ以上のN添加は靱性を下げる。この劣化現象は固溶Nの増加に関係するものと考えられる[283]。

TiNはAlNに比べて固溶し難いが，大入熱溶接では解離し結晶粒成長抑制作用を失う可能性がある。低温用アルミキルド鋼のSAWでは，Nを40ppm以下にしてAlを0.04%添加するとHAZの靱性は著しく改善される。これは，溶接時の冷却過程においてAlとNが結合し固溶Nが減るためである。Ti添加の場合にはTiNの解離によって固溶Nが増えて靱性を下げるが，大きなTiNは解離せず粒成長を抑制する。TiはAl添加の補完的役割を果たす[284]。

溶接の能率化のために，フラックス入りワイヤを使用したセルフシールドアーク溶接が行われている。Nがブローホールの主因になるから，空気の侵入を防止するためにアーク長さを極力短く保つ必要がある。通常の場合，溶接金属中の

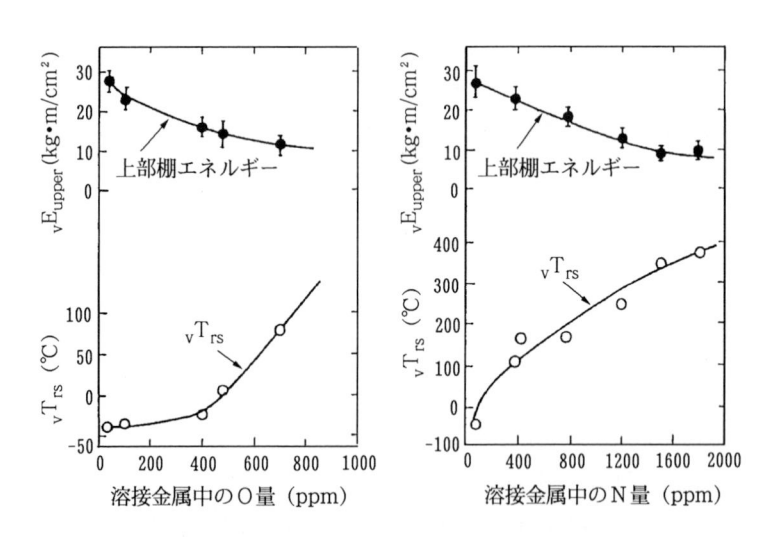

図52 30Cr-2Mo鋼の溶接金属部の $_vT_{rs}$ 及び上部棚エネルギーに及ぼすO及びN量の影響[287]

Nが約0.03%を越えるとブローホールが発生する。ブローホール防止にAl添加が有効であるが，靱性劣化の原因になることがある[285]。

フェライト系ステンレス鋼ではNの固溶量がオーステナイト系の場合に比べて小さいため，窒化物が析出しやすく，耐食性と靱性を劣化させる。TIG溶接を用いる場合には，汚染防止策として，無風状態の清潔な環境，溶加棒と開先部の清浄化，高純度Arガスとトーチシールドならびにバックシールドの使用が推奨されている[286]。各種高純度フェライト系ステンレス鋼の溶接金属の延性脆性遷移温度が示されている[287]。30Cr-2Mo鋼のデータ例を図52に示す。

19.2　2相ステンレス鋼

2相ステンレス鋼ではN添加による溶接金属のオーステナイト量の適正化と耐食性の改善，HAZの脆化抑制等，Nの積極利用が検討されている。

SUS329J1ステンレス鋼の母材は40~60%のフェライト組織を含むが，Ar中で溶接すると溶接金属のフェライト量は80%になる。N_2分圧が0.02MPaまでの範囲では分圧を増やすと溶接金属のN含有量は単調に増加し，それ以上ではN量が約0.4%一定，フェライトは約40%一定となり[288]，引張り強さは母材の値に近づき破面はディンプル組織を示す[289]。

基本組成22Cr-5Ni-3Mo鋼(3.9~7.2%Ni，0.06~0.24%N)のTIG溶接によると，母材ではN量が0.24%ではフェライト相で孔食が発生し，N量をその値より少なくするとオーステナイト相で発生する。Niを減らしてNを増やすとオーステナイト相のN含有量が増加し，6%塩化第2鉄溶液での耐孔食性が改善される。溶接金属ではNiとNを増やすと耐孔食性が増える。孔食はフェライト相で発生し，フェライト相での耐孔食性が支配因子である[290]。2相ステンレス鋼のHAZではフェライト相からσ相が生成しやすく，靱性を劣化させる。海水中耐隙間腐食鋼向け28Cr-3.8Mo-Niステンレス鋼のHAZ脆化はσ相と窒化物の析出に関係する。σ相の析出はフェライト量が少ないほど早く，フェライト量が同じならばN量が多いほど析出が遅くなる。また，窒化物はフェライト量が多いものほど多く，フェライト量が同じならばN量が多いほど多くなる傾向を示す。N含有量

が0.15と0.30%の靭性は，フェライト量が各々70~85%，60~75%のとき約0.5MJ/m^{2}以上の値を示す[291]。

19.3 オーステナイト系耐熱鋼，ステンレス鋼

オーステナイト系の鋼では，強化と耐食性改善の目的からNの積極利用が図られているが，添加量によってはブローホール発生と脆化問題がある。溶接部材の品質保証のためにN添加のための施工法および使用中の劣化問題を含めた広範な研究が，以前から必要と考えられている[292]。ステンレス協会は，N含有のSUS304N2をSM490クラスの建築構造用ステンレス鋼として設定し，現在溶接を含めた技術開発を進めている[293]。

Cr-Niオーステナイト系ステンレスの溶接金属へのN溶解度は，先述のFe-Cr合金の場合と同様にSievertsの法則に従わず，また1~30気圧のAr-N$_2$雰囲気下において同一N圧力条件では全圧が高くなるに従い減少する。また，溶接金属のN溶解度は平衡実験で得られている活量係数を用いて推測できる[294),295]。

308系の溶接棒の化学組成が規格内であっても，高温クリープ破断強さに大きな差が生じる原因の一つとしてNの影響が調べられている。SAW溶接では550℃300hクリープ破断応力σ_Cは，

$$\sigma_C (kg/mm^2) = 37.4 + 7.1 \times \log C_N$$

で与えられる。ただし，C_Nは溶接金属中のN量(%)である。TIG溶接の場合でも類似の関係が成り立つ。クリープ破断伸びはNを増やすと小さくなるが，V添加の308VのSAW溶接の場合にはNが0.01から0.025まで増加しても550℃でのクリープ破断伸びの減少は認められない。N添加量が0.025%の場合，クリープ中でのフェライトのオーステナイト化と析出物の生成が抑制される。このようにNは高温特性に影響するので，溶接金属の高温特性値を安定させるためにはN量を管理した溶接を行う必要がある[296]。N添加は被覆材に添加するより，心線に添加したほうがNの歩留まりが高く，溶接作業性におよぼす影響も小さい[297]。Nは308系の溶接金属の低温衝撃特性に影響をおよぼす。SMAW溶接によれば，

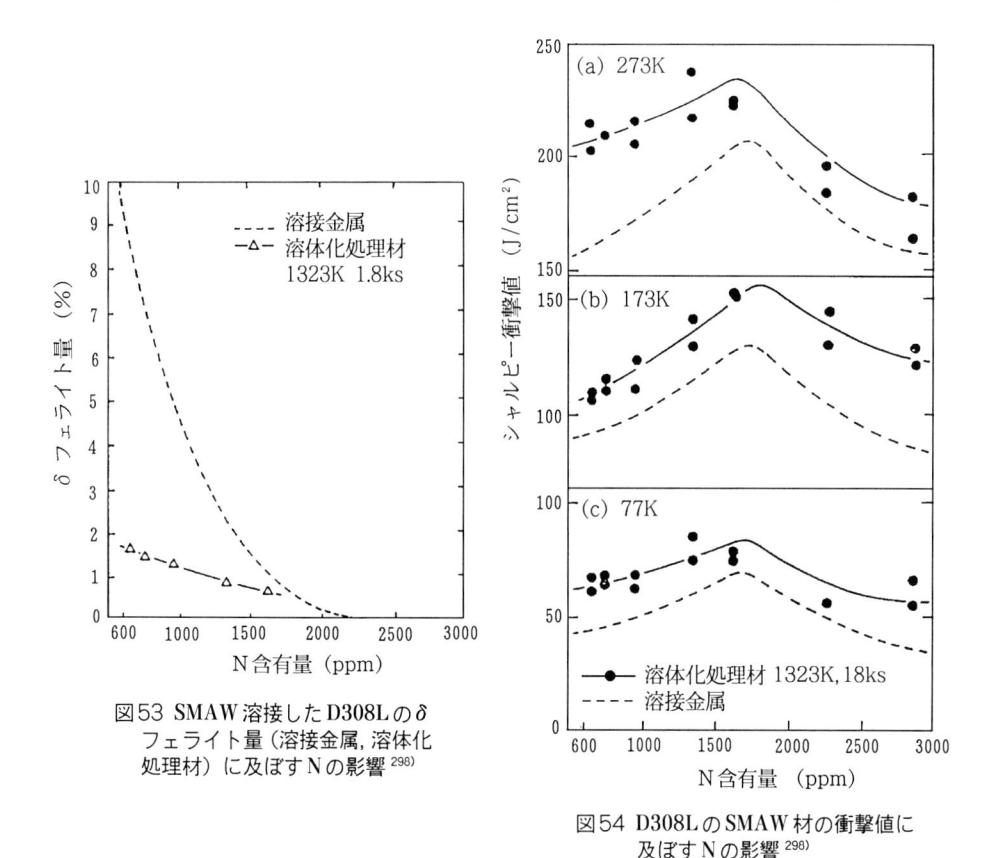

図53 SMAW溶接したD308Lのδフェライト量（溶接金属,溶体化処理材）に及ぼすNの影響[298]

図54 D308LのSMAW材の衝撃値に及ぼすNの影響[298]

　図53に示すようにNが2000ppmを越えるとほぼオーステナイト単相になり，Nが約1700ppmで衝撃値は最大値を示す（図54参照）。Nが約1800ppm以上で衝撃値が劣化を示すのは溶接金属中のMicro fissureと析出物による粒界脆化が起こるためと考えられる[298]。

　オーステナイト系ステンレス鋼を溶接する場合には，一般に高温割れ防止のためフェライト量を3~7FN(FNはフェライト番号)と調節している。高Nの高強度ステンレス鋼SUS304N2向けの溶接棒として開発した20Cr-9Ni-Mn鋼の溶接金属は，0.29%Nで完全オーステナイト組織となり，フェライト量の減少にとも

なって高温割れ率が増加する。この割れ率は完全オーステナイト系溶接棒D310の溶接金属の値に比べて非常に小さい[299]。

溶接金属の組織を推定するために,一般にシェフラーの組織図が使用されている。この組織図ではフェライト量を

$$\text{Ni 当量} = \%\text{Ni} + 30 \times \%\text{C} + 0.5 \times \%\text{Mn}$$

$$\text{Cr 当量} = \%\text{Cr} + \%\text{Mo} + 1.5 \times \%\text{Si} + 0.5 \times \%\text{Nb}$$

で表わしている。ディロングの組織図では,このNi当量に$30 \times \%\text{N}$を加算したものでフェライト量を表わし,溶接過程におけるNピックアップの効果を明確にしている。

20. 窒素の化学分析の現状

　N定量法には溶融法と湿式法があり，前者は迅速であり再現性に富むが完全なN抽出が困難であり，後者は分析操作での誤差要因が多い問題がある[300]。微量域の分析法として，川村らは1~10ppmの範囲で標準偏差が0.4ppmの湿式法を報告している[301]。低濃度域での迅速分析法として，スパーク発光分析法に代わってグロー放電質量分析法が高純度鋼のC,N,O分析に応用されようとしている。放電ガスとしてArを用いると20~250ppmの範囲で検量線が直線性を示すが[302]，Neの場合にはこの検量線の勾配が20倍に増加するため感度が約1桁向上する[303]。

　固溶Nの分析にはX線プローブ・マイクロアナライザーが用いられている。Cr-Ni-Moオーステナイト鋼では，N Kα線強度が0~0.8%Nの範囲ではN濃度に比例する。検量線はγ，α相に関係なく一本の直線で表され，2相ステンレス鋼の固溶Nを±0.02%の精度で分析できる[304]。α相の固溶Nの測定法として，スネークピーク高さとN濃度とが比例する現象を活用した内部摩擦法があり，約10ppm程度までのN分析が行われているが，磁壁，結晶粒度，集合組織，析出物の影響を受けるなどの問題がある[305]。

　窒化物の分析は，鋼からの窒化物の抽出分離，および窒化物のN分析からなる。前者に関しては日本鉄鋼協会での共同研究があり，10%アセチルアセトン-1%テトラメチルアンモニウムクロライド-メタノール溶液を用いた定電位電解法が推奨されている(表8参照)[306]。定電位電解法を応用してσ相と窒化物とが共存する2相ステンレス鋼から窒化物(炭化物)を分離することも可能になっている[307]。

　窒化物のN分析はよく知られている酸不溶解残渣分解法も含めてJIS[308]に規定されているが，この分解法にはかなりの熟練を要しブランク値もばらつく欠点があると言われている。このJIS分析に代わる新定量法としてアルカリ融解-電

表8 鋼中窒化物の抽出分離定量法[306]

窒化物	抽 出 分 離 法	定量元素	適用鋼種および備考
AlN	10％AA系溶液定電位電解法 よう素－メタノール法（60℃）	N (Al)	炭素鋼（含高張力鋼），低合金鋼，ステンレス鋼
BN	10％AA系溶液定電位電解法 よう素－メタノール法（室温分解）	N, B	炭素鋼
Si_3N_4	10％AA系溶液定電位電解法 よう素－メタノール法（60℃）	N	炭素鋼, Si_3N_4 の化学的安定性はその析出形態に左右されるので抽出残渣の分解には，アルカリ融解法，ボンブ法を適用することが望ましい。
TiN	10％AA系溶液定電位電解法 よう素－メタノール法（60℃） りん酸（2＋1）分解法（室温分解）	N, Ti	炭素鋼（含高張力鋼），ステンレス鋼 10％AA系溶液, 定電位電解法では，TiCも同時に抽出される
ZrN	10％AA系溶液定電位電解法 よう素－メタノール法（60℃）	N, Zr	炭素鋼 10％AA系溶液, 定電位電解法では，ZrCも同時に抽出される
VN	10％AA系溶液定電位電解法	N, V	炭素鋼（含高張力鋼） VCも同時に精度よく抽出される
NbN	10％AA系溶液定電位電解法 よう素－メタノール法（60℃） りん酸（2＋1）分解法（室温分解）	N, Nb	炭素鋼（含高張力鋼），ステンレス鋼 よう素－メタノール法以外では，NbCも同時に抽出される
CrN	10％AA系溶液定電位電解法 よう素－メタノール法（60℃） りん酸（1＋1）分解法（沸騰浴中分解）	N, Cr	Cr鋼 Cr炭化物も塩酸（1＋1）分解法以外の方法ではほぼ定量的に抽出される
$\beta\text{-}Cr_2N$	10％AA系溶液定電位電解法 よう素－メタノール法（60℃）	N, Cr	Cr鋼, ステンレス鋼, 耐熱鋼 M_7C_3, $M_{23}C_6$ も同時に抽出される

量滴定法が提案されている。この方法によれば AlN, BN, TiN, VN, NbN, Si_3N_4 の N を，従来法に比べて精度約5倍，時間1/9で分析できる[309]。X線プローブ・マイクロアナライザーで窒化物中のNを分析することができる。$\varepsilon\text{-}Cr_2N_{1-x}$ のN濃度は NKα 線強度と直線関係にあり，また，π相のN濃度も ZAF 補正法により十分な精度で測定できる[310]。

21. 磁性材料としての窒化物と含窒素非晶質金属

　$Fe_{16}N_2$は非常に大きな飽和磁束密度をもつ軟磁性材料として古くから知られている。この物質は準安定相であるため，通常はそれよりも安定なFe_4Nが生成し易いが，最近，杉田ら[311]は$Fe_{16}N_2$に近い格子定数をもつGaAs基板上に$Fe_{16}N_2$の薄膜をエピタキシャル成長させることに成功している。この飽和磁束密度Bsは2.8~3.0Tであり，FeのBs = 2.14Tに比べて巨大である。キュリー点は約540℃であり，Fe当たりの平均磁気モーメントは$3.5\mu_B$である。$Fe_{16}N_2$バルク材はまだ開発されていないが，$Fe_{16}N_2$を含むFe-N合金のBs値(外挿値)は，純鉄の値よりも大きい傾向を示す[312]。

　最近，組成変調窒化合金膜の軟磁気特性が注目されている。これは膜厚が数十nm以下の金属窒化層と非窒化層を積層したもので，反応スパッタ法で作られる。非晶質合金は透磁率，耐食性に優れ飽和磁化も最大1.3Tのものがあるが熱的な安定性に欠ける。これに対してこの組成変調窒化合金膜は，図55に示すように500℃近傍でも安定であり，飽和磁化はFe-Nb-Zr/Fe-Nb-Zr-Nの場合で1.73Tに達する。各種の組成変調窒化合金膜が開発されており，既に磁気ヘッド向けの磁性材料として実用化されている[313]。

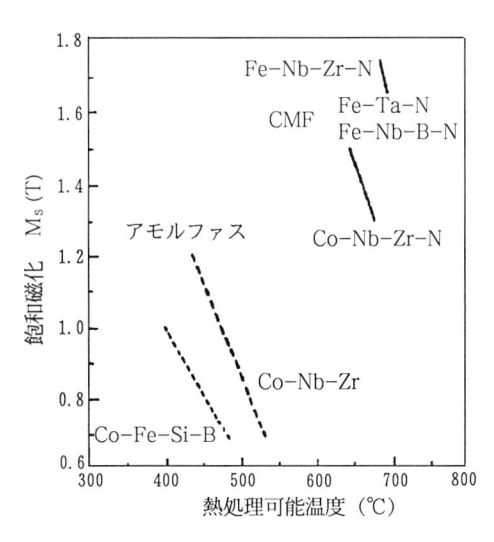

図55 磁気ヘッド材料の飽和磁化Msと熱処理可能上限温度[313] CMF:組成変調膜

希土類を含むFe-N系は，高性能永久磁石材料として非常に注目されている。最近の進歩に関しては解説記事[314,315]に詳しいが，代表的な$Sm_2Fe_{17}N_3$の磁気的特性を以下に示す。

　　　キュリー点　　飽和磁化　　異方性磁界
　　　　746K　　　　1.6T　　　　25T

この材料は$Sm_2Fe_{17}N_3$粉末の窒化処理により作られる。窒化処理としてはN_2ガスまたはアンモニアガスを用いるプロセスが検討されている。メカニカルアロイングも活用されており，SmCo磁石クラスの等方的な磁石が作られている。

Nを含む非晶質金属に関しては，スパッタリングによる薄膜が研究の対象になっている。最近はメカニカルアロイングの応用も試みられている。Feとh-BNを共スパッターすると，サイズが約50Åの非晶質Fe-B-Nおよび非晶質BNの2相組織が得られる。この混合組織の飽和磁化は77Kで200emu/gに達し，また電気抵抗率は100$\mu\Omega$cm以上の値を示す[316]。メカニカルアロイング法で試作した(Fe_xSi_{1-x})-N非晶質合金は，4.2Kで90 emu/gの飽和磁化を示し，熱磁曲線では磁場中冷却効果が認められる[317]。

あとがき

　窒素(N)は唯一の気体添加元素であり，オーステナイト形成元素として，また固溶体硬化ならびに析出硬化型元素として広く利用されている。Nの鋼の諸性質におよぼす影響は炭素(C)の場合によく似ているが，Nはオーステナイトにより多く固溶する。Nはオーステナイトの積層欠陥エネルギーを下げ，Cの場合とは逆な傾向を示す。エレクトロトランスポートの測定によれば有効電荷がマイナスとCの場合と逆な結果が報告されていたが，最近はともにプラスであるとも言われている。このようにNはCに似て非なる傾向を示している。

　NはCと異なり2相オーステナイト系のステンレス鋼の孔食性を改善する働きを持つことが明らかにされ，広く利用されている。また，Nはオーステナイト鋼を強化する元素の中でベストであり，この効果も実用材に生かされている。機能材料では含Nの磁性材料で非常に優れたものが見い出されており，この実用化が期待されている。

　Nの働きに関してはCに比べると添加が容易でないためかデータが少なく，意外に基礎的な事柄が明らかにされていない。また，実用上重要な材料の信頼性に係わる事項，例えば溶接金属とHAZの材料劣化，破壊靭性ならびにクリープ亀裂進展におよぼすNの影響は今後の研究課題として重要と思われる。Nは非常に可能性を秘めた合金元素であり，更なる研究が期待される。

　なお，本書の英語版 [Nitrogen-Alloyed Steels —Fundamentals and Applications—, Edited by Yunoshin Imai, AGNE GIJUTSU CENTER, 1997] が出版されている。

謝　辞

　東北大学金属材料研究所 故 今井勇之進先生には鉄鋼材料学をはじめとして,あらゆる分野でご指導をいただきました。ここに記して深く謝意を表し,ご冥福をお祈り申し上げます。

　また,本原稿作成に当たり,腐食分野では日揮㈱細谷敬三様,溶接分野では日揮㈱笹野林様のご助言を頂きました。日揮㈱石井邦雄様からは各種資料を提供して頂きました。ここに記して御礼を申し上げます。

2005年 9月　　　村田 威雄

参考文献

1) S.M.Stevens:Weld. Res. Counc. Bull. No.369,(1991-1992),3
2) S.M.Stevens:Weld. Res. Counc. Bull. No.369,(1991-1992),13
3) S.M.Stevens:Weld. Res. Counc. Bull. No.369,(1991-1992),18
3a) 今井勇之進, 石崎哲郎:日本学術振興会製鋼第19委員会編「増補版, 鉄鋼と合金元素(上)」, 誠文堂新光社, (1971), 593
3b) 錦織清治:金属の研究, **9**(1932)490
3c) E.Lehrer:Z.Elektrochem., **36**(1930)460
3d) 村上武次郎, 岩泉脩次郎:金属の研究, **5**(1928)159
3e) M.Hansen:Der Aufbau der Zweistofflegierungen(1936)
3f) M.Hansen, K.Anderko:Constitution of Binary Alloys(1958)
4) 今井勇之進:日本金属学会会報, **11**(1972), 503
5) Binary Alloy Phase Diagrams(second edition), edited by T.B.Massalski, ASM International(1990),vol.2,1728
6) H.A.Wriedt,N.A.Gokcen,R.H.Nafziger,Bulletin of Alloy Phase Diagrams,**8**(1987), No.4,355
7) M.A.J.Somers,N.M.Van der Pers,D.Schalkoord,E.J.Mittemeijer:Metall.Trans. A,**20A**(1989), 1533
8) J.Kunze:Steel Research,**57**(1986),361
9) 井野博満, 小田克郎, 梅津清:日本金属学会誌, **53**(1989), 372
10) V.Raghavan:Phase Diagrams of Ternary Iron Alloys, Part 1, The Indian Institute of Metals, (1987),143-219
11) 杉本公一, 坂木庸晃, 宮川大海, 堀江隆:鉄と鋼, **69**(1983), 298
12) Xu Zuyao, Li Lin:Materials Science and Technology, **3**(1987),325
13) M.Hillert,S.Jonsson:Metall. Trans., **23A**(1992),3141
14) K.Frisk:Metall.Trans. A, **21A**(1990),2477
15) Caian Qiu:Metall.Trans. A, **24A**(1993),629
16) A.F.Guillermet,S.Jonsson:Z.Metallkd., **83**(1992),165
17) K.Frisk:Z.Metallkde., **82**(1991),59
18) 増本健, 今井勇之進, 奈賀正明:日本金属学会誌, **33**(1969), 705
19) 今井勇之進, 増本健, 奈賀正明:日本金属学会誌, **31**(1967), 1399

20) 今井勇之進, 増本健, 奈賀正明：日本金属学会誌, **30**(1966), 747
21) 増本健, 今井勇之進：日本金属学会誌, **33**(1969), 927
22) S.Hertzman:Metall.Trans., A,**18A**(1987),1753
23) 増本健, 今井勇之進：日本金属学会誌, **33**(1969), 1364
24) K.Frisk:Z.Metallkde.,**82**(1991),108
25) S.Hertzman:Metall.Trans., A,**18A**(1987),1767
26) T.G.Chart:User Aspects of Phase Diagrams,Institute of Metals,(1991),128.
27) 西沢泰二：材料科学における状態図・相変態の基礎と応用, 日本金属学会(1992), 1
28) P.M.Gielen,R.Kaplow:Acta Met.,**15**(1967),49
29) M.J.Bibby,L.C.Hutchinson,W.V.Youdelis:Can.J.Phys.,**44**(1966),2375
30) 黒田健介, 松山和彦, 加藤宏治, 藤澤敏治, 山内睦文：日本金属学会春期大会講演概要 (1993), 259
31) M.J.Bibby,W.V.Youdelis:Can.J.Phys.,**44**(1966),2363
32) Bohnenkamp:Arch.Eisenhüttenwes.,**38**(1967),229
33) P.Grieveson,E.T.Turkdogan:Trans.AIME,**230**(1964),1604
34) H.Haensel,L.Stratmann,H.Keller,H.J.Grabke:Acta Metall.,**33**(1985),659
35) K.Schwerdtfeger:Trans.AIME,**239**(1967),134
36) (前出)P.Grieveson,E.T.Turkdogan:Trans.AIME,**230**(1964),1604
37) (前出)K.Schwerdtfeger:Trans.AIME,**239**(1967),134
38) K.Schwerdtfeger,P.Grieveson,E.T.Turkdogan:Trans.AIME,**245**(1969),2461
39) B.Prenosil:Kovove Materialy,**3**(1965),69(その内容は Chemical Abstracts,**64**(1966), 13413d に要約されている)
40) 石井不二夫, 萬谷志郎, 不破祐：鉄と鋼, **68**(1982), 946
41) J.C.Rawers,N.A.Gokcen,R.D.Pehlke:Metall.Trans.,A,**24A**(1993),73
42) D.W.Gomersall,A.McLean,R.G.Ward:Trans.AIME,**242**(1968),1309
43) P.H.Turnock,R.D.Pehlke:Trans.AIME,**236**(1966),1540
44) R.G.Blossey,R.D.Pehlke:Trans.AIME,**242**(1968),2457
45) R.G.Blossey,R.D.Pehlke:Trans.AIME,**236**(1966),566
46) D.Cosma:Arch.Eisenhüttenwes.,**41**(1970),195
47) 和田春枝, 郡司好喜, 和田次康：日本金属学会誌, **33**(1969), 720
48) W.M.Small,R.D.Pehlke:Trans.AIME,**242**(1968),2501
49) J.Chipman,D.A.Corrigan:Trans.,AIME,**233**(1965),1249

50) H.Schenck,E.Steinmetz:Arch.Eisenhüttenwes.,**39**(1968),255
51) E.Schurmann,H‐D.Kunze:Arch.Eisenhüttenwes.,**38**(1967),585
52) 和田春枝, 郡司好喜, 和田次康:日本金属学会誌, **32**(1968), 933
53) 和田春枝, 郡司好喜, 和田次康:日本金属学会誌, **32**(1968), 831
54) (前出) 石井不二夫, 萬谷志郎, 不破祐:鉄と鋼, **68**(1982), 946
55) 石井不二夫, 井口泰孝, 萬谷志郎:鉄と鋼, **69**(1983), 913
56) 森田善一郎, 蜂須賀邦夫, 岩永祐治, 足立彰:日本金属学会誌, **35**(1971), 831
57) D.S.Shahapurkar,W.M.Small:Metall.Trans.B,**18B**(1987),231
58) 長隆郎, 井上道雄:鉄と鋼, **53**(1967), 1393
59) 長隆郎, 井上道雄:鉄と鋼, **54**(1968), 19
60) 門口維人, 佐野正道, 森一美:鉄と鋼, **71**(1985), 70
61) 井上道雄:鉄と鋼, **70**(1984), 1315
62) 阿部泰久, 西村光彦, 片山裕之, 高橋利徳:鉄と鋼, **68**(1982), 1955
63) 大野悟, 宇田雅広:鉄と鋼, **65**(1979), 1561
64) K.Forch,G.Stein,J.Menzel:High Nitrogen Steels, HNS90, Proc. International Conf. at Aachen(1990),258
65) (前出) J.C.Rawers,N.A.Gokcen,R.D.Pehlke:Metall.Trans.,A,**24A**(1993),73
66) O.P.Sinha,A.K.Singh,C.Ramachandra,R.C.Gupta:Metall.Trans.,A,**23A**(1992),3317
67) G.M.Janowski,F.S.Biancaniello,S.D.Ridder:Metall.Trans.,A,**23A**(1992),3263
68) 高橋正光, 松田廣, 佐野正道, 森一美:鉄と鋼, **72**(1986), 419
69) 川上正博, 伊藤公允, 奥山優, 菊池拓三, 坂瀬俊二:鉄と鋼, **73**(1987), 661
70) 原島和海, 溝口庄三, 梶岡博幸, 坂倉勝利:鉄と鋼, **73**(1987), 1559
71) 高橋正光, 韓業韜, 佐野正道, 森一美, 平沢政広:鉄と鋼, **74**(1988), 69
72) 池田正文, 宮脇芳治, 半明正之, 石川勝, 田辺治良, 碓井務:鉄と鋼, **69**(1983), S881
　[桑原達朗:鉄と鋼, **73**(1987), 2157に集録されている]
73) 郡司好喜:鉄と鋼, **69**(1983), A249[討25]
74) 眞目薫, 松尾亨:鉄と鋼, **73**(1987), 313
75) 水上義正, 務川進, 佐伯毅, 嶋宏, 小野山修平, 小舞忠信, 高石昭吾:鉄と鋼, **74**(1988), 294
76) 真目薫, 山口英良, 森重光之, 亀川憲一:住友金属, **45‐3**(1993), 73
77) 沖森麻佑巳:鉄と鋼, **79**(1993), 1
78) 長隆郎, 竹部隆, 井上道雄:鉄と鋼, **67**(1981), 2665
79) 長谷川守弘:鉄と鋼, **76**(1990), 42

80) 清瀬明人, 原島和海, 大貫一雄, 有馬良士:鉄と鋼, **78**(1992), 97
81) 丸橋茂昭:鉄と鋼, **70**(1984), 1511
82) 永山宏智, 井上雅則, 二村直志, 笹本博彦:鉄と鋼, **78**(1992), T129
83) 盛利貞, 一瀬英爾:日本金属学会誌, **32**(1968), 949
84) A.J.Heckler,J.A.Peterson:Trans.AIME,**245**(1969),2537
85) 三本木貢治, 大谷正康:鉄と鋼, **47**(1961), 841, または J.D.Fast: Interaction of Metals and Gases, Academic Press, (1965),234
86) 盛利貞, 一瀬英爾, 丹羽康夫, 久我正昭:日本金属学会誌, **31**(1967), 887
87) L.S.Darken,R.P.Smith,E.W.Filer:Trans.AIME,**191**(1951),1174
88) 増本健, 奈賀正明, 今井勇之進:日本金属学会誌, **34**(1970), 195
89)(先出)K.Forch,G.Stein,J.Menzel:High Nitrogen Steels, HNS90, Proc. International Conf. at Aachen(1990),258
90) 文献 [J.Foct,A.Mastorakis:Solid State Phenomena,vol.**25&26**(1992),581] に紹介さ れている。
91) 金益準, 潟岡教行, 深道和明:金属学会春期大会講演概要, (1993), 191
92) 中村展之, 高木節雄, 鎌田政智, 徳永洋一:鉄と鋼, **79**(1993), 1204
93) R.W.Fountain,J.Chipman:Trans.AIME,**224**(1962),599
94) L.S.Darken,R.P.Smith,E.W.Filer:Trans.AIME,**191**(1951),1174
95) L.A.Erasmus:J.Iron Steel Inst.,**202**(1964),32
96) L.A.Erasmus,G.I.Mech:J Iron Steel Inst.,**202**(1964),128
97) R.W.Fountain,J.Chipman:Trans.AIME,**212**(1958),737
98) 瀬川清, 常富栄一, 和田要, 武井康示:鉄と鋼, **52**(1966), 1600
99) 足立彰, 水川清:鉄と鋼, **48**(1962), 683
100) 盛利貞, 時実正治, 山口紘, 角南英八郎, 中嶋由行:鉄と鋼, **54**(1968), 763
101) P.R.Smith:Trans.AIME,**224**(1962),190
102) 瀬川清, 常富栄一, 和田要:鉄と鋼, **51**(1965), 1992
103) 成田貴一, 小山伸二:鉄と鋼, **52**(1966), 788
104) 盛利貞, 時実正治, 角南英八郎, 中嶋由行:鉄と鋼, **54**(1968), 1277
105) 大沼郁雄, 井上健, 大谷博司, 石田清仁, 西沢泰二:日本金属学会春期大会講演概要 (1993), 216
106)(前出)成田貴一, 小山伸二:鉄と鋼, **52**(1966), 788
107) 小山伸二, 石井輝雄, 成田貴一:日本金属学会誌, **35**(1971), 698
108)(前出)増本健, 今井勇之進:日本金属学会誌, **33**(1969), 1364

109) J.D.Fast,M.B.Verrijp:J.Iron Steel Inst.,**180**(1955),337
110) 坂本政祀, 今井勇之進：日本金属学会誌, **37**(1973), 708
111) 坂本政祀, 増本健, 今井勇之進：日本金属学会誌, **37**(1973), 343
112) 坂本政祀：宮城工業高等専門学校研究紀要, 第**21**号（昭和60年2月）, 61
113) 坂本政祀：宮城工業高等専門学校研究紀要, 第**17**号（昭和56年3月）, 93
114) 坂本政祀, 今井勇之進：日本金属学会誌, **37**(1973), 708
115) 今井勇之進, 増本健, 坂本政祀：日本金属学会会報, **7**(1968), 137
116) H.C.Fiedler:Trans.AIME,**245**(1969),941
117) R.W.Fountain,J.Chipman:Trans.Met.Soc.,AIME,**212**(1958),737
118) 小山伸二, 石井照朗, 成田貴一：日本金属学会誌, **37**(1973), 191
119) H.Ohtani,M.Hillert:CALPHAD,**15**(1991),25
120) D.Hardie,K.H.Jack:Nature,**180**(1957),332
121) J.M.Arrowsmith:J.Iron Steel Inst.,**201**(1963),699
122) T.N.Baker:J.Iron Steel Inst.,**205**(1967),315
123) 谷野満：鉄鋼便覧, 第3版I基礎, 日本鉄鋼協会編, 丸善(1981), 441
124) エル・ベ・カネリニコフ他：超高融点材料便覧, 日・ソ通信社(1969), 31
125) K.H.Jack:Scand.J.Metallurgy,**1**(1972),195
126) 鈴木竹四：鉄と鋼, **70**(1984), 1888
127) 岩尾暢彦, 太田口稔, 幸田成康：日本金属学会誌, **34**(1970), 983
128) 安彦兼次, 今井勇之進：日本金属学会誌, **39**(1975), 657
129) 森勉, 堀江正明：日本金属学会誌, **39**(1975), 581
130) U.Dahmen,P.Ferguson,K.H.Westmacott:Acta Metall.,**35**(1987),1037
131) T.Oi,K.Sato:Trans.JIM,**7**(1966),129
132) 山口秀夫, 市村稔：日本金属学会誌, **36**(1972), 531, 539
133) 関野昌蔵, 藤島敏行：日本金属学会誌, **39**(1975), 213
134) (前出) 坂本政祀：宮城工業高等専門学校研究紀要, 第**21**号（昭和60年2月）, 61
135) (前出) 坂本政祀：宮城工業高等専門学校研究紀要, 第**17**号（昭和56年3月）, 93
136) 坂本政祀, 今井勇之進：日本金属学会誌, **44**(1980), 1329
137) T.Yamane,J.Takahashi,G.Mima:J.Nuclear Science and Technology,**11**(1974),99
138) 関野昌蔵, 藤島敏行：日本金属学会誌, **39**(1975), 220
139) 角山浩三, 鈴木秀次：日本金属学会誌, **39**(1975), 836
140) T.Bell,W.S.Owen:J.Iron Steel Inst.,**205**(1967),428

141) T.Bell:J.Iron Steel Inst.,**206**(1968),1017
142) 今井勇之進, 泉山昌夫, 土屋正行：日本金属学会誌, **29**(1965), 427
143) K.H.Jack:Proc.Roy.Soc.,**208A**(1951),200,216
144) Liu Cheng,N.M.van der Pers,A.Böttger,Th.H.de Keijser,E.J.Mittemeijer: Metall.Trans., A, **21A** (1990),2857
145) J.Foct,C.Cordier-Robert,P.Rochegude,A.Hendry:High Nitrogen Steels,HNS88,Proc. Intern. Conf.at Lille(1988),102
146) L.Cheng,A.Böttger,E.J.Mittemeijer:Metall.Trans.,A, **23A**(1992),1129
147) B.A.Fuller,R.D.Garwood:J.Iron Steel Inst.,**210**(1972),Pt.3,206
148) M.J.Van Genderen,A.Böttger,R.J.Cernik,E.J.Mittemeijer:Metall.Trans.A, **24A** (1993), 1965
149) M.Kikuchi,M.Kajihara,K.Frisk:High Nitrogen Steels, HNS88, Proc.International Conf. at Lille (1988),63
150) 菊池實, 崔時卿, 小倉康嗣, 田中良平：日本金属学会誌, **45**(1981), 683
151) 田中学, 宮川大海, 坂木庸晃, 藤代大：日本金属学会誌, **40**(1976), 543
152) D.B.Rayaprolu,A.Hendry:Material Sci. Tech.,**5**(1989),April,328
153) 田中徹, 菊池実, 田中良平：日本金属学会誌, **41**(1977), 1145
154) N.Ono,M.Kajihara,M.Kikuchi:Metall.Trans.,A,**23A**(1992),1389
155) 菊池實, 関田貴司, 脇田三郎, 田中良平：鉄と鋼, **67**(1981), 1981
156) (前出)M.Kikuchi,M.Kajihara,K.Frisk:High Nitrogen Steels, HNS88, Proc. International Conf. at Lille(1988),63
157) (前出)K.Frisk:Z.Metallkde,**82**(1991),H2,108
158) (前出)D.B.Rayaprolu,A.Hendry:Material Sci. Tech.,**5**(1989),April,328
159) 前原泰裕, 藤野允克, 邦武立郎：高温学会誌, **9**(1983), 13
160) 熊田健三郎：日本金属学会会報, **2**(1963), 261
161) 岡崎義光, 宮原一哉, 細井祐三, 谷野満, 小松肇：日本金属学会誌, **53**(1989), 512
162) I.S.Golovin,V.I.Sarrak,S.O.Suvorova:Metall.Trans.A,**23A**(1992),2567
163) A.S.Keh,Y.Nakada,W.C.Leslie:Dislocation Dynamics,McGraw-Hill Co.,(1968),381
164) P.Ferguson:Metall.Trans.A,**16A**(1985),45
165) 沖村利昭, 中島義夫, 福井克則：日新製鋼技報, 第**63**号 (1990), 99
166) J.D.Baird,A.Jamieson:J.Iron Steel Inst.,**204**(1966),793
167) J.D.Baird,C.R.MacKenzie:J.Iron Steel Inst.,**202**(1964)427

168)Y.Ishida,D.McLean:J.Iron Steel Inst.,**205**(1967),88
169) 門間改三, 須籐一, 小北英夫：日本金属学会誌, **29**(1965), 941
170)L.M.T.Hopkin:J.Iron Steel Inst.,**203**(1965),583
171) 岡本昌文, 長谷川正義：日本金属学会誌, **32**(1968), 1085
172) 山田真, 鈴木治雄, 新倉正和, 田中淳一：「粒界の偏析と鋼の諸性質」鉄鋼基礎共同研究会, 微量元素の偏析部会, 日本鉄鋼協会, 日本金属学会, 日本学術振興会, (1979年4月), 119
173)C.L.Briant,S.K.Banerji,A.M.Ritter:Metall.Trans.A,**13A**(1982),1939
174) 文献 [Y.Komizo,R.J.Pargeter:Welding in the World,**27**(1989),No.3/4,58] に紹介されている。
175) 文献については集録 (G.M.Faulring:Electric Furnace Conference Proceedings, **47**(1989),155)を参照されたい。
176)(前出) 杉本公一, 坂木庸晃, 宮川大海, 堀江隆：鉄と鋼, **69**(1983), 298
177) 藤城泰文, 橋本保, 大谷泰夫：鉄と鋼, **75**(1989), 143
178) 鉄鋼技術の進歩, 材料開発の基礎 [関根寛：鉄と鋼, **71**(1985), 567] に記載
179)W.Jolley:Metall.Trans.,**3**(1972),245
180) 市山正, 吉田育之, 江島瑞男, 松村理：鉄と鋼, **58**(1972), 93
181) 三野匡之, 津村輝隆, 中里福和：住友金属, **41**(1989), 463
182) 菊竹哲夫, 徳永良邦, 中尾仁二, 伊藤亀太郎, 高石昭吾：鉄と鋼, **74**(1988), 847
183) 吉村誠恒, 小林弘昌, 福住達夫：鉄と鋼, **69**(1983), 452
184) 小林一博, 千葉貴世, 坪田一一：組織制御と性質, 日本鉄鋼協会組織制御と性質研究部会, (1993),9月, 108
185)W.Roberts:HSLA Steels Technol. Appl.,(1984),33
186)R.Lagneborg:High Nitrogen Steels,HNS88,Proc.Intern.Conf.at Lille(1988),136
187)R.Lagneborg,O.Sandberg,W.Roberts:Fundam.Microalloying Forg.Steels,(1987),39
188)R.K.Amin,M.Korchynsky,F.B.Pickering:Metals Technology,**8**(1981),No.7,250
189)M.Korchynsky:Mech.Work Steel Process,**18**(1980),303
190)J.V.Dawson:Vanadium in Cast Iron,49th International Foundary Congr.,(1982),1
191) 今井勇之進, 庄野凱夫：日本金属学会会報, **5**(1966), 762
192)(前出) 鉄鋼技術の進歩, 材料開発の基礎 [関根寛：鉄と鋼, **71**(1985), 567] に記載
193)B.Campillo,J.L.Albarran,F.Estevez,D.Lopez,L.Martinez:Scripta Met.,**23**(1989)1363
194) 小林洋：日本金属学会誌, **40**(1976), 1270
195)M.Sakamoto:宮城工業高等専門学校研究紀要, 第27号 (平成3年2月), 61
196) 赤松聡, 瀬沼武秀, 長谷部光弘：鉄と鋼, **78**(1992), 790

197) H.Zou,J.S.Kirkaldy:Metall.Trans.A,**23A**(1992),651
198) 抄録 (F.B.Pickering:High Nitrogen Steels,HNS88,Proc.Intern.Conf.at Lille (1988),10) に紹介されている。
199) 大神正浩, 長谷川泰士, 徳光直樹, 増山不二光：耐熱金属材料第 123 委員会研究報告, **32**(1991),No.2,97
200) 増山不二光, 広松一男, 大神正浩：耐熱金属材料第 123 委員会研究報告, **34**(1993), No.1,97
201) D.J.Coates,A.Hendry:Metal Science,May(1979),315
202) 小田克郎, 藤田利夫：耐熱金属材料第 123 委員会研究報告, **27**(1986),No.1,75
203) 伊勢田敦朗, 椹木義淳, 吉川州彦：鉄と鋼, **77**(1991), 582
204) 竹田頼正, 高野勇作, 横田宏, 肥爪彰男, 土山友博, 高野正義, 木下修司, 鈴木章：耐熱金属材料第 123 委員会研究報告, **31**(1990),No.3,423
205) 伊勢田敦朗, 寺西洋志, 増山不二光：鉄と鋼, **76**(1990), 1076
206) 河合光雄, 川口寛二, 吉田宏, 金沢暎, 三戸暁：鉄と鋼, **61**(1975), 229
207) 福田正, 形浦安治, 音谷登平：日本金属学会誌, **54**(1990), 93
208) Proc.International Conf. on Stainless Steels,held at Chiba(1991),ISIJ
209) (前出)High Nitrogen Steels, HNS88, Proc. International Conf. at Lille(1988) High Nitrogen Steels, HNS90, Proc. International Conf. at Aachen(1990)
210) R.P.Reed:PB‐90‐157553,(1989),45
211) B.Ahlblom,R.Sandstrom:International Metals Reviews,(1982),No.1,1
212) K.J.Irvine,D.T.Llewellyn,F.B.Pickering:J.Iron Steel Inst.,**199**(1961),153
213) J.C.Rawers,J.S.Dunning,G.Asai,R.P.Reed:Metall.Trans.A,**23A**(1992),2061
214) 文献 [P.J.Uggowitzer,M.Harzenmoser:High Nitrogen Steels, HNS88, Proc. International Conf. at Lille(1988),174] に引用されている。
215) 文献については [F.B.Pickering:High Nitrogen Steels, HNS88, Proc. International Conf. at Lille(1988),10] を参照されたい
216) R.E.Schramm,R.P.Reed:Metall.Trans.A,**6A**(1975),1345
217) A.Kendal,J.E.Truman,K.B.Lomax:High Nitrogen Steels, HNS88, Proc. International Conf. at Lille(1988),405
218) 中澤崇徳, 木村英隆, 藤田展弘, 小松肇, 田下正宜, 金子秀明：耐熱金属材料 第 123 委員会研究報告, **33**(1992), No.3, 299
219) 山田武海, 東祥三：耐熱金属材料第 123 委員会研究報告, **27**(1986), No.2, 223
220) 三浦立, 大西敬三, 中嶋秀夫, 島本進：鉄と鋼, **73**(1987), 715

221) 武本敏彦：日新製鋼技報, 第 58 号 (1988), 11
222) S‐P.Hannula,H.Hänninen,S.Tähtinen:Metall.Trans.A,**15A**(1984),2205
223) 植松美博, 星野和夫：鉄と鋼, **69**(1983), 686
224) 中澤崇徳, 安保秀雄, 谷野満, 小松肇：鉄と鋼, **75**(1989), 825
225) 藤田展弘, 松尾孝, 菊池實：耐熱金属材料第 123 委員会研究報告, **29**(1988), No.3, 255
226) 小田克郎, 藤田利夫：耐熱金属材料第 123 委員会研究報告, **27**(1986), No.2, 233
227) 中澤崇徳, 角南達也, 安保秀雄：鉄と鋼, **65**(1979), 949
228) 菊池実, 田中良平：鉄と鋼, **69**(1983), 討 22,A85
229) 村田康, 大橋誠一, 植松美博：鉄と鋼, **78**(1992), 346
230) P.J.Uggowitzer,M.O.Speidel:Proc.International Conf. on Stainless Steels,held at Chiba (1991), ISIJ,762
231) Y.Maehara:Proc.International Conf. on Stainless Steels,held at Chiba(1991), ISIJ,647
232) 高橋市朗, 吉田毅, 峯浦潔, 太田好光：日本ステンレス技報, No.**22**(1987), 15
233) 吉原一紘, 新居和嘉：日本金属学会誌, **47**(1983), 941
234) 石沢嘉一, 江畑明, 福井俊彦, 大橋雅夫, 山田武海, 本間禎一, 藤田大介, 上田新次郎, 小針利明：NKK 技報,No.**134**(1991), 44
235) A.E.Load,D.N.Beshers:Acta Met.,**14**(1966),1659
236) W.Wepner:Arch.Eisenhüttenwes.,**27**(1956),449
237) 青木宏一, 関野昌蔵, 藤島敏行：鉄と鋼, **48**(1962), 156
238) G.Lagerberg,A.Josefsson:Acta Met.,**3**(1955),236
239) J.C.Swartz:Acta Met.,**17**(1969),1511
240) M.Nacken,U.Kuhlmann:Arch. Eisenhüttenwes.,**37**(1966),235
241) (前出) 今井勇之進, 増本健, 坂本政紀：日本金属学会会報, **7**(1968), 137
242) 古沢浩一, 田中一英：日本金属学会誌, **33**(1969), 985
243) 今井勇之進, 坂本政紀：金属学会秋期大会講演概要, (1972)
244) 阪本甲子郎, 菅野猛：応用物理, **30**(1961), 120
245) R.M.Davison,T.R.Laurin,J.D.Redmond,H.Watanabe,M.Semchyshen:Materials & Design,**7**(1986), No.3,111
246) 藤原和雄：鉄と鋼, **71**(1985), 794
247) Y.C.Lu,J.L.Luo,M.B.Ives:Corrosion,**47**(1991),835
248) ASTM A791
249) 藤原和雄：京都大学学位論文 (1983)[前出, 鉄と鋼, **71**(1985), 794 に掲載]

250) 川上哲, 朝日均, 上野正勝:CAMP－ISIJ,**6**(1993), 696
251) 石崎哲郎, 小野健:日本金属学会誌, **42**(1978), 931
252) 星野明彦:鉄と鋼, **72**(1986), 2279
253) N.Sridhar,J.Kolts:Corrosion-NACE,**43**(1987),646
254) 例えば, 田村今男, 磯上勝行, 牧正志, 藤原正二:日本金属学会誌, **40**(1976), 353
255) 梶村治彦, 小川和博, 長野博夫:鉄と鋼, **75**(1989), 2106
256) 三浦実, 高祖正志, 工藤赳夫, 柘植宏之:溶接学会論文集, **7**(1989), 94
257) (前出)R.M.Davison,T.R.Laurin,J.D.Redmond,H.Watanabe,M.Semchyshen:Materials & Design,**7**(1986),111
258) 平松博之, 中田潮雄, 住友秀彦, 吉村博文:鉄と鋼, **70**(1984), 588
259) T.I.Glover:Materials,29(1982),11[J.P.Hoffman:J.South African Institute Mining and Metal., 86(1986),433 で引用されている]
260) 塩原國雄:日本金属学会誌, **42**(1978), 916
261) 宇野秀樹, 窪田康浩, 森田有亮:日本ステンレス技報,No.**24**(1989), 31
262) 従来の文献については [T.A.Mozhi,W.A.T.Clark,B.E.Wilde:Corrosion Sci., **27**(!987), 257] を参照されたい。
263) 増尾誠, 曽根雄二, 小野寛:鉄と鋼, **69**(1983), 837
264) 小若正倫, 冨士川尚男:日本金属学会誌, **34**(1970), 1047
265) 上出英彦, 菅原英夫:日本金属学会誌, **43**(1979), 720
266) 小若正倫, 山中和夫:日本金属学会誌, **44**(1980), 800
267) 椹木義淳, 柘植宏之, 三浦実, 吉川州彦, 寺西洋志:鉄と鋼, **69**(1983), 討27, A105
268) T.A.Mozhi,W.A.T.Clark,B.E.Wilde:Corrosion Science,**27**(1987),257
269) H.S.Betrabet,K.Nishimoto,B.E.Wilde,W.A.T.Clark:Corrosion-NACE,**43**(1987),77
270) R.S.Dutta,P.K.De,H.S.Gadiyar:Corrosion Science,**34**(1993),51
271) 幸英昭, 東茂樹, 小川和博, 工藤赳夫, 西馗夫:住友金属, **42-4**(1990), 272
272) M.Rockel,M.Jasner,R.Kirchheiner:High Nitrogen Steels, HNS90, Proc. International Conf. at Aachen(1990),442
273) Chr.Gillessen,W.Heimann,P.Roth:High Nitrogen Steels, HNS90, Proc. International Conf. at Aachen(1990),457
274) 篠原正朝, 西尾敏昭, 広松一男:CAMP－ISIJ,**6**(1993), 817
275) 櫛田隆弘, 古澤遵, 志田善明, 工藤赳夫, 冨士川尚男:鉄と鋼, **73**(1987), 1778
276) 野村茂雄, 長谷川正義:日本金属学会誌, **40**(1976), 162

277) 桑名武, 粉川博之 : 溶接学会論文集, **5**(1987), 497
278) 桑名武, 粉川博之, 村松直樹 : 溶接学会論文集, **6**(1988), 388
279) 桑名武, 粉川博之, 内藤賢一郎 : 溶接学会論文集, **7**(1989), 169
280) 桑名武, 粉川博之, 松崎晋一 : 溶接学会論文集, **3**(1985), 737
281) 清水寛一郎, 岩本信也, 巻野勇喜雄, 赤松泰輔 : 溶接学会論文集, **6**(1988), 367
282) 清水寛一郎, 岩本信也, 赤松泰輔, 浮田静雄, 宮坂勝利 : 溶接学会論文集, **9**(1991), 512
283) 笠松裕, 高嶋修嗣, 細谷隆司 : 鉄と鋼, **65**(1979), 1232
284) 渡邊之, 鈴木元昭, 山崎善崇, 徳永高信 : 溶接学会誌, **51**(1982), 118
285) 溶接学会編 : 溶接・接合便覧, 丸善(株), (1990), 295
286) 吉村亮一, 広瀬洋一 : 溶接学会誌, **50**(1981), 257
287) 文献 [中尾嘉邦 : 溶接学会誌, **50**(1981), 261] にまとめられている。
288) 粉川博之, 岡田純二, 桑名武 : 溶接学会論文集, **10**(1992), 496
289) 粉川博之, 梅田繁, 桑名武 : 溶接学会論文集, **11**(1993), 531
290) 三浦実, 高祖正志, 工藤赳夫, 拓植宏之 : 溶接学会論文集, **7**(1989), 94
291) 小溝裕一, 小川和博, 東茂樹 : 溶接学会論文集, **8**(1990), 242
292) 小川忠雄, 財前孝 : 溶接学会誌, **50**(1981), 246
293) 志村保美 : 溶接学会誌, **62**(1993), 267
294) 桑名武, 粉川博之, 中田幸男 : 溶接学会論文集, **10**(1992), 403
295) 桑名武, 粉川博之, 松崎晋一 : 溶接学会論文集, **3**(1985), 744
296) 財前孝, 青木司郎, 鈴木克巳, 樺沢弥 : 溶接学会誌 **51**(1982), 1020
297) 藤本六郎, 溝口修一郎 : 鉄と鋼, **70**(1984), 1742
298) 圓城敏男, 菊池靖史, 諸井久敏 : 溶接学会論文集, **4**(1986), 759
299) (先出) 藤本六郎, 溝口修一郎 : 鉄と鋼, **70**(1984), 1742
300) 針間矢宜一 : 鉄と鋼, **72**(1986), 2169
301) 川村和郎, 渡辺四郎, 大坪孝至, 後藤俊助 : 富士鉄技報, **17**(1968), 37
302) 田中幸基, 小野昭紘, 佐伯正夫, 菊池修, 高張友夫 : 鉄と鋼, **77**(1991), 1843
303) 田中幸基, 小野昭紘, 小野嵜学 : CAMP － ISIJ, **6**(1993), 348
304) 小野長門, 田島至, 澤田滋, 梶原正憲, 菊池實 : 鉄と鋼, **78**(1992), 178
305) (前出) 今井勇之進, 増本健, 坂本政紀 : 日本金属学会会報, **3**(1968), 137
306) 成田貴一, 宮本醇 : 日本鉄鋼業における分析技術(特別報告書No.34), (社)日本鉄鋼協会 (1982), 425
307) 千野淳, 井樋田睦, 岩田英夫 : 鉄と鋼, **75**(1989), 1936

308) JIS G1228-1980 鉄および鋼中の窒素分析法
309) 千野淳, 井樋田睦, 岩田英夫：鉄と鋼, **74**(1988), 2041
310) 小野長門, 澤田滋, 梶原正憲, 菊池實：鉄と鋼, **78**(1992), 186
311) 杉田愃, 光岡勝也, 小室又洋：新素材, (1992)7月号, 73
312) 坂本政紀, 渡部勝：宮城工業高等専門学校研究紀要, 第**19**号(昭和58年3月) 51
313) 榊間博：エレクトロニク・セラミクス, (1992), 3月号, 63
314) 永田浩, 藤井博信：日本金属学会会報, **31**(1992), 253
315) P.A.I.Smith:Material Forum,**16**(1992),285
316) H.Karamon,T.Masumoto,Y.Makino:J.Appl.Phys.,**57**(1985),3527
317) (前出)金益準, 潟岡教行, 深道和明：金属学会春期大会講演概要, (1993), 191

第二部

新型磁性材料：窒化磁石

坂本 政紀

近年,窒素(N)は鋼の添加元素としての重要性が再認識され,窒素に関する国際会議 (High Nitrogen Steels;1st (1988) Lilly : 2nd (1990) Aachen: 3rd (1993) Kiev) が開催されるようになった。オーステナイト系のステンレス鋼をはじめ多くのN添加鋼に関して多くの基礎研究や開発研究が幅広く行われており,それらの実用化も進んでいる。また,磁性の分野でも新型磁石材料として Nitromagnet ($Fe_{16}N_2$ 窒化物 $Sm_2Fe_{17}N_X$ 系)が特に注目を集めている。

これまで,Nはマイナー元素として除外されることが多かったが,これからは資源枯渇化の観点からもメイン元素の一つとして鉄鋼の分野でも重要視することが必要となったといえよう。

ここでは,それらの分野の主なものについて概説する。

1. 巨大磁気モーメント磁性体 $Fe_{16}N_2$ 窒化物

Fe-N合金の低温時効でフェライトから整合析出する準安定窒化物 $Fe_{16}N_2$ は K.H. Jack [1] によって結晶構造が報告されている。図1に示すような体心正方晶構造であるが,250℃を越えると分解する不安定な相である。

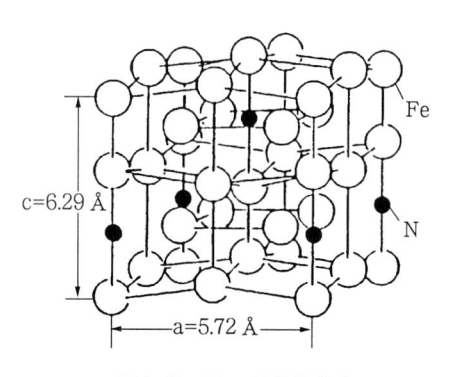

図1 $Fe_{16}N_2$ の結晶構造 [1]

1. 巨大磁気モーメント磁性体 $Fe_{16}N_2$ 窒化物

1.1 巨大磁気モーメント磁性体の発見

1972年，Kim と高橋實[2] は窒素ガス雰囲気中で純 Fe を蒸着して作製した Fe-N 薄膜 (~500 Å) の飽和磁化 (Ms) が純 Fe やパーメンジュール (35%Co-Fe合金) の値より高いことを報告した。図2にその結果を示す。得られた Fe-N 薄膜は Fe と $Fe_{16}N_2$ の多結晶膜であることを X 線，電子線回折により確認し，$Fe_{16}N_2$ を含む薄膜の磁気測定から表1に示すような $Fe_{16}N_2$ の巨大飽和磁化 Ms = 2200 ガウス (飽和磁束密度 Bs (4πMs) = 2.8T (テスラ)) を得た。また Fe 原子 1個当たりの平均磁気能率は $2.9\mu_B$ である。

図3[3]はこれまでに調べられた全ての金属・合金磁性体磁気モーメントを集約し，合金組成 (電子数) に対して示した有名な Slater-Pauling 曲線図の縦軸を飽和磁束密度 Bs (テラス) に直して描いた図である。全ての磁性体

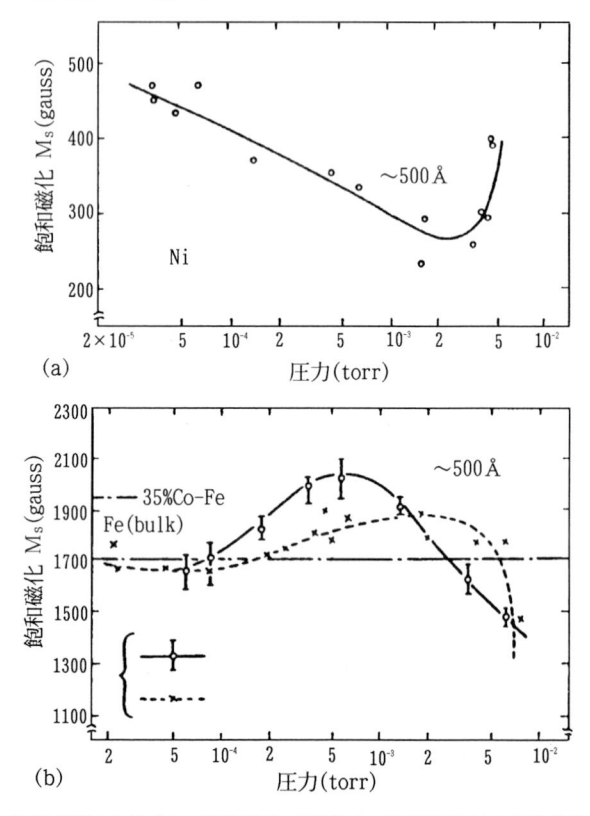

図2 Ni(a)とFe(b)の飽和磁化の蒸着中の真空度に対する依存性[2]
(b) の○と×はそれぞれ窒素雰囲気，空気雰囲気中で蒸着した膜の飽和磁化を示している.

表1 $Fe_{16}N_2$ 新磁性体の磁気定数と特性[2]

飽和磁化	Ms = 2200 ± 100 gauss
(飽和磁束密度	Bs = 28000 ± 1260 gauss)
平均磁気能率（Fe原子1ケ当たり）	= 2.9 ± 0.2 μ_B
キューリー温度	Tc = 350〜450 ℃
保磁力	Hc ≒ 70〜80 Oe
比電気抵抗	ρ = 35〜40 $\mu\Omega\cdot$cm

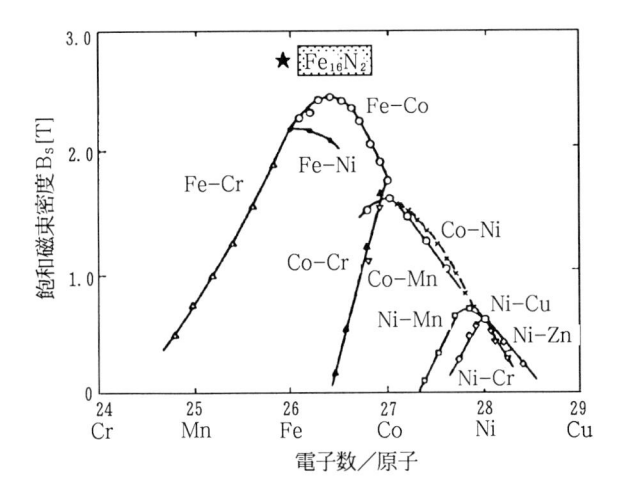

1. 巨大磁気モーメント磁性体 $Fe_{16}N_2$ 窒化物   113

1原子当たりの飽和磁束密度($Bs = 4\pi Ms$). Slater-Pauling曲線の縦軸を磁束密度に換算して示してある.Fe-40%Co (**2.6.5電子数/1原子当たり**)で頂点を示す三角形の内部にすべての物質の飽和磁化は包含される.いわば飽和磁束密度の臨界曲線である.この三角形の外に存在する物質は高橋実氏により発見され,その後日立研究所杉田氏らによって再確認された $Fe_{16}N_2$ ただ1つである.

図3
Slater-Pauling曲線[3]
飽和磁束密度の1原子当たりの電子数に対する依存性

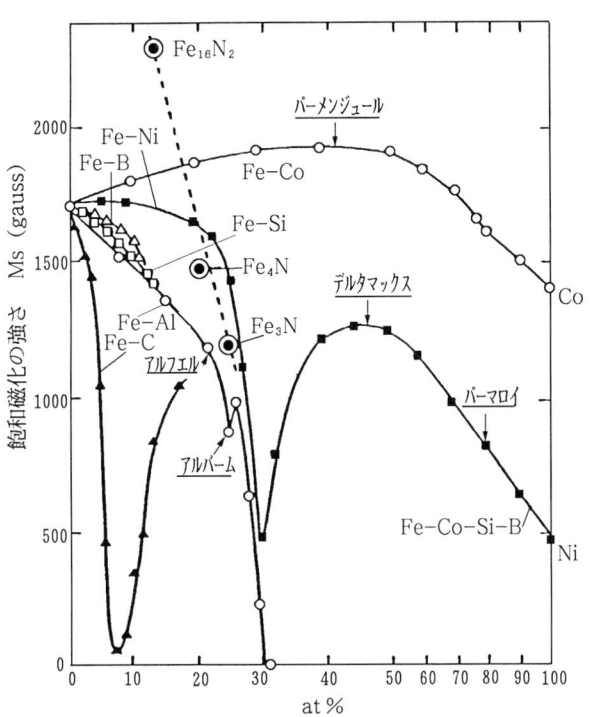

図4
代表的なFe系軟磁性材料(───)を含む合金系の飽和磁化の組成による変化[3]
飽和磁化の値はFe-Co合金の場合を除き,すべての場合Feに他の元素を加えると減少することがわかる.

の飽和磁束密度 Bs は 35%Co-Fe 合金の Bs を頂点とした三角形の内側に落ち込んでいる。それに対して $Fe_{16}N_2$ の値ははるか上に位置していることから巨大磁気モーメントを示す新磁性体と呼ばれ注目を集めている。

図4は、また Fe に他の元素を添加した場合の飽和磁気モーメントの変化を示したもので ある。図に見るように、Fe-Co 系合金を除いて全ての合金系で飽和磁化の強さ Ms は 減少しているが、$Fe_{16}N_2$ の Ms = 2200 ガウスは突出した値である。

この報告が契機となり、多くの研究機関で $Fe_{16}N_2$ の特性を確認するため種々の方法で $Fe_{16}N_2$ や Fe-N 薄膜等の作製が試みられたが再現・確認できず[4]-[6]、$Fe_{16}N_2$ の巨大 磁束密度 Bs の確認は、その後20年近く成されていないままであった。

$Fe_{16}N_2$ は準安定相であり、250℃以上では容易に分解することから、高温で処理 するアンモニア窒化法やイオン窒化による $Fe_{16}N_2$ 単相の合成は困難である。

そのため、蒸着法やスパッタ法は非平衡状態での窒化反応が期待できるため $Fe_{16}N_2$ の合成 には有効であると考えられた。

1.2 巨大磁気モーメントの実証再確認

1989年、杉田ら[7]は MBE 法によるエピタキシャル成長を用いて、図5に示す方法で InGaAs (100) 単結晶基板上に $Fe_{16}N_2$ 単結晶薄膜を直接成長させることに成功 した。InGaAs と $Fe_{16}N_2$ の a軸の格子定数の値にほぼ同一である。図6は Fe-N 膜の Bs と膜中の窒素濃度との関係を、また図7はその温度変化を示している。窒素濃度と ともに Bs は増加し、8~11at%N の領域で 2.8~3.0T(テスラ)を示し、11 at%N の $Fe_{16}N_2$ 膜の Bs 値は室温で 2.8T となり Kim と高橋實の推定値

$Fe_{16}N_2$
a = 5.72 Å
c = 6.29 Å

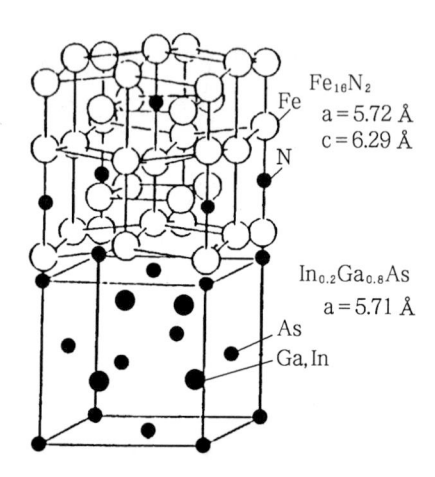

Fe
N

$In_{0.2}Ga_{0.8}As$
a = 5.71 Å

As
Ga, In

図5 $Fe_{16}N_2$ 薄膜作成のアプローチ[7]

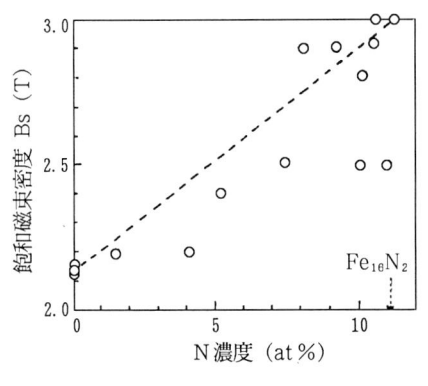

図6 Fe-N膜のBsとN濃度の関係[7]

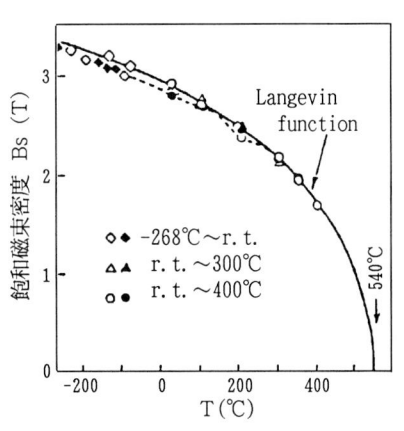

図7 Fe₁₆N₂薄膜のBsの温度変化[7]

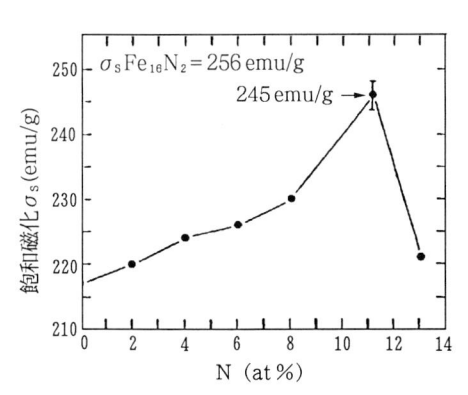

図8 窒素濃度に対する飽和磁化の変化[8]

とほぼ一致している。さらに，5Kでは Bs は 3.2T であり，この値から Fe 原子1個当たりの平均磁気モーメントは約 $3.5\mu_B$ となった。高橋らの $2.9\mu_B$ に近い値である。

この報告による Fe₁₆N₂ 単結晶薄膜作製の成功によって，やっと巨大磁気モーメントの Fe₁₆N₂ は新磁性体として実証再確認され，再び脚光をあびるようになった。

ついで，1990年，中島ら[8]は，MgO単結晶基板(100)上に育成されたFe単結晶薄膜への窒素イオン注入によりFe₁₆N₂薄膜の作製に成功した。図8に示されるように，11.1at%NでFe₁₆N₂の単位質量当たりの飽和磁化の評価s=256emu/gとなり，この値をFe原子1個当たりの磁気モーメントで表すと約 $2.6\mu_B$ となった。この値は高橋ら[2]の報告した値に近いものである。

さらにGaAs単結晶基板(100)上へのECRスパッタ法によるFe₁₆N₂薄膜作製[9),10)]により，高飽和磁気モーメントを示すことが次々と発表され，Fe₁₆N₂の高いBsが再確認実証されるに至った。

1.3 Fe-N系の電子構造

表2 各原子球内で見積もった軌道内の電子数と磁気モーメントの計算結果 [11]

化学式	サイト	電子軌道	n↑	n↓	n↑+n↓	m(μ_B)
Fe_3N	Fe	3d	4.37	2.40	6.77	1.94
		4s	0.29	0.30	0.59	
		4p	0.48	0.51	0.99	
		合計	5.14	3.21	8.35	
	N	2s	0.57	0.57	1.14	-0.08
		2p	1.34	1.42	2.76	
		合計	1.89	1.99	3.90	
Fe_4N	Fe I	3d	4.77	1.66	6.42	3.07
		4s	0.29	0.30	0.60	
		4p	0.36	0.39	0.76	
		合計	5.42	2.35	7.78	
	Fe II	3d	4.43	2.37	6.80	2.03
		4s	0.30	0.31	0.61	
		4p	0.49	0.51	1.00	
		合計	5.22	3.19	8.41	
	N	2s	0.56	0.57	1.13	-0.01
		2p	1.39	1.40	2.79	
		合計	1.95	1.97	3.92	
$Fe_{16}N_2$	Fe I	3d	4.44	2.14	6.58	2.27
		4s	0.33	0.33	0.66	
		4p	0.44	0.48	0.93	
		合計	5.21	2.95	8.17	
	Fe II	3d	4.46	2.18	6.64	2.25
		4s	0.32	0.32	0.64	
		4p	0.43	0.46	0.90	
		合計	5.21	2.96	8.18	
	Fe III	3d	4.68	1.81	6.49	2.83
		4s	0.31	0.32	0.63	
		4p	0.37	0.41	0.78	
		合計	5.36	2.54	7.90	
	N	2s	0.61	0.62	1.23	-0.07
		2p	1.41	1.48	2.89	
		合計	2.02	2.10	4.12	

1. 巨大磁気モーメント磁性体 Fe₁₆N₂ 窒化物

Fe$_{16}$N$_2$ の巨大磁気モーメントの発見以来,強磁性金属中のNあるいはCなどの非磁性非金属元素の役割は実用面のみならず磁性物理学の観点からも注目されることとなった。

佐久間[11]はNの効果を系統的に調べるため,Fe$_3$N,Fe$_4$N および Fe$_{16}$N$_2$ の電子構造について,電子論的立場から考察を加えた。表2に各窒化物での各原子球内で見積もった軌道内の電子数と磁気モーメントの計算結果を示す。また,図9に計算で得られた各窒化物について Fe 原子1個当たりの平均磁気モーメント(白丸)をこれまでに得られた測定値(黒角)と比較して示した。図から Fe$_{16}$N$_2$ 以外は計算値と測定値との一致は良いが,Fe$_{16}$N$_2$ は大きな相違を示している。高橋實[12]は得ら

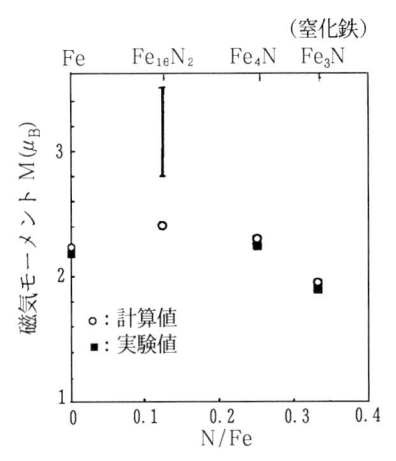

図9 各窒化鉄の Fe 当たりの平均の磁気モーメントの窒素濃度依存性 [11]

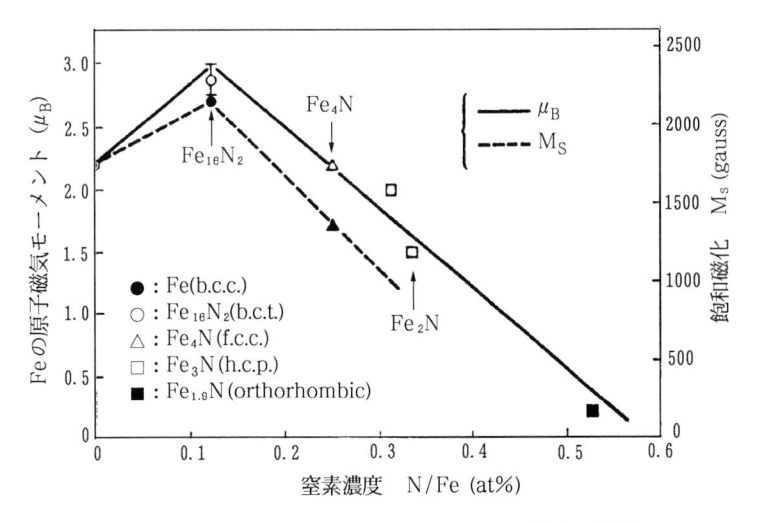

図10 Fe-N 系の Fe 原子磁気モーメントと飽和磁化 [12]

れた測定値を図10にまとめて 飽和磁化とFe原子磁気モーメントについて示したものである。

上記のごとく，電子論的立場からは$Fe_{16}N_2$の巨大磁気モーメントに対して肯定的な結果は現在でも得られていない。

1.4 $Fe_{16}N_2$を析出したbulk鉄の測定

Nを固溶したフェライトを200℃以下で時効すると準安定相の$Fe_{16}N_2$が析出する。

その析出はフェライトの(100)面に沿って，<100>方向に起こる。坂本[13],[14]はzone meltした純鉄を600℃で窒化後水冷し，200℃で時効した試料で 磁化測定を行った。0.05%Nを固溶し，多くの$Fe_{16}N_2$を析出している。図11から 得られた飽和磁化の値は1820Gであり，純鉄の値を越えている。このことから 析出した$Fe_{16}N_2$はFeよりも大きな飽和磁化をもつことが示される。組織観察の結果 $Fe_{16}N_2$は一方向に，平行で，緻密な析出状態が認められた。

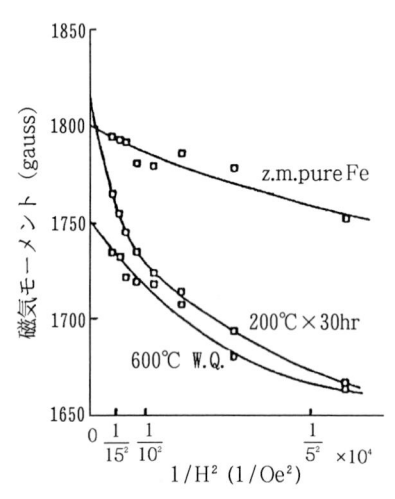

図11 $Fe_{16}N_2$を含むゾーンメルティング純Feの磁化測定 （H：磁界の強さ）[13]

1.5 新磁性体$Fe_{16}N_2$の展望

図12は代表的な磁性材料の磁気履歴曲線を示したものである。新磁性体$Fe_{16}N_2$は飽和 磁気モーメントが著しく大きいため，a)保磁力Hcを小さくした，軟磁性(ソフト)材料 として，またb)保磁力Hcを強くしたBHmaxの大きい永久磁石(硬磁性：ハード)材料としての開発が期待される非常に興味ある物質である。

さらに，この$Fe_{16}N_2$新磁性体の発見によってFe系元素に誰もが関心すら示さなかった 半金属(B, C, ‥‥)を加えた場合，同じような電子状態が生じる可能性があると考えると，全く新しい系列の磁性体が次々と発見される可能性が予想

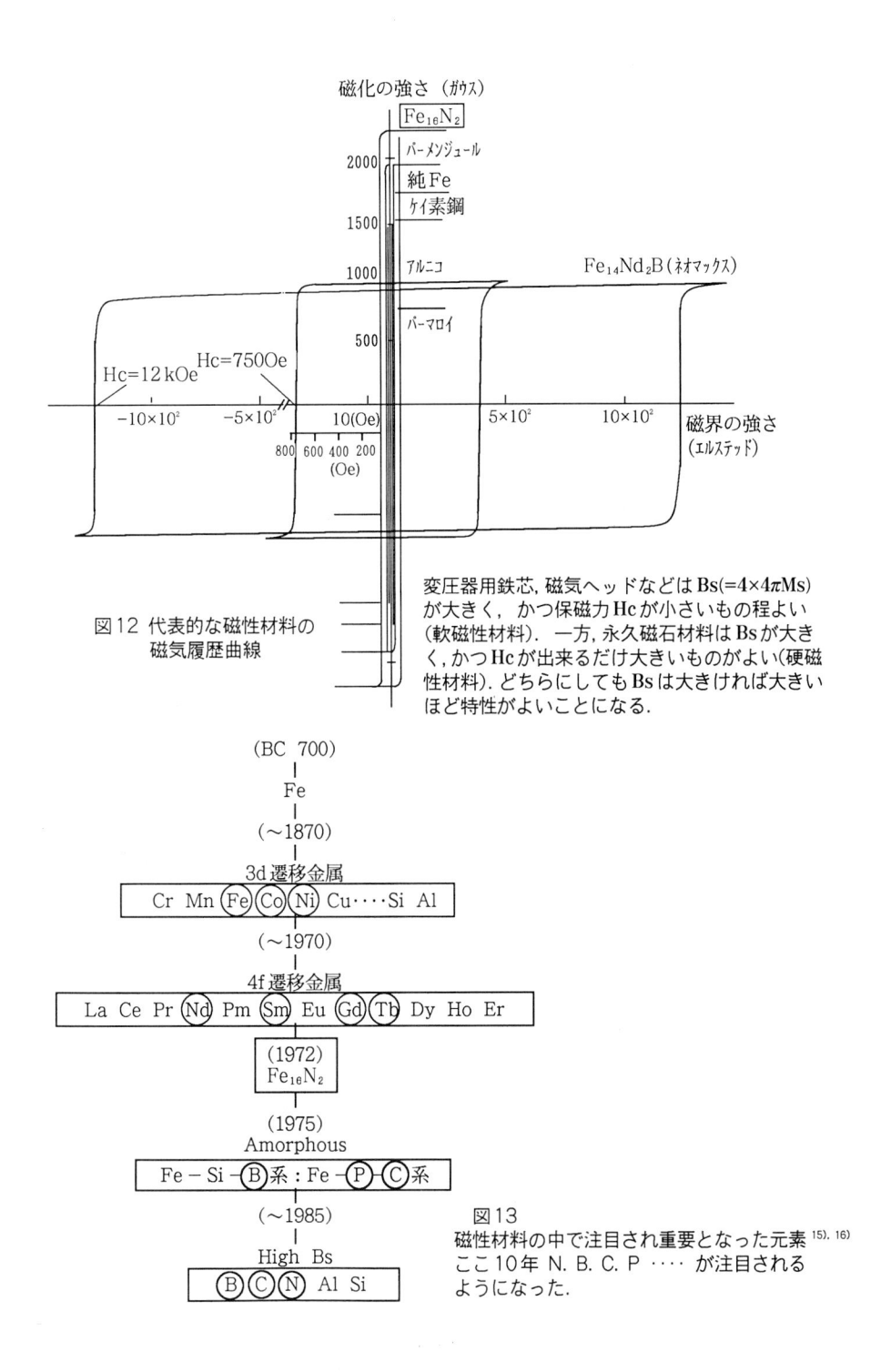

図12 代表的な磁性材料の磁気履歴曲線

縦軸: 磁化の強さ（ガウス）
横軸: 磁界の強さ（エルステッド）

曲線ラベル:
- $Fe_{16}N_2$
- パーメンジュール
- 純Fe
- ケイ素鋼
- アルニコ
- パーマロイ
- $Fe_{14}Nd_2B$（ネオマックス）

Hc=12 kOe, Hc=750 Oe

変圧器用鉄芯, 磁気ヘッドなどは $Bs(=4\times4\pi Ms)$ が大きく, かつ保磁力Hcが小さいもの程よい（軟磁性材料）. 一方, 永久磁石材料はBsが大きく, かつHcが出来るだけ大きいものがよい（硬磁性材料）. どちらにしてもBsは大きければ大きいほど特性がよいことになる.

(BC 700)
Fe

(～1870)
3d遷移金属
Cr Mn (Fe)(Co)(Ni) Cu ‥‥ Si Al

(～1970)
4f遷移金属
La Ce Pr (Nd) Pm (Sm) Eu (Gd)(Tb) Dy Ho Er

(1972)
$Fe_{16}N_2$

(1975)
Amorphous
Fe－Si－(B)系 : Fe－(P)－(C)系

(～1985)
High Bs
(B)(C)(N) Al Si

図13
磁性材料の中で注目され重要となった元素 [15), 16)]
ここ10年 N. B. C. P ‥‥ が注目されるようになった.

120　　　　　　　　　　1. 巨大磁気モーメント磁性体 $Fe_{16}N_2$ 窒化物

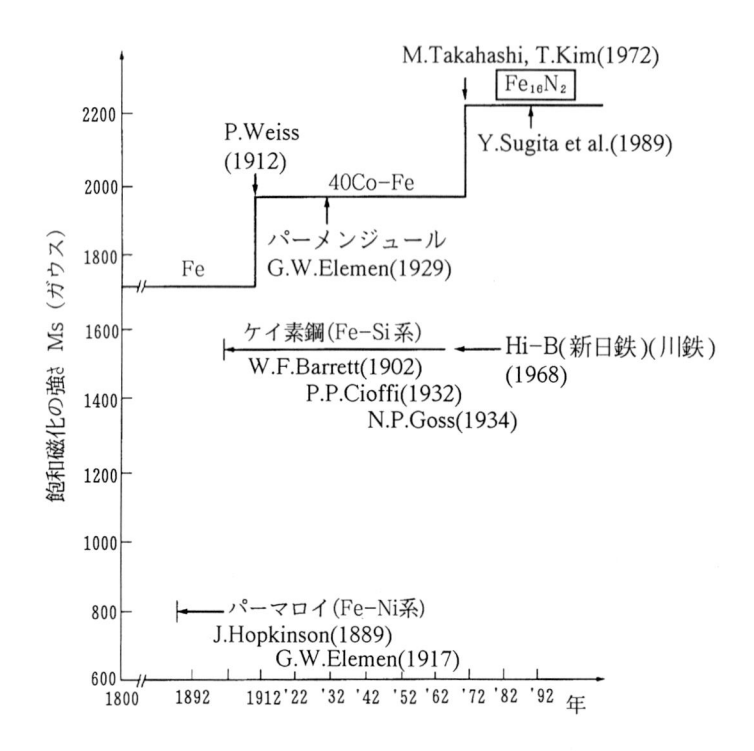

図14　年代順にみた磁性材料の飽和磁化 [15]　今回発見された $Fe_{16}N_2$ は，40% Co-Fe パーメンジュール発見後60年を経過している．

される。図13 [15),16)] にまとめて，図式化して示した。また，図14には実用磁性材料である，Fe-Si系・Fe-Ni系・Fe-Co系などの発見年譜を示した。

　上記のごとく，$Fe_{16}N_2$ 新磁性体の発見は磁気物性学的にもまた磁性材料学的にも非常に重要なものであり，高温超伝導の発見にも類似した大きな発見の一つと考えられる。

2. $Sm_2Fe_{17}N_x$ 系磁石材料

近年の永久磁石材料は希土類磁石の時代と言われており，SmCoにはじまりSm_2Co_{17}を経て$Nd_2Fe_{17}B$となって今日に及んでいる。すなわち，2元系化合物から3元化合物への移行と見ることができる。最近ポストネオジウム磁石をめざして3元化合物の研究・開発が盛んになってきている。

Nは1972年に発見された$Fe_{16}N_2$の巨大磁気モーメント磁性体としてソフト磁性材料において大活躍してきたが，ハード磁性材料ではあまり注目されずに最近まで経過してきた。

ところが，1990年J.Coeyら[17]がSm_2Fe_{17}化合物にNを導入するとNd磁石に匹敵する性能を示すことを発表した。それ以来，N系磁石の研究が世界的に注目を集めている。そしてこの種のN系磁石をNitromagnetと呼ぶようになった。

表3[18]にN系磁石の主なものを示す。R_2Fe_{17}のみならず，R_2Fe_{14}，RT_{12}系へと広がりを見せており，添加元素もNだけでなくH,B,Cなどの複合添加物へと拡大し，多彩な材料開発が今日行われている。

表3 N系磁石の組織展開[18]

母体	添加元素	主例
R_2T_{17}	H, B, C, N および複合	$Sm_2Fe_{17}C_x$ $Sm_2Fe_{17}N_x$ $Sm_2Fe_{17}C_xN_y$
R_2Fe_{14}	H, B, C, N および複合	$Nd_2Fe_{14}B$ $Nd_2Fe_{14}BN_x$
RT_{12} (RM_xT_{12-x})	H, B, C, N および複合	$Sm\,Ti\,Fe_{11}N_x$ $Sm_2Mo_2Fe_{10}N_x$

2.1 $Sm_2Fe_{17}N_x$の磁性

図15に1990年Coeyが発表した$Sm_2Fe_{17}C_{1.1}N_{1.0}$と$Sm_2Fe_{17}C_{1.1}$の磁化曲線を示す。$N_{1.0}$を添加した(b)は飽和磁化が(a)の12.4(kG)から15.4(kG)に増加して，Nの固溶は飽和磁化を増大させることを示している。この値は$Nd_2Fe_{14}B$磁石の飽

図15 $Sm_2Fe_{17}C_{1.1}$(a)および $Sm_2Fe_{17}C_{1.1}N_{1.0}$(b)の磁化曲線の比較[17]

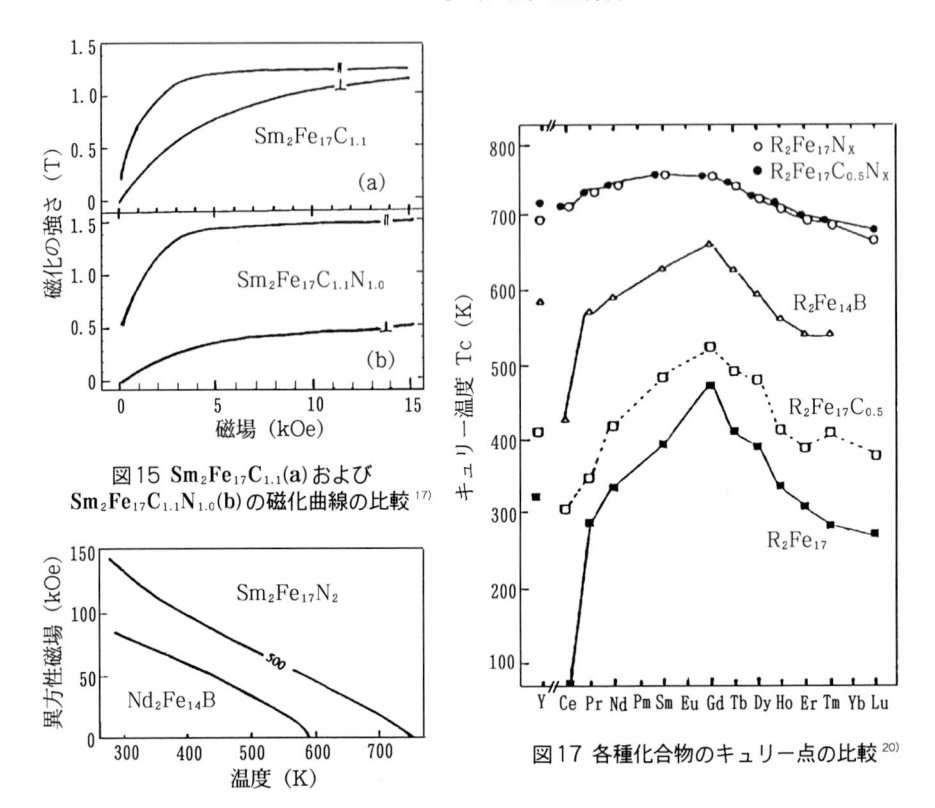

図16 $Sm_2Fe_{17}N_2$および$Nd_2Fe_{14}B$の異方性磁界の温度変化[19]

図17 各種化合物のキュリー点の比較[20]

和磁化16(kG)に匹敵するものである。さらに、図からあきらかなように、大きな磁気異方性を持つことを(b)は示している。

図16[19]は異方性磁場の温度変化を示したものである。$Nd_2Fe_{14}B$は温度に対して弱い欠点をもつが、$Sm_2Fe_{17}N_2$は温度に対して強いことがわかる。

図17[20]は各種化合物のキュリー点を比較したものである。図よりNを固溶すると　キュリー点が著しく上昇することがわかる。

表4はN系磁石材料の磁気特性を他の希土類磁石材料と比較して示したものであり，N系磁石材料が将来かなり有望な磁石材料として期待されるといえよう。

2. $Sm_2Fe_{17}N_x$系磁石材料

表4 各種磁石材料の特性比較 [18]

(＊実用化)

化合物系	組 成	キュリー点 (℃)	飽和磁化 (kG)	理想$(BH)_{max}$ (MGOe)	異方性磁場 (kOe)
1-5系	＊$SmCo_5$	730	11	30	280
2-17系	＊Sm_2Co_{17}	920	12	38	65
	$Sm_2Fe_{17}C_x$	280	12	38	53
	$Sm_2Fe_{17}N_x$	470	15	58	140
2-14-1系	＊$Nd_2Fe_{14}B$	310	16	63	90
	$Nd_2Fe_{14}C$	260	15	58	100
	$Nd_2Fe_{14}N$	(研究中)			
1-12系	$SmTiFe_{11}$	310	11	30	100

2.2 $Sm_2Fe_{17}N_x$ の結晶構造

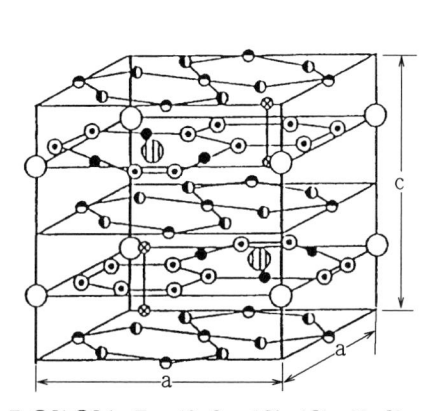

R ◐2b◯2d Fe ⊗4f ●6g ⊙12j ○12k N ●6h

図18 Th_2Ni_{17}型 hexagonal 結晶 [18]
(R：重希土)
Rが重希土の場合(Tb, Dy, Ho, Er, Tm, Lu, Y)
Th_2Ni_{17} hexagonal. 単位細胞はR_2Fe_{17}の2倍から成り立つ. Rのサイトは2b, 2dサイトの2ケ所.

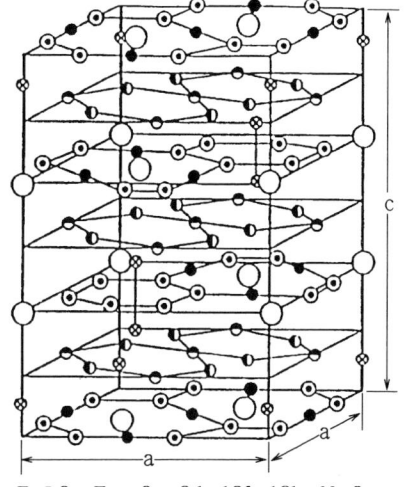

R ○6c Fe ⊗6c ●9d ⊙18f ○18h N ●9e

図19 Th_2Zn_{17}型 rhombohedral 結晶 [18]
(R：軽希土)
Rが軽希土の場合(Ce, Pr, Nd, Sm, Gd)
Th_2Zn_{17} rhombohedral. 単位細胞はR_2Fe_{17}の3倍から成り立つ. Rのサイトは6cサイト.

一般論として，R_2Fe_{17} 化合物は，Rの種類によって，図18と図19に示すような2種類の結晶構造をとっている。Rが軽希土の場合 (R = Ce, Pr, Nd, Sm, Gd) は Th_2Zn_{17} Rombohedral であり，Rが重希土の場合 (R = Tb, Dy, Ho, Er, Tm, Lu, Y) は Th_2Zn_{17} Hexagonal である。

R_2Fe_{17} そのものは本来一軸異方性を持っていないが，Nが固溶すると異方性が現れる。

結晶構造の特徴により，R = Sm の場合のみ希土類副格子による強いc軸磁気異方性を示す。

$ThMn_{12}$ 型結晶構造をもつ $NdFe_{11}TiN_{1.2}$ も表4に示されるように，磁気異方性をもっている。1-12系と2-17系の著しい対照は図20に示されるような，希土類原子Rのまわりのn原子の配列の相違に起因していると説明されている。

しかしながら，なぜ窒化によってこのような巨大磁気異方性が発生するのか現時点では不明である。

2.3 $Sm_2Fe_{17}N_x$ のN組成

Sm_2Fe_{17} 結晶へNが導入されると，Nは侵入型に固溶し結晶型は変わらないで，ただ格子定数が変化していくだけである。Nの添加により窒化物を新たに形成するのではなく，$Sm_2Fe_{17}N_x$ 中のNは固溶状態であるということができる。

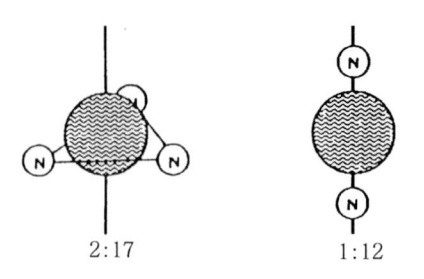

図20 R_2Fe_{17} および $RFe_{11}Ti$ 中での希土類原子のまわりの窒素原子の配列モデル[18]

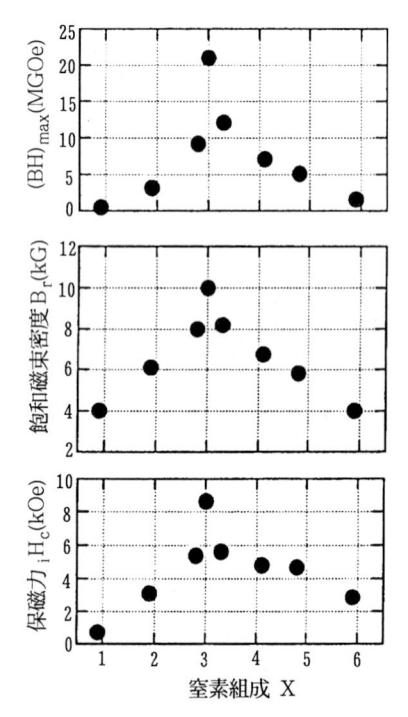

図21 $Sm_2Fe_{17}N_x$ 圧粉磁石の窒素組成と磁石特性[27]

窒化の方法としては、いろいろ考えられるが、多くの研究者は常圧窒素ガスを用いている。

水素前処理法[20]、HDDR法[21]、高圧窒化法[22]、NH_3[24]、$NH_3 + H_2$[25]、$N_2 + H_2$[26]などがある。

これまでの研究では $Sm_2Fe_{17}N_x$ 中の N 組成は X = 2.0~2.7 の値が一般的であった。図21はN組成と磁石特性についての、入山ら[27]の結果である。アンモニア－水素法を用いており、最大で X = 6 を得ている。また、磁石特性は X = 3.0 で極大を示した。

内山ら[28]は最大 X = 11.5 を報告している。さらに、Nの組成の均一性を検討することが指摘されている。

2.4 ボンド磁石の開発

$Sm_2Fe_{17}N_x$ は約 650 ℃以上の温度で希土類窒化物と鉄などに分解するという問題があるため、焼結で製造することは困難である。そのため、応用研究は今のところボンド磁石について行われている。低融点金属をバインダーに用いる金属ボンド磁石と高分子材料をボンド剤とするボンド磁石とである。図22 (a), (b) に各ボンド磁石の特性を示す[29]。エポキシボンド磁石では約 7kOe の保磁力がえ

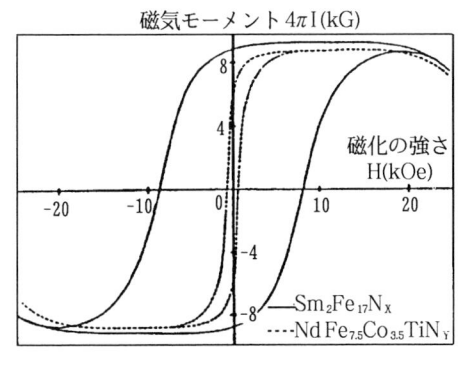

図22 (a) $Sm_2Fe_{17}N_x$ および $NdFe_{7.5}Co_{3.5}TiN_Y$ エポキシボンド磁石のヒステリシス曲線[29]

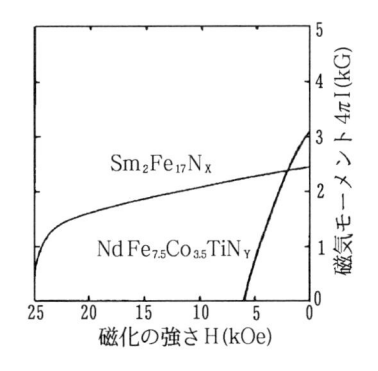

図22 (b) $Sm_2Fe_{17}N_x$ および $NdFe_{7.5}Co_{3.5}TiN_Y$ 亜鉛ボンド磁石の減磁曲線[29]

られ，実用に近い水準に達した。Znボンド磁石では25kOeを越える高い保磁力を示している。さらに，エポキシボンド磁石において (BH) max ≧ 18MGOeの値が報告されている[30]。

図23は粉砕により平均粒径を 2~3 μm とした $Sm_2Fe_{17}N_x$ 圧粉磁石の最大エネルギー積(BH) maxを測定した結果である[31]。Nが3個付近で極大を示し，極大値は18MGOeを越える値を示している。

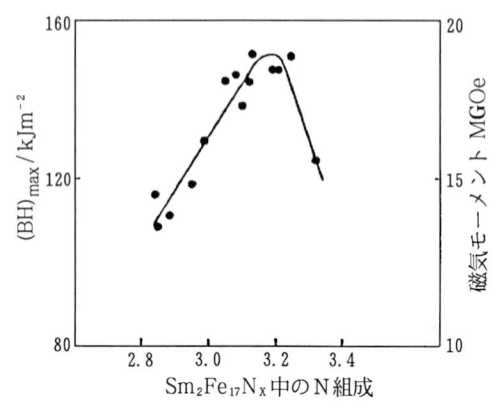

図23 $Sm_2Fe_{17}N_x$ 圧粉磁石の $(BH)_{max}$ [31]

2.5 N系磁石材料の展望

1991年のMMM国際会議において，初めてNitromagnetの独立したセッションが設けられた。これはN系磁石材料の研究が世界的に注目を集めている証拠であり，磁石材料の研究・開発においてNは最も重要な元素の一つとして認められてきた。

N化強磁性材料に対してNitromagnet，そしてN化強磁性に対して Nitromagnetismという新しい言葉が誕生したことからも，今後の発展が大いに期待されるところである。

3. High Nitrogen Steels 国際会議

1988年, Lilly ; 1990年, Aachen ; 1993年, Kiev と国際会議が High Nitrogen Steels に関して開催されていることは, 鉄鋼におけるN元素の有効性が改めて注目されてきたことを示している。

次のように分類され, 多くの論文が発表されている ;
Fundamentals : electron structure, thermodynamics, structure, strengthening, phase
　　　　　transformations
Properties : austenitic, martensitic, ferritic, duplex and microalloyed steels, corrosion and
　　　　　hydrogen brittlement
Technology ;
Applications ;

ここでは, 高窒素オーステナイト鋼を中心にして各々の有効な性質について述べる。

それら諸性質は, 強度, クリープ強さ, fracture toughness, 応力腐食強さ, 磁気的性質などである。そして, それら高窒素鋼の改良された性質や新しく見込まれる応用・実用化などにについて述べる。

3.1 降伏強度と破壊靭性

Nをオーステナイトステンレス鋼に固溶させることによって降伏応力の増加をもたらすことは知られていた。図24[32)]にその典型的なデータを示す(Fe-Cr-Ni-Mn-N ; C = 0.03%)。

N濃度の増加と共に降伏強度は急激に増している。50~100 μm の結晶粒径では, 降伏強度が今では1000MPaを越えるまでになった。しかも驚くべきことには, 下図に見られるごとく fracture toughness がほとんど減少していないのである。図

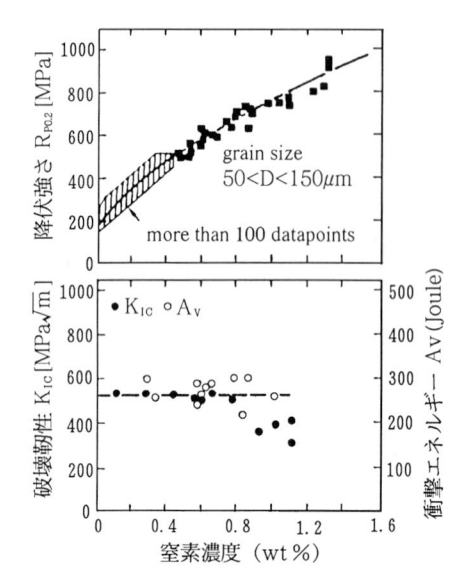

図24 溶体化処理したオーステナイトステンレス鋼の強度と靭性に対する固溶N量の影響[32]

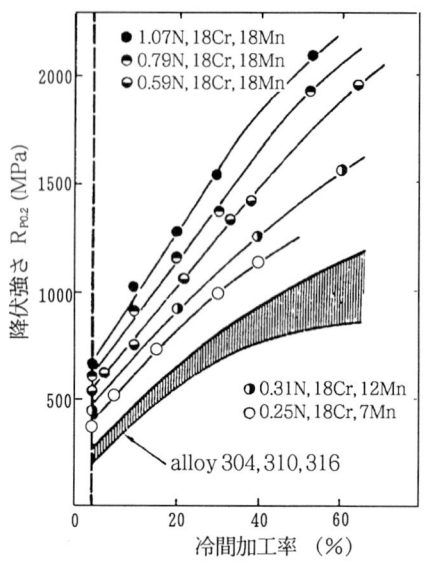

図25 冷間加工後のオーステナイト中の固溶窒素の影響[33]

で説明されているごとくこの fracture toughness の低下なしに起こる急激な応力の増加は全く特異な現象である。

図25[33]は18Cr-18Mn-N合金の冷間加工における著しい強度の増加を示している。

3.2 超高強度鋼

高窒素オーステナイト鋼に関して最も驚くべき性質の一つは超高降伏強度の達成である。これは次の4種の基本強化機構の全てをうまく結合させることに基ずいている。固溶強

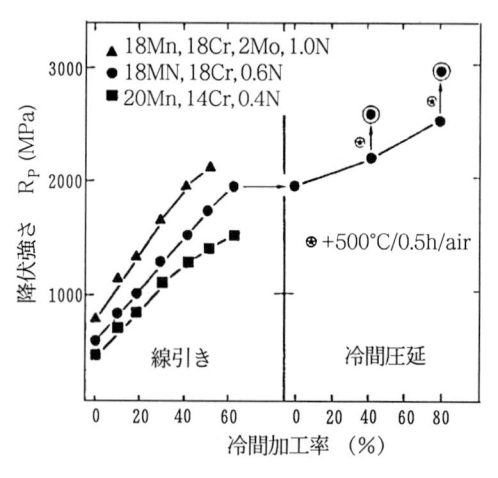

図26 冷間加工による降伏強さの変化[34]

3. High Nitrogen Steels 国際会議

表5 オーステナイト窒素鋼の化学組成 [35] (wt%)

steel No.	N	C	Mn	Cr	Ni	Mo	V
1	1.02	0.06	18.4	17.5	0.13	2.08	0.14
2	0.59	0.08	18.0	17.8	1.18	0.13	0.12
3	0.39	0.01	20.2	14.0	0.32	0.14	0.11

表6 線引き後の機械的性質 [35]

steel No.	流動応力 (MPa)	引張強さ (MPa)	全体伸び (%)
1	2095	2095	6.2
2	1920	1930	8.2
3	1480	1560	7.9

化,加工硬化,結晶粒微細化強化と析出強化(N原子は析出粒子になるのではなく,ここでは積層欠陥への析出による)である。図26[34]に示されるように,18Cr-18Mn-0.6N合金で冷間加工後時効処理などを行い,3000MPaの降伏強度が最近になって得られている。ここで重要なことは,冷間加工によるマルテンサイトが全く存在していない,完全に安定で,しかもnonmagneticなオーステナイトであることである。表

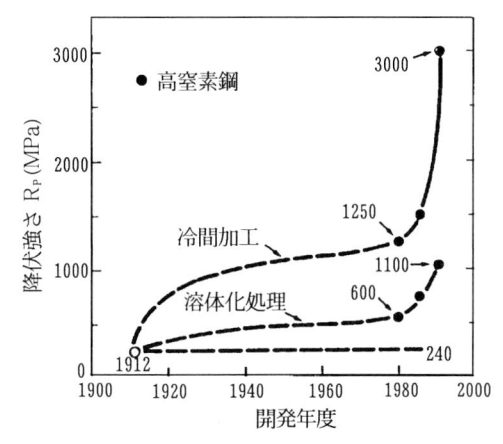

図27 安定な高強度オーステナイトステンレス鋼の最近の急激な発展 [35]

5にその鋼の組成をまた表6と図27に得られた結果を示した[35]。

この結果は高い強度と共にnonmagneticやstainlessという他の有用な性質を兼ね供えていることから,多くの発展的応用が今後期待できる。

3.3 強度と靭性

鋼の良質な機械的性質の指標として,図28[36]に示すような降伏強度とfracture toughnessとの関係を示した図が,しばしば用いられる。図から高窒素オーステナイト鋼の機械的性質は年々急激な発展を示している。18Cr-18Mn-0.5N合金の高窒素オーステナイトステンレス鋼は降伏強度とtoughnessとの積値は4×10^5を越えており最高記録を保持している。

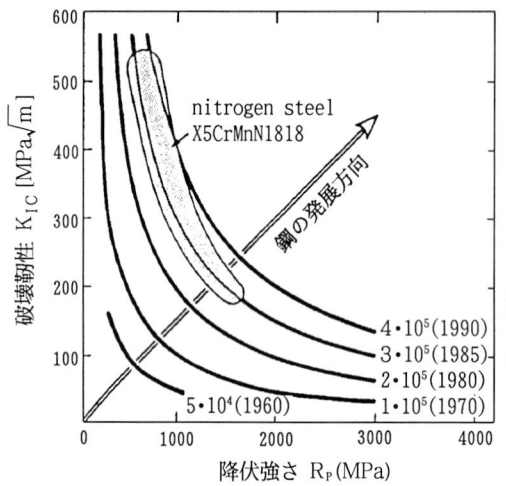

図28 全鋼種の最高降伏強度と靭性の関係 [36)]
$K_{IC} \cdot R_p [MPa^2 \cdot \sqrt{m}]$ 値は 10 年毎に倍増を示し,高窒素オーステナイト鋼は斜線領域にある

3.4 応力腐食割れ (SCC)

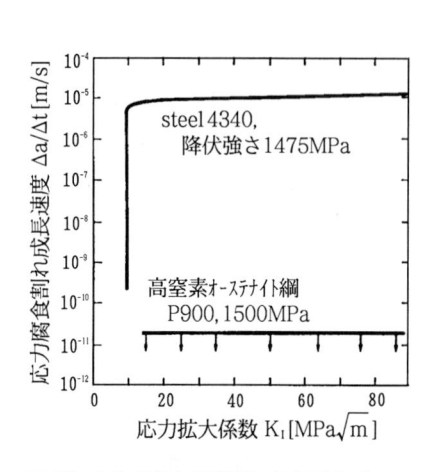

図29 水中で応力腐食割れに無感な唯一の超高強度鋼:高窒素オーステナイトステンレス冷間加工鋼 [37)]

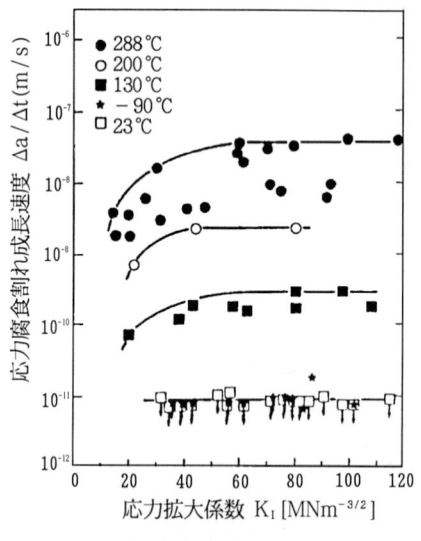

図30 0.6%Nを含む高強度オーステナイトステンレス冷間加工鋼の応力腐食割れ成長速度に対する応力強さと温度の影響 [38)]

3. High Nitrogen Steels 国際会議

表7 各鋼の化学組成 [38]　（1, 2は市販鋼）

(wt%)

Steel	#	Cr	Mn	Ni	C	N
X5CrNi189	1	18.0	—	9.0	0.05	—
X6MnCrN1818	2	18.0	18.0	0.7	0.06	0.60
I	3	5.1	17.2	—	0.07	0.14
II	4	18.0	18.4	—	0.04	0.43
III	5	17.6	17.6	—	0.51	0.06
IV	6	19.2	18.4	0.5	0.50	0.54

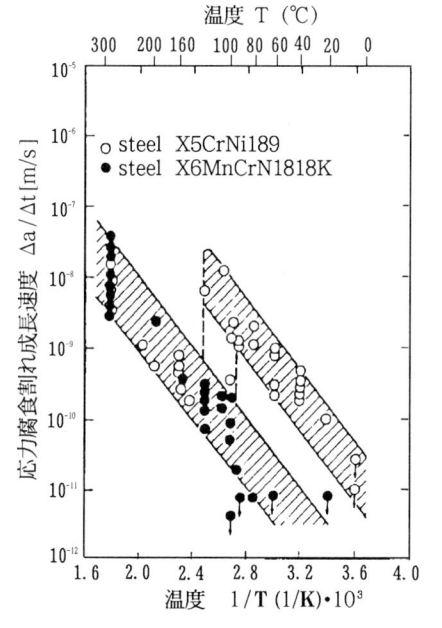

図31　2種のオーステナイトステンレス鋼の水中での応力腐食割れ成長速度に対する温度の影響 [38]

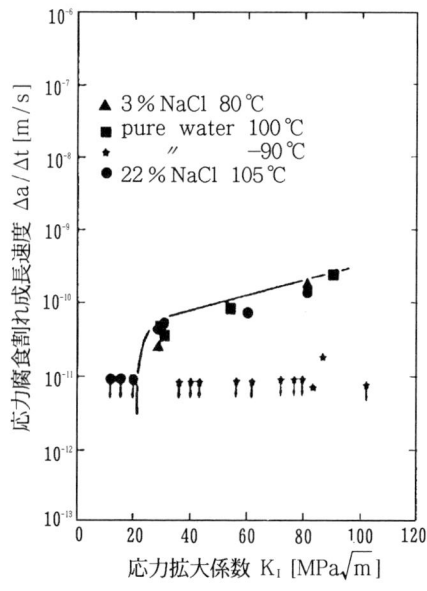

図32　0.6%Nを含む高強度オーステナイト冷間加工鋼の応力腐食割れ成長速度に対する応力強さと雰囲気の影響 [38]

1500MPa以上の降伏強度をもつ超高強度鋼は一般には常温付近での水中で起こる応力腐食割れ(SCC)に対して非常に敏感である。

しかし,高窒素オーステナイトステンレス鋼は,図29[37]に見られるように超高強度でありながら全く応力腐食割れを示さない。広く用いられている4340鋼(41SiNiCr MoV 76)は約10^{-5} m/sの速度でクラックが発生するのに対して,高窒素鋼P 900は2×10^{-11} m/sである。この値では応力腐食割れは全く観察されなかった。

図30[38]は18Cr-18Mn-0.6N合金のSCCの成長に対する温度の影響を示している。各温度で,強度に依存しない一定値を示す領域が広がっている。100℃以上では,SCCのの成長速度は早くなり,測定できるような値になる。この一連のSCCの研究に用いられた合金の組成を表7に示す。

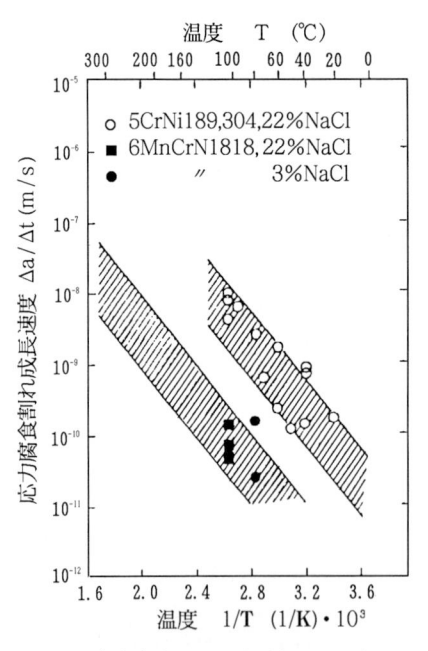

図33 高窒素オーステナイトステンレス鋼(●)の腐食割れ成長速度に対する温度と塩分濃度の影響[38]

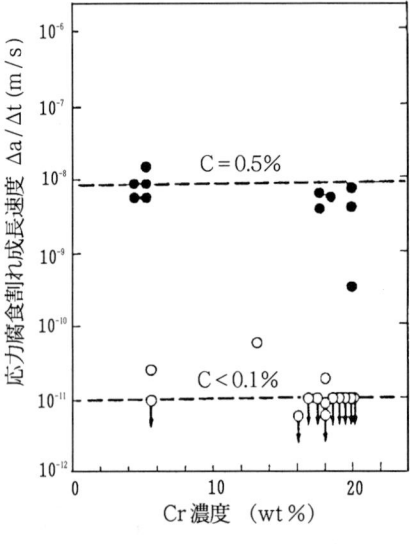

図34 Mn-Nオーステナイト鋼の応力腐食割れ速度に対するCrとC濃度の影響[38] (80〜100℃ 水中)

3. High Nitrogen Steels 国際会議

図31には，その温度依存性を304鋼と比較して示した。100℃以上になるとNを含まない鋼も同じ温度依存性を示すが，100℃を境にして304鋼との差が急に顕著になる。

図32と図33は各種の環境下でのSCCの測定結果を示している。水やNaCl溶液に対しても高窒素鋼は良好な性質を持っている。

図34はSCCに対するCrとC濃度の影響を示している。C%のレベルが同じであればCr濃度に関係ないことが分かる，またC濃度が0.5%と高いとSCCを起こすが，0.1%以下ならばSCCは起こらない。

図35はNとC濃度の影響を示している。N濃度はSCCに対して影響はないが，C濃度はかなり大きな影響をもつことが分かる。C濃度が高いほどSCCに対して敏感になる。

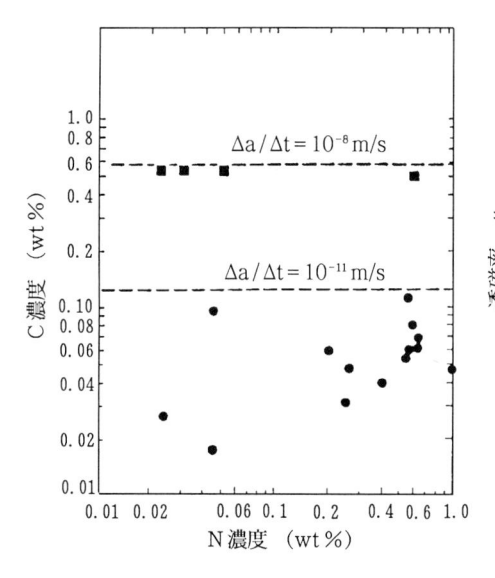

図35 オーステナイト鋼の応力腐食割れ成長速度に対するNとC濃度の影響 [36] (80〜100℃ 水中)

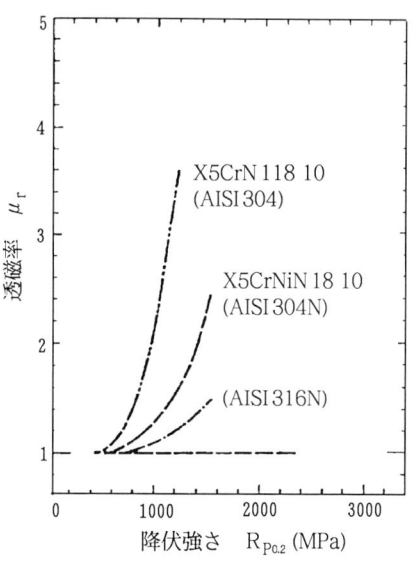

図36 高窒素オーステナイト鋼における冷間加工後の透磁率の変化 [39] {磁場 $H = 16\,[KAm^{-1}]$(CrNi鋼), $H = 2$–$240\,[KAm^{-1}]$(5CrMnN鋼)}

3.5 磁気的性質

オーステナイトステンレス鋼は常磁性であるが,強い冷間加工を与えると,マルテンサイト変態を起こし,強磁性を示すようになる。図36[39]はその様子をmagnetic permeabilityで示したものである。冷間加工度が高い高強度鋼は皆マルテンサイト変態に伴いpermeabilityを増加させているが,N鋼は全くマルテンサイト変態を起こさず,変化を示していない。N鋼のオーステナイトは極めて安定である。

3.6 疲労挙動

Nは降伏強度を著しく増加させるのであるが,low cycle fatigueに対して,その効果はほとんど期待できない。図37[40]は18Cr-19Mn-0.6~1.0Nオーステナイト鋼の結果である。通常のオーステナイト鋼とほとんど変わりなく,fatigueに関してはNによる改善は認められない。

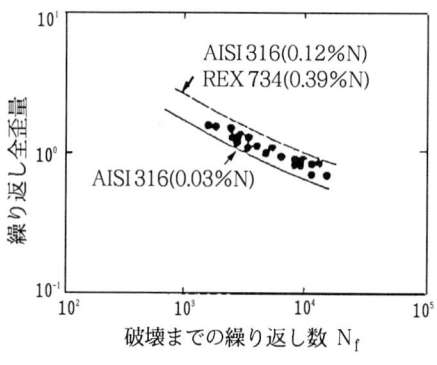

図37 高窒素オーステナイトステンレス鋼{0.6~1.0%N, CrMnN鋼(●)}の低サイクル(0.1 Hz)疲労挙動 [40]

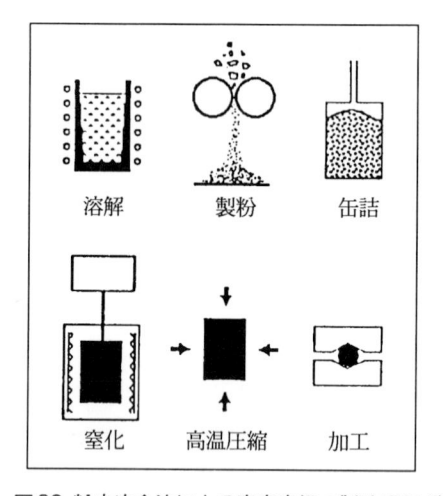

図38 粉末冶金法による高窒素鋼の製造過程 [43]

3.7 技術

高濃度の窒素を添加する方法は液体状態における窒化と固体状態での窒化とに分類される。液体状態での窒素の添加に用いられる方法はPESR (pressurized electro

– slag remelting)法[41]である. 高圧窒素ガス下で窒素の溶解度を増加して窒素濃度を高めている. 固体状態では粉末冶金法[42]が用いられている. 図38[43]に示すように, 試料を粉末にしてから窒化し, 焼結する方法である.

3.8 工業化 (austenitic, ferritic and martensitic steels)

高窒素鋼は前述のごとく, 多くの利点を持っているので, すでに実用化されているものも多く, また広い分野での発展が見込まれている.

fields of power generation　　　generator retaining rings [44]
environmental engineering　　　linings for refuse dumpings [45]
　　　　　　　　　　　　　　　fuel-gas desulphurasation plants [46]
structual components in the building industry
roller bearings [47]
ball screw bearing shafts [48]
forging and extrusion dies [49]
fasteners and bolts in automotive industry [50]

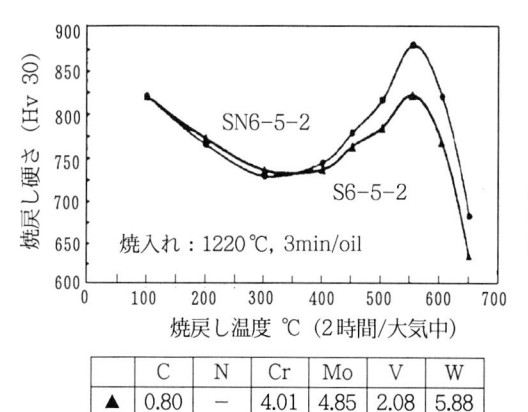

	C	N	Cr	Mo	V	W
▲	0.80	–	4.01	4.85	2.08	5.88
●	0.87	0.21	3.91	4.85	2.10	5.77

図39 高速度鋼の焼戻し挙動に対する窒素の影響 [51]

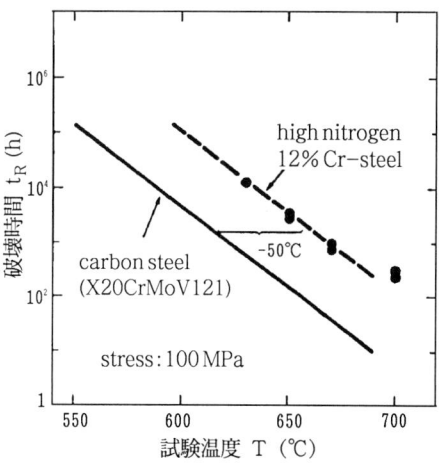

図40 12%Cr鋼のクリープ挙動 [55]
(●: 安定な炭窒化物を析出した高窒素鋼)

cutting tools [51,52] (図39は高速度鋼におけるNの効果を示す。)
turbine blades [53]
rail wheels[54]
steam turbine rotores [55] (図40は12%Cr鋼のクリープのラプチャー時間におけるN添加の効果を示している。)
drilling equipment [56]

3.9 窒素によるHSLA (High Strength Low Alloyed) 鋼

近年，高強度低合金鋼(HSLA鋼)の研究・開発が進められている。少量のNbなどを添加した強靭鋼である。

窒素は少量で強い強化作用を示すことから，CでなくNによるHSLA鋼の開発が望まれていた。しかしNは強化は著しいが，著しい脆化を伴うことが一般に知られている。

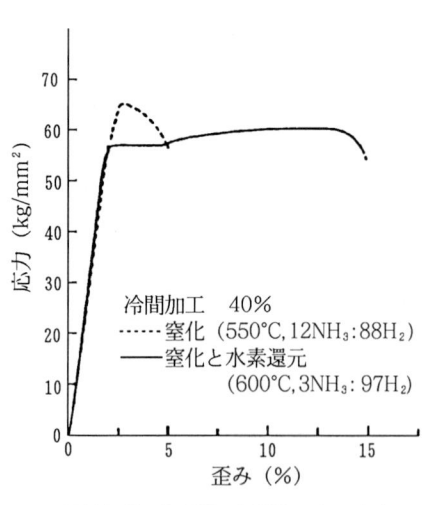

図41 Fe-0.1Nb-0.02N合金の応力－歪み曲線 [57]~[59]

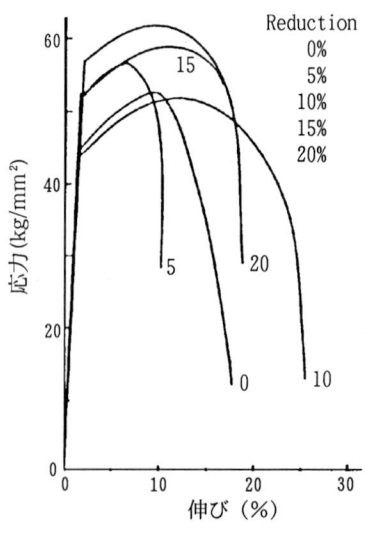

図42 Fe-0.1Nb-1Mn合金(0.016%N)の応力－伸び曲線と圧化率 [57]~[59]

3. High Nitrogen Steels 国際会議

最近坂本はFe-Nb合金を冷間加工後窒化することにより,靭性の低下を伴わずに強化できることを報告した[57)-59)]。

図41はFe-0.1Nb-0.02N合金を冷間加工後に窒化することによって,引張り強さが600MNm^{-2}で,約12%の伸びが得られたことを示している。さらに図42

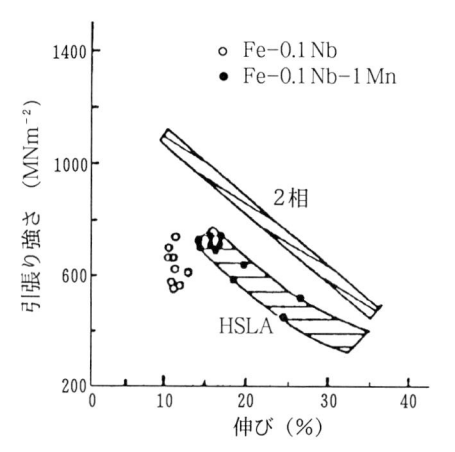

図43 冷間加工後窒化したFe-0.1Nb-1Mn合金の機械的性質[57)~59)]

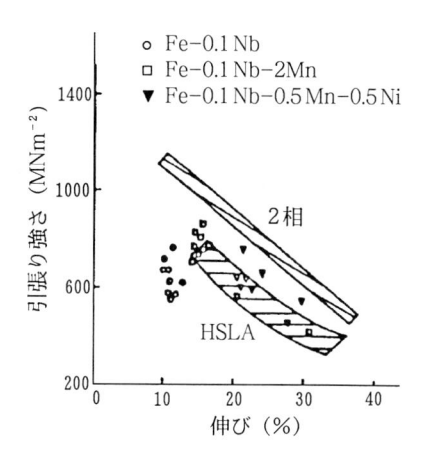

図44 冷間加工後窒化したFe-0.1Nb-0.5Mn-0.5Ni合金の機械的性質[57)~59)]

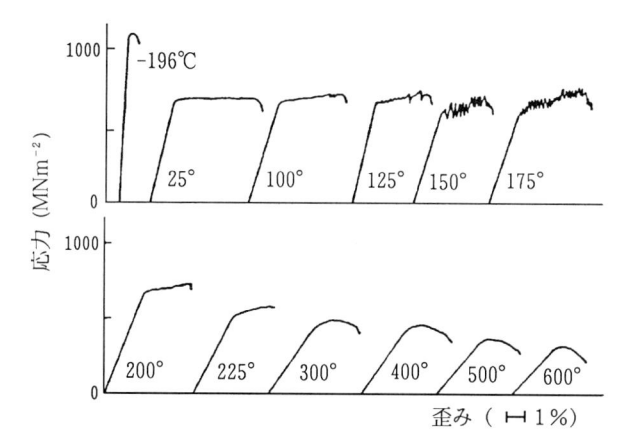

図45 窒化したFe-0.1Nb合金の応力-歪み曲線における温度依存性[57)~59)]

はMnを加えることにより，伸びの増加が認められる。図43と図44にMnおよびNiを添加して得られた結果を示す。図よりこれらの合金はHSLA鋼の領域に到達しており，このことから，これらのNを含む合金鋼はHSLA鋼として利用できるものと見なせよう。

また図45はN化したFe-0.1Nb合金のstress-strain曲線の温度依存性を示している[60]。図から明らかなserrationが100～175℃の温度範囲で認められる。一般に軟鋼で認められるNと転位との相互作用に基づくserrationは200～300℃に出現する。それゆえ，Nbの添加によりserrationが著しく低温で起きている。

Fe-Nb-Mn合金では図46に示すように，serrationは弱いが出現温度は変わらない。しかしstress-strain曲線に，急激な応力の低下が見られる。

125℃の曲線が著しくserrationとは異なり，この急な応力低下はクラックの発生を伴っている。図47は破断後の図であるが，6か所にクラックが認められ，応力の急激な低下と一致している。またクラックの発生に伴う破断音が確認された。

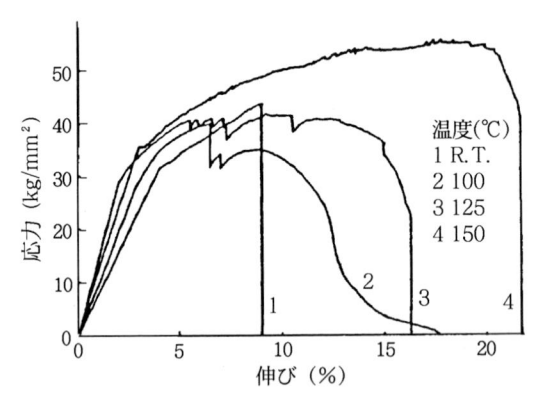

図46 Fe-0.15Nb-1.45Mn合金（～0.03%N)の各温度における応力－伸び曲線[60]

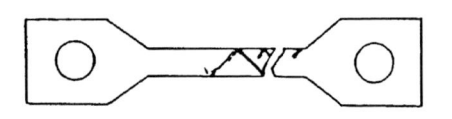

図47 Fe-0.15Nb-1.45Mn合金（0.029%N)の125℃引張破断試片図[60]

4. はたして $\alpha''\mathrm{Fe}_{16}\mathrm{N}_2$ は巨大飽和磁化磁性体か

　1994年6月, Nitromagneticsに関する国際会議(ハワイ)と第6回MMM (Magnetics and Magnetic Materials) の国際会議(ニューメキシコ)が相次いで開催された。これら国際会議で話題になった"はたして$\mathrm{Fe}_{16}\mathrm{N}_2$は巨大飽和磁化を示す磁性体かどうか"に関する大変興味ある論争について紹介する。

　前述のごとく, $\mathrm{Fe}_{16}\mathrm{N}_2$は高橋實ら[2]によって1972年巨大飽和磁化を示す磁性体として報告された。そして, 1989年杉田ら[7]によって単結晶薄膜の$\mathrm{Fe}_{16}\mathrm{N}_2$が作成され, 巨大飽和磁化 2.9T(テスラ)が示された。その後 種々の方法で, 多くの研究が行われてきたが, 報告された値は, 必ずしも良い結果だけではなかった。特に1993年高橋研ら[61]によって合成された$\mathrm{Fe}_{16}\mathrm{N}_2$薄膜は巨大値を示さず純Feに近く, 僅かに大きな値 240 emu/g しか得られなかった。しかしバンド理論から求められた理論値[11]と良く一致していた。

　$\alpha''\mathrm{Fe}_{16}\mathrm{N}_2$は準安定な物質であるため, その純物質を作製するのが難しく, 上記の$\alpha''\mathrm{Fe}_{16}\mathrm{N}_2$薄膜は $\mathrm{In}_2\mathrm{GaAs}$ と MgO の単結晶を基板にして注意深く合成された代表例である。しかし 得られた値が大きく相違している。

　そのため, $\alpha''\mathrm{Fe}_{16}\mathrm{N}_2$の本質に関する論戦はこの二つのグループの相違が大きな話題の中心となっているのである。

4.1 試料作成
　現在まで報告されている $\alpha''\mathrm{Fe}_{16}\mathrm{N}_2$の室温における飽和磁化の値は, 報告者によって 257〜315 emu/g[2),62)-64)]と大きく異なっている。
　MBE (Molecular Beam Epitaxy)法で作製された$\mathrm{Fe}_{16}\mathrm{N}_2$単結晶薄膜から決定された値[64]を除いて, いずれも $\alpha\mathrm{Fe} + \alpha''\mathrm{Fe}_{16}\mathrm{N}_2$ または $\alpha + \alpha' + \alpha''\mathrm{Fe}_{16}\mathrm{N}_2 + \gamma'\mathrm{Fe}_4\mathrm{N} + \gamma\mathrm{r} + \ldots\ldots$ などの混合相で構成されている窒化鉄多結晶薄膜から計算により

表8 $Fe_{16}N_2$ の各種薄膜の飽和磁化[61]

報告者	薄膜作製方法	飽和磁化：Ms(Bs)	相
1972 T.K.Kim, M.Takahashi [2]	蒸着	2200 emu/cc	$\alpha + \alpha''$
1982 H.Fujimori, et al. [5]	スパッター	240 emu/g	—
1984 N.Terada, et al. [4]	イオンビームスパッター	24kG	—
1989 M.Matsuoka, et al. [9]	ECR スパッター	25kG	—
1990 M.Komuro, et al. [7]	分子線エピタキシー	2.9T	α''
1990 K.Nakajima [8]	イオンインプランテーション	245 emu/g	$\alpha'' + \alpha'$
1991 S.Takebayashi [10]	ECR スパッター	260 emu/g	—
1992 {M.Kinoshita [61], Migaku Takahashi	プラズマ蒸着	235 emu/g	$\alpha'' + \alpha'$

α'：不規則相　α''：規則相

推定した値である。

表8に，これまでに報告されたものを年代順に示してある。作成方法の相違により，得られた値が大きく異なっている。また存在する相も異なっている。

$\alpha'' Fe_{16}N_2$ の測定値は，α フェライト，α' マルテンサイト，$\alpha'' Fe_{16}N_2$，$\gamma' Fe_4N$，および，γ と Γ 残留オーステナイトなどの相で構成された Fe-N 薄膜中の $\alpha'' Fe_{16}N_2$ の体積分率を X 線回折法より得られた X 線回折パターンより求め，計測により求めた薄膜全体の飽和磁化の値より算出された値であり，直接計測された値ではない。図48はそれを図式的にして説明している。

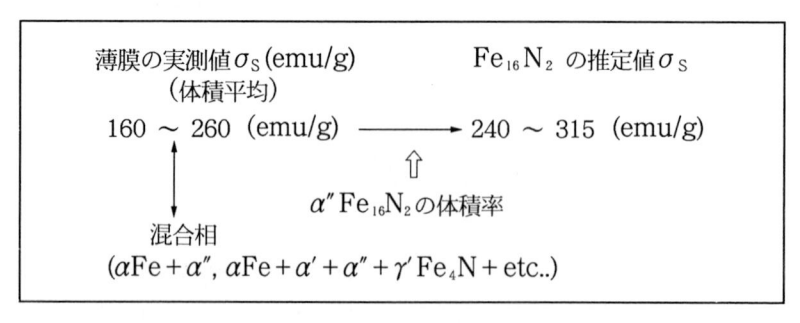

```
薄膜の実測値 σs (emu/g)              Fe16N2 の推定値 σs
    （体積平均）
  160 ～ 260 (emu/g)  ――――→  240 ～ 315 (emu/g)
         ↕                    ⇑
                    α″Fe16N2 の体積率
       混合相
  (αFe+α″, αFe+α′+α″+γ′Fe4N+etc..)
```

図48 $Fe_{16}N_2$ の飽和磁化値の算出[61]

表9 試料の組成 [67]（X：X線回折，M：メスバウアー測定で評価したFeのat%）

Lab. (文献番号)	Form	Est.	α-Fe	γ-N- オーステナイト	γ'- Fe$_4$N	α'-N- マルテンサイト	α''- Fe$_{16}$N$_2$
CMU (85)	6-9μm powder	X	13	31	0	0	56
HIT (64)	7-100nm film ‖ GaAs(100)	X	15	0	0	0	85
NAG (88)	200nm film ‖ glass	M, X	65	0	0	0	35
NAG (82)	200nm film ‖ MgO	X	40	0	0	36	24
NAG (89)	200nm film ‖ MgO	X	30	0	0	62	8
NAG (65)	200nm film ‖ MgO	X, M	28.5	0	0	0	71.5
TCD (81)	30μm powder	M	61	7	4	0	28
TCD (81)	100μm foil	M	52,59	5,11	11,10	0	32,20
TCD (81)	25μm foil	M	55,51	11,9	0, 0	0	34,40
TOU (90)	sputt. film	X	27	0	0	0	73
UAL (63)	sputt. film	X	82	0	0	0	18
UAL (83)	300×60×60nm powder (15wt%Mn)	M	29	36	0	0	35
UAL (84)	70nm powder (7wt%Mn)	M	55	7	0	0	38

表10 試料薄膜作製条件 [67]

Lab. (文献番号)	スタート物質	サイズ(μm)	加熱温度（℃） [time] (NH$_3$:H$_2$)	焼入温 度(℃)	焼鈍温度（℃） [time] 雰囲気
CAM (75)	α-Fe	<53μm	700-750(?)(1:20-1:5)	25	120[7-19d]
CMU (85)	α-Fe	6-9μm	660-670[2-3h]	-196	120-150[0.5-2h]vac
DUT (80)	α-Fe foil	t=200μm	742-877	-196	200[?]
LBL (86)	α-Fe foil	t=100μm	590(1:9)	-50	<200[?]
TCD (81)	α-Fe powd.	30μm	760[several h]	-	120[7d]
	α-Fe foils	t=25, 100μm	760[several h]	-	120[7d]
UAL (83)	γ-Fe$_2$O$_3$	300×60×60nm	650-700(1:7-1:10)	-196	120-200[1-4h]N$_2$
UAL (83)	0.85FeSO$_4$+ 0.15MnSO$_4$	300×60×60nm	650-700(1:7-1:10)	-193	120-200[1-4h]N$_2$
UAL (84)	0.93Fe(NO$_3$)$_2$+ 0.07Mn(NO$_3$)$_2$	70×70×70nm	650-700(1:8-1:10)	-193	150[2-6h]N$_2$

Lab.	基 板	サイズ	条　件
HIT (64)	Fe‖GaAs(100)	t=7-100nm	MBE：first,30nm Fe film(0.5Å/s,基板300℃) next,Fe(0.04Å/s,基板150℃,N$_2$ at 5×10^{-4}torr)
HIT (87)	InGaAs(001)		MBE　　　　　　　(MBE:分子線エピタキシ-)
HIT (79)	InGaAs(001)	t=50nm	MBE：Fe at 0.004Å/s,基板150℃,N$_2$+NH$_3$(4:1-9:1) at 10^{-5}-10^{-4}torr
NAG (88)	Fe‖glass	t=200nm	sputt.：150kcV N$_2^+$ インプランテーション (2-4×10^{16}cm^{-2})
NAG (82,89)	Fe‖MgO(100)	t=200nm	sputt.：80-150kcV N$_2^+$ インプランテーション (1-11×10^{16}cm^{-2}) 60時間焼鈍
TOU (61)	MgO	t=200nm	DCプラズマ蒸着；150℃2時間焼鈍
TOU (61,90)	MgO	t=30-3000nm	sputt.：Ar+N$_2$；150℃2-20時間焼鈍
TOU (68)	MgO	t=3000nm	DCスパッタリング over5nmFe(001)onMgO,Ar+N$_2$ 空気に暴露, 150℃2時間焼鈍
UAL (63)	glass	t=200-250nm	DCスパッタリング Fe+N$_2$(15sccm)+Ar(6mTorr)

作製場所 CAM:Univ. of Cambridge, CMU:Carnegie-Mellon Univ., DUT:Delft Univ. of Technology, HIT:Hitachi Research Laboratory, LBL:Lawrence Berkeley Laboratory, NAG:Nagaoka Univ. of Technology, TCD:Trinity College Dublin, TOU:Tohoku Univ., UAL:Univ. of Alabama

さらに，薄膜表面の酸化膜の存在が大きいことも指摘されている。

表9は多くの研究者らによる結果をまとめて示している。この表から明らかなように多くの結果は$\alpha''Fe_{16}N_2$を含む割合が50％以下の試料であり問題が多い。$\alpha''Fe_{16}N_2$を70％以上含むものは杉田ら[7]，高橋研ら[61]および中島ら[65]のみである。高橋研ら[61]，Coeyら[66]，Metzgerら[67]は$\alpha''Fe_{16}N_2$の飽和磁化の値に大きな差が生じるのは，薄膜中の$\alpha''Fe_{16}N_2$の体積分率をX線回折パターンを用いて算出する方法が定量性に欠けるためと指摘している。

表10には試料の作製条件が示されている。前記の$\alpha''Fe_{16}N_2$相を70％以上含む結果はIn_2GaAsとMgOの単結晶を基板にして得たものである。

高橋研らは，反応性プラズマを用いたスパッタリング法および蒸着法において，MgO(100)単結晶基板上に$\alpha''Fe_{16}N_2$を安定に合成する方法を確立し報告している[61],[68]-[70]。しかしながら，合成された$\alpha''Fe_{16}N_2$相の化学量論組成の窒素を有する$(\alpha'+\alpha'')$-$Fe_{16}N_2$薄膜の飽和磁化の値は，スパッタリング法で作製された薄膜において226 emu/g，プラズマ蒸着法で作製された薄膜では232 emu/gを示し，巨大飽和磁化を有すると報告されてきている2.9T(テスラ)[2],[62]-[64]に比較してかなり小さい値であった。しかしながら，高橋研ら[61]の$Fe_{16}N_2$薄膜の飽和磁化の値は，バンド理論より求めた理論値[71]と良く一致した。

一方，MBE法でIn_2GaAs単結晶基板上に$\alpha''Fe_{16}N_2$の単結晶薄膜を作製した杉田ら[64]の結果について，高橋研ら[70]は次のような疑問点を示している。

1) $\alpha''Fe_{16}N_2$単結晶が合成されているにもかかわらず，$\alpha''Fe_{16}N_2$相からの明瞭な超格子回折線が観測されていない[72]。

2) メスバウアー分光法による解析の結果，$\alpha''Fe_{16}N_2$には内部磁場分裂が観測されず，$\alpha''Fe_{16}N_2$の内部磁場は純鉄とほぼ同じ330kOe程度である[73]。

3) $\alpha''Fe_{16}N_2$相は準安定相であるため，200℃近傍でα相およびγ'相に分解する[74]にもかかわらず400℃まで，飽和磁化の温度に対する変化が可逆的である[72]。

以下には高橋研らの最近の結果[70]を，杉田らの結果[64],[72]と対比しながら紹介する。

4.2 X線構造解析

MgO (100) 単結晶基板を用いた場合，成膜直後では，$2\theta = 33°$ に観測される $\alpha''Fe_{16}N_2$ に固有の回折線である α'' の (002) からの回折線は観測されず，α' の (002) 面からの回折線のみが観測される。

この α' の (002) 面からの回折線の位置は窒素流量比の増加にともない，2θ の 75°から68°へと低角側へと移動する。この窒素流量比の増加にともなう回折線の変化は，N-マルテンサイトの格子定数 a 及び c と N 濃度の相関関係[75]を考慮すると，膜中のN含有量は増加していると考えられる。この結果は，ESCAにより決定した膜中のN含有量と窒素流量比の関係と良く一致する。

図49には，一例として，P_{total} 10mTorr，成膜速度 240Å/min 窒素流量比 0～24％の条件下で作製された Fe-N 薄膜の熱処理後のX線回折像を示す。成膜直後の状態で観測されていた α' 相の (002) 面からの回折線は熱処理により，αFe相の (002)

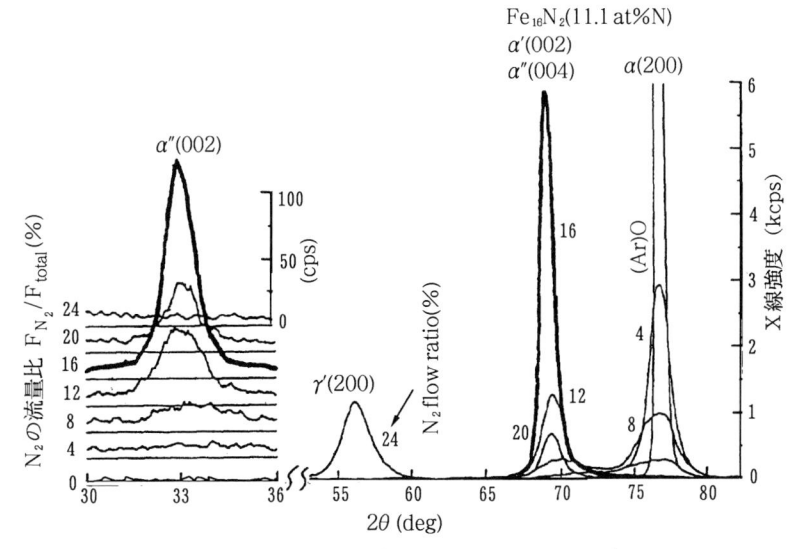

図49 MgO基板上薄膜のX線回折パターン[70]
スパッター薄膜（150°C×2h. 加熱），$P_{Total} = 10\,mTorr$，蒸着速度 = 240 Å/min，膜厚 = 3000 Å，X線源：CoK_α

面及び α'' 相の化学量論組成の窒素を有する ($\alpha''+\alpha'$) 相の (002) 面からの回折線の2本に明瞭に分離することがわかる。さらに，低角側の33°近傍では，α'' 相に固有の回折線である α'' 相の (002) 面からの回折線が観測されている。したがって，薄膜中に α'' の化学量論組成の窒素を有する $\alpha''Fe_{16}N_2$ 相が合成されていることがわかる。

図50は MBE 法によって得られた $\alpha''Fe_{16}N_2$ の X 線回折パターンである[72]。図の (c) は150℃で時効した結果であるが $\alpha''Fe_{16}N_2$ による (002) 面からの回折線は観測されているが，小さくて不明瞭である。

次に，図51に MBE 法により報告された $\alpha''Fe_{16}N_2$ の a 軸を含む面 (103) (105) (114) 面からの回折線を示す。図52の回折線と比較するとピークの形状も明瞭でなく，分離したものも認められる。

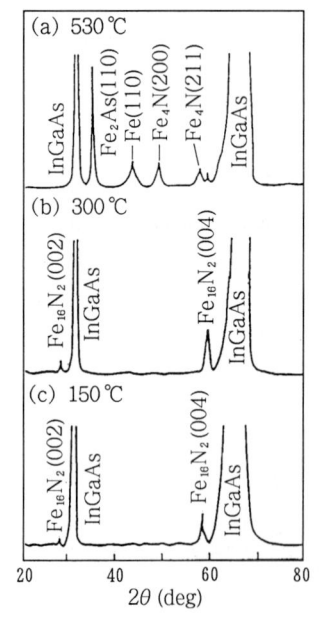

図50 InGaAs 基板上薄膜の X 線回折パターン[72]

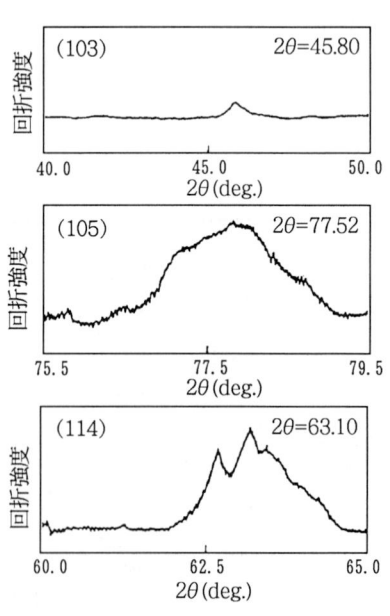

図51 InGaAs 基板上の $Fe_{16}N_2$ (103), (105), (114) 各面の X 線回折パターン[72]

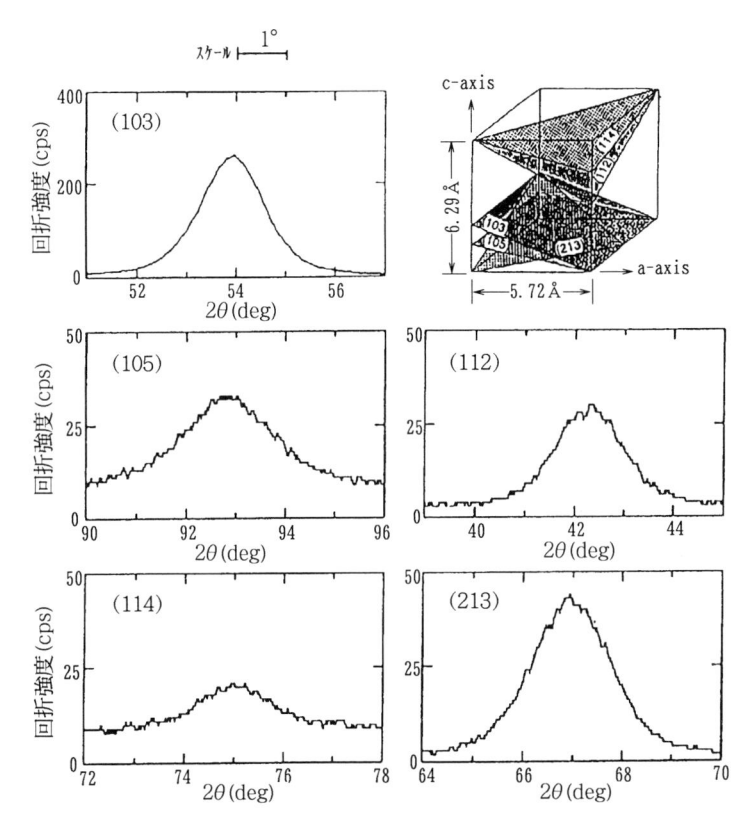

図52 MgO基板上 $Fe_{16}N_2$ の(103),(105),(112),(114),(213)各面のX線回折パターン[70]
薄膜作製条件：P_{total} = 10m torr, F_{N_2}/F_{total} = 12%, 33Å/min,
蒸着し，150°Cで2時間焼鈍

　図52は，$\alpha''Fe_{16}N_2$ 相のa軸を含む面(103)(105)(112)(114)(213)面からの回折線を示す。これらの回折線は，いずれも $\alpha''Fe_{16}N_2$ 相に固有の回折線である。図のように，非常に明瞭な回折線が観測され，α'' 相の存在が確認される。

　図53には，図52に示された回折線より，各々格子定数aを求め，ネルソン－リレイ関数[76]($\cos2\theta/\sin\theta + \cos2\theta/\theta$)に対して示す。また，図中には α'' 相の(002)(004)面の回折線から求めた格子定数cの値も示す。この図より外挿法

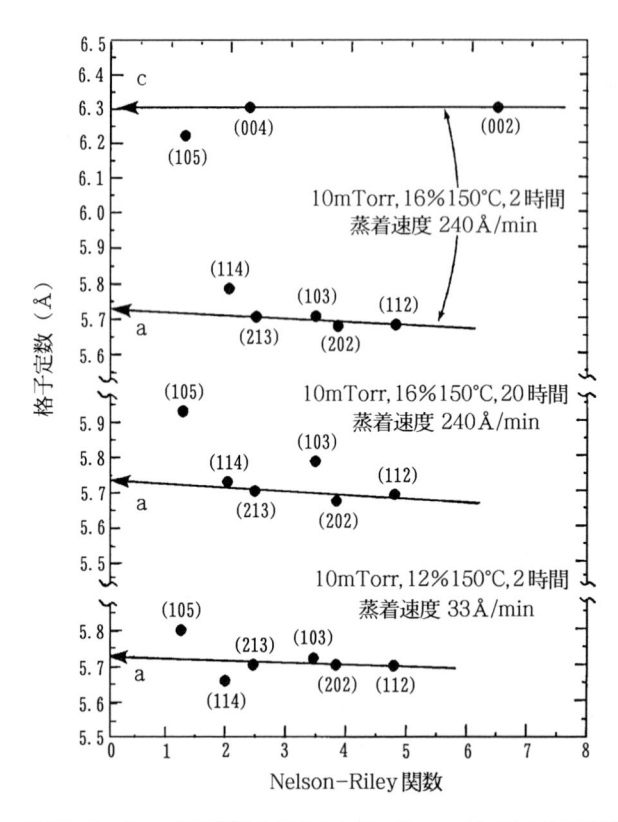

図53 $Fe_{16}N_2$ の各回折線より求めた $Fe_{16}N_2$ の a 軸 c 軸の格子定数 [70]

表11 $α''Fe_{16}N_2$ と MgO の結晶方位関係 [70]

MgO (100)	MgO (110)
$α''$ (001) // MgO (001)	$α''$ (211) // MgO (101)
$α''$ (110) // MgO (100)	$α''$ (011) // MgO (001)

により決定した$\alpha''\mathrm{Fe}_{16}\mathrm{N}_2$の格子定数a及びcの値は，それぞれ，a = 5.72 Å，c = 6.28 Åとなり，Jackにより報告されているバルクの格子定数の値と良く一致することがわかる．一方，MgO (110) 単結晶基板上に作製されたFe – N薄膜では，成膜直後において (211) 及び (112) 面が膜面に平行に配向する．熱処理によりα″相に固有の (211), (112) からの回折線が観測され，MgO (110) 単結晶基板上には，(211) が膜面に配向している$\alpha''\mathrm{Fe}_{16}\mathrm{N}_2$が合成されていることがわかる．以上の構造解析の結果より，MgO単結晶基板と合成された$\mathrm{Fe}_{16}\mathrm{N}_2$の配向関係を表11に示す．

4.3 メスバウアー測定

図54に，α″相の化学量論組成のN原子を有する$(\alpha''+\alpha')\mathrm{Fe}_{16}\mathrm{N}_2$薄膜のメスバウアースペクトルを熱処理時間の変化に対して示す．いずれのスペクトルも4つ

表12 薄膜のメスバウアーパラメータ[70]

Site	Hi (kOe)	I.S. (mm/s)	e.q.Q. (mm/s)	Hwid (kOe)	Area (%)
Fe (I)	289	0.01	－0.05	7.00	21.3
Fe (II)	316	0.17	0.04	7.00	31.3
Fe (III)	391	0.11	－0.05	7.00	11.2
α – Fe	335	0.02	－0.007	7.00	36.1
(蒸着のまま)					
Fe (I)	289	0.01	－0.05	4.00	17.8
Fe (II)	316	0.17	0.04	4.00	41.8
Fe (III)	391	0.11	－0.05	4.00	13.1
α – Fe	335	0.02	－0.007	4.00	27.3
(150℃で2時間焼鈍)					
Fe (I)	289	0.01	－0.05	3.00	20.6
Fe (II)	316	0.17	0.04	3.00	37.7
Fe (III)	391	0.11	－0.05	3.00	12.5
α – Fe	335	0.02	－0.007	3.00	29.2
(150℃で20時間焼鈍)					

Hi：超微細場，I.S.：アイソマーシフト，e.q.Q.：四極子分裂，Hwid：Hiの分布，Area：相対強度

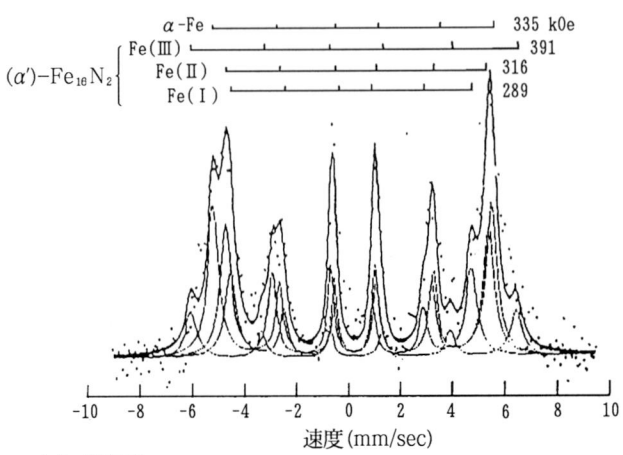

4. はたして $\alpha''\text{Fe}_{16}\text{N}_2$ は巨大飽和磁化磁性体か

(a) 蒸着後

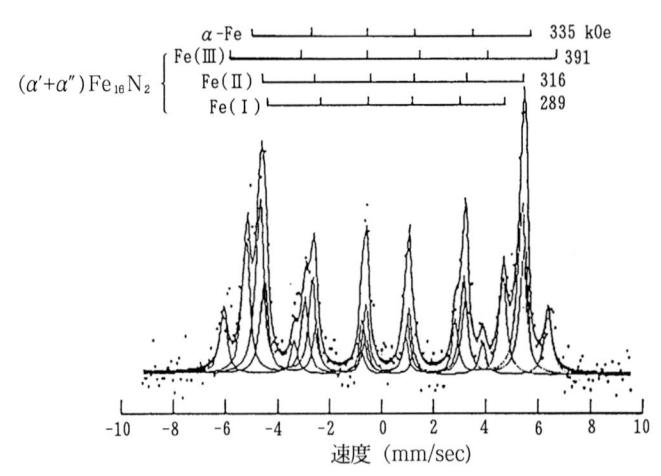

(b) 150℃×2h 加熱後

図54　MgO 基板上の Fe_{16}N_2 薄膜のメスバウアースペクトル[70]
薄膜蒸着条件：$P_{total} = 10\text{mTorr}$, $F_{N_2}/F_{total} = 16\%$, 蒸着速度 240Å/min

4. はたして α″Fe₁₆N₂ は巨大飽和磁化磁性体か

の内部磁場，αFe, Fe(I), Fe(II),
Fe(III)で解析することができる。
そのパラメーターを表12に示す。
いずれの熱処理時間においても，
スペクトル回折より Fe(III)サイト
に起因する 390kOe の内部磁場が
観測される。また，スペクトルの
半値幅は熱処理時間の増加に伴
い，狭まることがわかる。この結
果は，格子内でのN原子の規則化
の促進に対応し，R_I の変化とも
良く一致することがわかる。ま
た，この薄膜の平均内部磁場の値
は 325kOe であり，Fe の内部磁場
とほぼ一致する。したがって，
VSM で求めた $(α″+α′)$Fe₁₆N₂ の
$σ_S$ の値はメスバウアーの結果と
矛盾しないことがわかる。さら
に，メスバウアー測定の結果よ

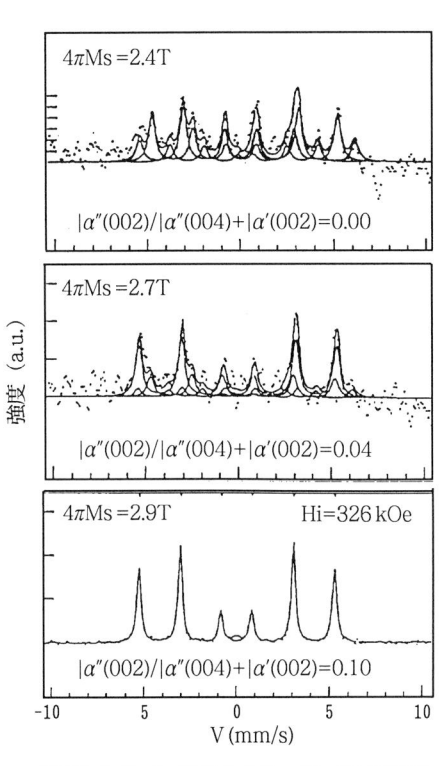

図55 InGaAs 基板上の Fe-11at%N 薄膜のメスバウアースペクトル[72]

り，$(α″+α′)$Fe₁₆N₂ および αFe の膜中での体積分率は 73% および 27% である。この値を用いることにより，Fe₁₆N₂ の飽和磁化の値，$σ_{Fe_{16}N_2}$ を次のように求めることができる。

$$\underset{(実験値)}{232} = σ_{Fe_{16}N_2} × 0.73 + σ_{αFe} × 0.27$$

ここで，$σ_{αFe}$ は αFe の飽和磁化であり，218emu/g となる。

その結果 Fe₁₆N₂ の飽和磁化の値は 237emu/g となる。飽和磁化と規則化の度合いの関係を考慮して，α″Fe₁₆N₂ 相の飽和磁化の値は 240emu/g を越えることはないと考えられる。

4. はたして$\alpha''Fe_{16}N_2$は巨大飽和磁化磁性体か

図55はMBE法によって得られた，$\alpha''Fe_{16}N_2$のメスバウアースペクトルである。この図では，4つの内部磁場，αFe, Fe(I), Fe(II)とFe(III)で解析することができない。巨大飽和磁化：2.9T(テスラ)を示す図も解析できないようである。

4.4 磁気モーメント

a) 飽和磁化の単位胞体積依存性

図56には，成膜直後のα'Fe-N薄膜の飽和磁化σ_Sのα'相の単位胞体積に対する変化を示す。図中には$\alpha''Fe_{16}N_2$k単位胞体積の1/8の値を矢印で示す。黒印は，熱処理後のα''相の化学量論組成のN原子を有する$(\alpha''+\alpha')Fe_{16}N_2$薄膜の$\sigma_S$の値に対応する。また，図中にはCuコーティング層を有する薄膜についても示す。Cuコーティング層を設けたことによるσ_Sの増加より，Cuコーティング層のない薄膜におけるσ_Sの減少はおもに，成膜後の真空装置の大気解放のさいの薄膜の表面酸化によると考えられる。

α'相で構成されている成膜直後の薄膜では，単位胞体積の増加にともないσ_Sはわずかに増加する。単位胞体積が25.5$Å^3$(α''相の化学量論組成の窒素含有量である11at%のα'相のbctの単位胞体積に対応)でσ_Sは純鉄より4%大きな228emu/g(Cuコーティング層あり)の極大

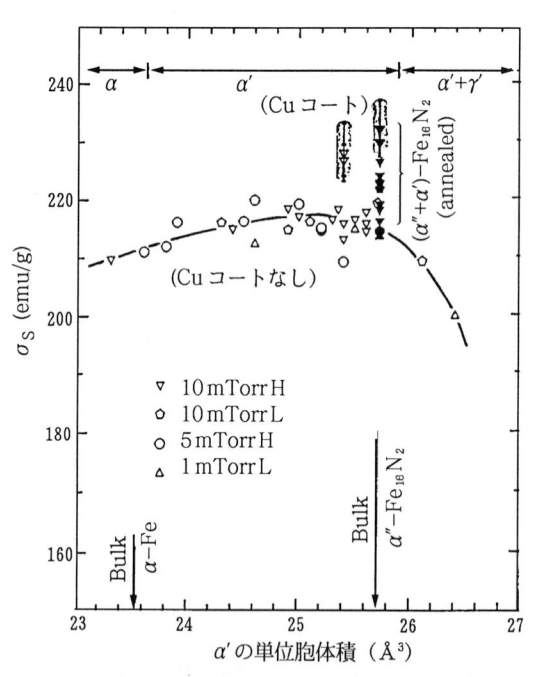

図56 単位胞体積に対する飽和磁化σ_Sの変化[70]
(蒸着速度 H：240Å/min, L：33Å/min)

を示す。Cu層によるコーティングを施した熱処理後の$(\alpha''+\alpha')\mathrm{Fe_{16}N_2}$薄膜では，$\sigma_\mathrm{S}$は成膜直後に比して2%大きい232emu/g程度を示す。

　熱処理による格子内でのN原子の規則化にともなう単位胞体積の変化は，本実験精度内では観測されず，熱処理によるσ_Sの変化は，単位胞体積の変化で説明することはできない。したがって，次にもう一つの物理的な要因である規則化の度合とσ_Sの相関関係を検討する。

b) 飽和磁化とN原子の規則化

　N－マルテンサイトのbct格子内でのN原子の規則化の度合を評価する上で次の二つの因子を考慮しなければならない。

(1) α''相に固有の回折線である(002)面からの回折線の強度。

(2) $\alpha''(002)$面からの回折線の積分強度に対する，$\alpha''(004)+\alpha'(002)$面からの回折線の積分強度の比率，$R_\mathrm{I}$

$$R_\mathrm{I} = (I^{\alpha''(004)} + I^{\alpha'(002)}) / I^{\alpha''(002)}$$

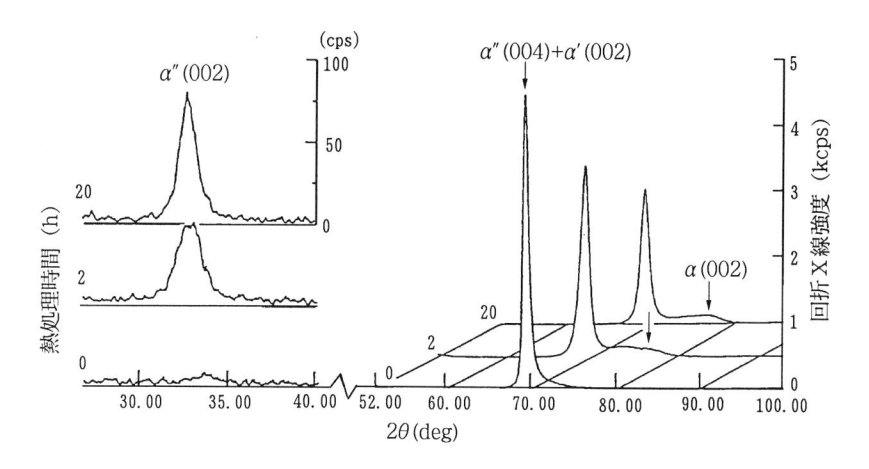

図57　MgO基板上$\mathrm{Fe_{16}N_2}$薄膜の加熱時間(150℃)によるX線回折パターンの変化[70]
　　　蒸着条件：$P_\mathrm{total}=10\,\mathrm{mTorr}$, $F_{\mathrm{N}_2}/F_\mathrm{total}=10\%$, 蒸着速度：33Å/min

規則化が進んだ理想的な構造のα'' Fe$_{16}$N$_2$では，このR_Iの値は8程度になる[77]。図57に，α''相の化学量論組成の窒素を有するFe$_{16}$N$_2$薄膜のX線回折パターンを熱処理時間の変化に対して示す。図より，α相の(200)面からの回折線は比較的弱く，また，γ' Fe$_4$Nからの回折線はまったく観測されない。2時間の熱処理後において，α''相に固有の回折線である(002)面からの回折線が観測される。さらに，熱処理時間を20時間へと増加させることでα''(002)からの回折線の積分強度は熱処理時間が2時間の薄膜の場合に比して20%程度増加する。

一方，N原子の格子内での規則化の度合を表すR_Iは熱処理時間の増加に伴い50から28へと8に近づいていることがわかる。

これらの結果より，熱処理によりN原子の規則化の促進，すなわちα''相の膜中の体積分率が増加することがわかった。

図58に，($\alpha''+\alpha'$)Fe$_{16}$N$_2$の飽和磁化σ_Sの値を規則化の度合いを示すR_Iに対して示す。全ガス圧10mTorr，窒素流量比16%，成膜速度240Å/minの条件下で作製された薄膜では，σ_Sは成膜直後の218 emu/gから20時間熱処理後のR_I = 36.4

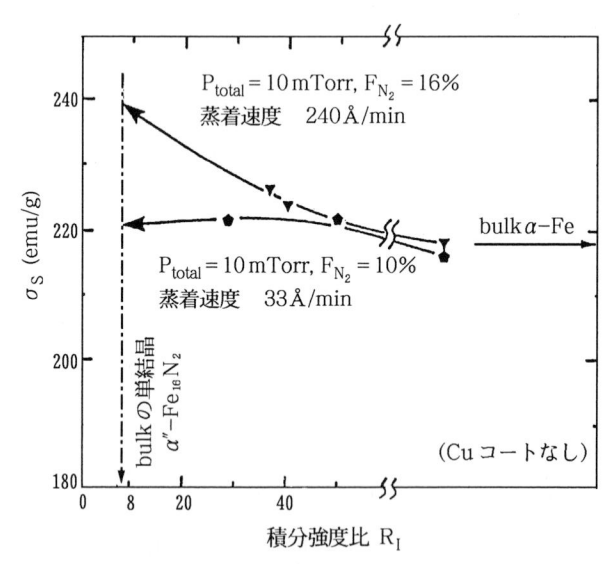

図58 MgO基板上Fe$_{16}$N$_2$薄膜の積分強度比R_Iとσ_Sの関係[70]

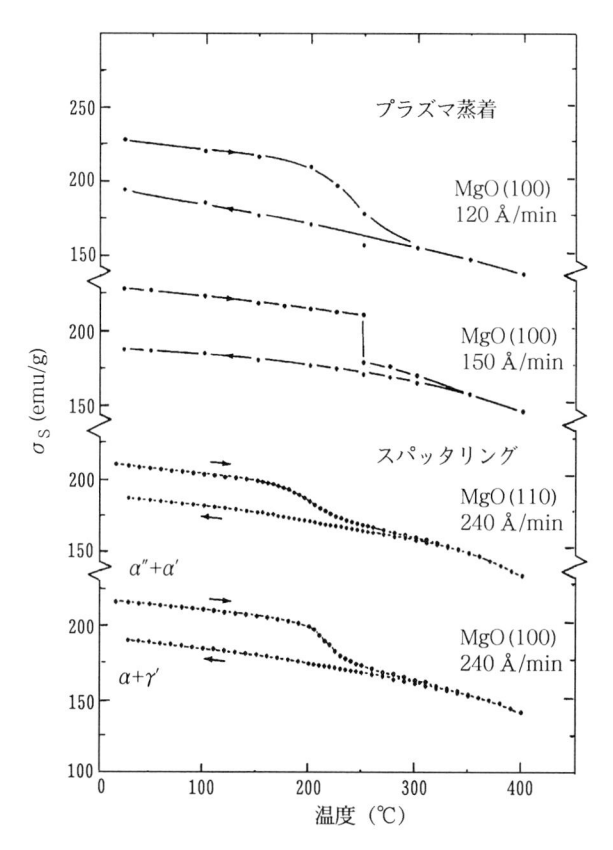

4. はたして $\alpha''\mathrm{Fe_{16}N_2}$ は巨大飽和磁化磁性体か

図59 MgO(100),(110)基板上 $\mathrm{Fe_{16}N_2}$ 薄膜の σ_S 温度依存性 [70]
試料製作条件：$P_{total} = 10\,\mathrm{mTorr}, F_{N_2}/F_{total} = 16\%$,
蒸着速度：150℃ 2時間焼鈍後 240Å/min

における 226emu/g へとわずかに増加する。一方，全ガス圧 10mTorr, 窒素流量比 10%，成膜速度 33Å/min の条件下で作製された薄膜では，σ_S は 2 時間熱処理後の $R_I = 49$ での 222emu/g から R_I が 8 に近付くにもかかわらず，ほぼ一定値を示す。

これらの結果より，N 原子の格子内での規則化の促進は，σ_S の増加には大きな影響を与えないことがわかった。さらに，外挿法による簡単な評価より，$R_I = 8$

における σ_S の値,すなわち $\alpha''\mathrm{Fe_{16}N_2}$ の飽和磁化の値は,222~240emu/g程度であり,報告されている2.9T(テスラ)よりかなり小さな値である。

次に,図59には,MgO(100)および(110)単結晶基板上に合成された α'' 相の化学量論組成の窒素原子を有する $(\alpha''+\alpha')\mathrm{Fe_{16}N_2}$ 薄膜の飽和磁化 σ_S の温度変化を示す。

昇温速度は60℃/hである。昇温時では,σ_S は徐々に減少し,200℃近傍で200から170emu/gへの不連続な変化を示す。さらに温度の変化により σ_S は単調に減少し,400℃では130 emu/gを示す。一方,降温時では,温度の減少に伴い σ_S は単調な変化を示し,昇温時の σ_S の温度に対する変化とはまったく異なることがわかる。この昇温時おける200℃での不連続な変化は,X線回折法による解析の結果より,$\alpha''+\alpha'$ 相から $\alpha+\gamma'$ 相への相変化に対応する。この α'' 相の分解温度はJackにより報告されている温度と良く一致している[74]。

これらの σ_S の温度に対する変化は,C.Gao[78]や杉田ら[79]によって報告されている σ_S の温度変化とは著しく異なっている。

図60は,杉田らによって報告された B_S の温度変化を示している。この図では400℃までスムースな変

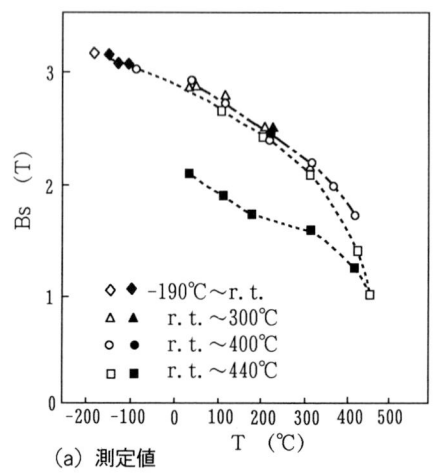

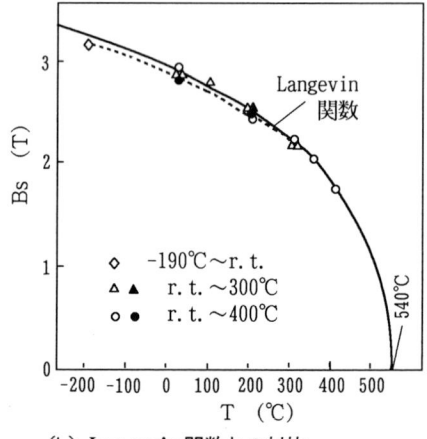

図60 InGaAs基板上の $\mathrm{Fe_{16}N_2}$ 薄膜の B_S 温度依存性[79]

化を示しており，α″相の(α+γ′)相への分解反応による不連続な変化が認められない。250℃以上ではα″は不安定になり分解することから，この図のスムースな変化が疑問視されている。

上記の結果から高橋研らは次のような結論を示した。
X線回折法およびメスバウアー分光法による構造解析の結果，MgO単結晶基板上に合成された$(α″+α′)Fe_{16}N_2$の構造はバルクの$α″Fe_{16}N_2$と全く同じである。$α″Fe_{16}N_2$の飽和磁化の値は240emu/g程度である。

以上に述べられたように，巨大飽和磁化磁性体として期待されてきた化学量論組成の$α″Fe_{16}N_2$そのものの飽和磁化の値については，多くの疑問がある。さらに研究を進め，明らかにすることが望まれる。

しかしながら，これまで報告されてきている窒化鉄薄膜の巨大飽和磁化の実験結果はいぜんとして残されている。工業的にもまた学問的にも大変興味ある問題であり，今後の研究がますます期待されているところである。

参考文献

1) K.H.Jack;Proc.Roy.Soc.:**208**(1951)216
2) T.Kim and M.Takahashi;Appl.Phys.Lett. :**20**(1972)492
3) 高橋 實 ;IEEE Trans.J.Mag.Jpn.:**6**(1991)1024
4) K.Mitsuoka;J.Phys.Soc.Jpn.:**53**(1984)2381
5) A.Kano et al.:J.Appl.Phys.:**53**(1982)8332
6) 田中 他 ; 第14回日本応用磁気学会学術講演概要集 :(1990)464
7) 小室又洋 他 ; 日本応用磁気学会誌 :**13**(1989)301
8) 中島健介 他 ; 〃 :**14**(1990)271
9) 松岡茂登 他 ; 第13回日本応用磁気学会学術講演概要集 :(1989)398
10) 竹林重人 他 ; 第15回 〃 :(1991)495
11) 佐久間昭人 ; 日本応用磁気学会第78回研究会資料 :(1993)47
12) 高橋 實 ; 固体物理 :**7**(1972)483
13) 坂本政紀 : 宮城工業高等専門学校研究紀要 :**19**(1983)63
14) 坂本政紀 : 〃 :**29**(1993)39
15) 高橋 實 ; 工業材料 :**39**(1991)61
16) 高橋 實 ;JRCM NEWS:(1991)3
17) J.Coey et al.:J.Mag.Mag.Mater.**87**(1990)L251
18) 金子秀夫 : 未踏科学技術 (1991)No11,5
19) M.Katter et al.:J.Mag.Mag.Mater.**92**(1990)L14
20) H.Nagata:Jpn.J.Appl.Phys.**30**(1991)L367
21) A.Fukuno,et al.;J.Appl.Phys.:**70**(1991)6021
22) 中村元 , 他 ; 日本応用時期学会誌 ,**69**(1992)163
23) H.Fujii,et al.;Dijests 6th Ferrites Conf. Kyoto,(1992)7
24) H.Uchida,et al.;J.Alloys and Cmpounds: **183**(1992)L5
25) T.Iriyama,et al.;IEEE Trans.Magn.**28**(1992) 2326
26) T.Kajitani et al.;M.M.M.,Houston,(1992)1 − 4
27) 入山恭彦 他 : 日本応用磁気学会第78研究会資料 (1993)9
28) 内田裕久 他 : 〃 (1993)15
29) 鈴木俊治 他 ; 日本金属学会ナイトロマグネット ; シンポジウム :(1990)36

30) 鈴木俊治 他:日本応用磁気学会第78研究会資料(1993)81
31) 入山恭彦 他:日本金属学会ナイトロマグネット;シンポジウム:(1990)32
32) V.Gavriljuk,et al.; Proc.1st High Nitrogen Steels,Lilly(1988)447
33) G.Stein et al.;Proc.2nd HNS,Aachen(1990) 399
34) M.Speidel;Proc.2nd HNS,Aachen(1990)128
35) P.Uggowitzer,M.Speidel,2nd HNS,Aachen (1990)156
36) M.O.Speidel;Proc.1st HNS,Lilly(1988)
37) M.O.Speidel;Proc.2nd HNS,Aachen (1990)128
38) R.Pedrazzoli,M.Speidel;Proc.2nd HNS Aachen(1990) 208
39) M.O.Speidel;Proc.2nd HNS,Aachen(1990)128
40) H.Sun,et al.;Proc.2nd HNS,Aachen(1990) 220
41) J.Menzel,G.Stein;Proc.3rd HNS,Kief (1993)572
42) J.Foct;Proc. 2nd HNS,Aachen(1990)1
43) R.Jargelius et al.;Proc.2nd HNS,Aachen (1990)314
44) H.Berns,J.Lueg;Proc.2nd on Tooling,Bochum (1989)127
45) X.Zheng et al.;Proc.2nd HNS,Aachen (1990)320
46) C.Gillessen et al.;Proc.2nd HNS,Aachen (1990)457
47) J.Lueg;Proc.3rd HNS,Kiev(1993)580
48) H.Berns,et al.;Proc.2nd HNS,Aachen(1990) 425
49) Z.Hiong,et al.;Proc.2nd HNS,Aachen(1990)188
50) G.Stein,J,Lueg;Proc.3rd HNS,Kiev(1993) 31
51) H.Berns,J.Lueg;Proc.1st HNS,Lilly(1988) Institute of Metals,p322
52) I.Rasheva,T.Rashev;Proc. 2nd HNS,Aachen (1990)381
53) C.Ernst,K.Rasche;Proc. 3rd Int.Conf.on Tooling,Interlaken(1992)481
54) M.Diener;Proc. 2nd HNS,Aachen(1990)405
55) G.Stein,J.Menzel;Proc.2nd HNS,Aachen (1990)451
56) A.Manatsakanov,et al.;Proc.2nd HNS,Aachen (1990)463
57) M.Sakamoto;Proc.2nd HNS,Aachen(1990)244
58) M.Sakamoto;宮城工業高等専門学校研究紀要, **27**(1991)61
59) M.Sakamoto;   〃   , **22**(1986)43
60) M.Sakamoto;Proc.3rd HNS,Kiev(1993)474
61) Migaku Takahashi et al.: IEEE Trans. on Magn.,**29**(1993)3040

62) K.Nakajima and S.Okamoto: Appl.Phys.:**73**(1990)92
63) C.Gao and W.Doyle: J.Appl.Phys.:**73**(1993)6579
64) M.Komuro et al.: J.Appl.Phys.:**67**(1990)5126
65) K.Nakajima et al.: preprint
66) J.M.D.Coey: J.Appl.Phys.:**76**(1994) 6632
67) R.M.Metzger and X.Bao: J.Appl.Phys.:**75**(1994)5870
68) Migaku Takahashi et al.: Proc. of IUMRS(1993)839
69) Migaku Takahashi et al.: J.Magn.Magn.Mater:**134**(1994)403
70) Migaku Takahashi et al.: J.Appl.Phys.:**76**(1994)6642
71) A.Sakuma: J. Magn.Magn.Mater:**102**(1991)127
72) Y.Sugita et al.:Proc. of Int. Symp.on Phys.of Magn.Matls.(1992)190
73) 高橋宏昌他:第17回日本応用磁気学会学術講演概要集:(1993)152
74) K.H.Jack ;Proc. of Roy. Soc.: **A208**(1951)216
75) K.H.Jack :Proc. of Roy. Soc.: **A208**(1951)200
76) J.B.Nelson and D.P.Thesis: Proc. Phys. Soc.(London):**57**(1945)126
77) K.Nakajima: Ph.D.Thesis:Nagaoka Inst. of Techn.:(1990)
78) C.Gao and M.Shamsuzzoha: IEEE Trans. on Magn.:**29**(1993)3046
79) Y.Sugita et al.: J.Appl.Phys.:**70**(1991)5977
80) A.Van Gent et al.: Metall. Trans.:**16A**(1985)1371
81) J.M.D.Coey et al.: J.Phys. CM**6**(1994)L23
82) K.Najima et al.: Appl.Phys.Lett.:**54**(1989)2536
83) X.Bao et al.: J.Appl.Phys.:**75**(1994)5870
84) X.Bao et al.: submitted to IEEE Trans.Magn.
85) M.Q.Huang et al.: J.Appl.Phys.:**75**(1994)6574
86) U.Dahmen et al.: Acta Metall.; **35**(1987)1037
87) Y.Kozono et al.: J.Magn.Soc.Jpn. ; **15**(1991)59
88) K.Nakajima et al.: J.Appl.Phys.; **65**(1989)4357
89) K.Nakajima et al.: Appl.Phys.Lett.; **56**(1990)92
90) Migaku Takahasi et al.: Proc.Int. Symp. on 3rd Transition Semi-Metal Thin Films (Sendai, Japan, Mar.1991), p21

第三部

Fe 窒化物の特性

坂本 政紀

はじめに

窒素は鋼に対して，これまでは実用上問題になる種々の現象を引き起こすことなどから有害な元素として除去されてきていた。最近，省資源化や環境問題などを配慮した各種の材料開発が進められ，窒素が持つ多くの優れた特性すなわち強度，耐食性，相の安定性，耐アレルギー性など著しく改善された鉄鋼材料が得られている。そして有効性の高い元素として窒素が認められてきている。

ここでは，基礎となる Fe-N 系合金において類似した侵入型元素である C 元素と基本的に異なる諸特性について，Fe 窒化物の特性を主題にして纏めた。

1. Fe-N 系窒化物

1.1 Fe 窒化物の構造と体積変化

鉄中の窒素は炭素と同様に侵入型に固溶している。そして，Fe-N と Fe-C の状態図は共に共析反応型である。そのため，Fe-N 系の合金は Fe-C 系の合金の諸特性と類似した傾向を持つものと考えられてきている。しかしながら，鉄中の窒素は炭素と異なりガス元素であるため，Fe-C 系に較べると Fe-N 系に関する研究は非常に少なく，その諸特性も不明な点が多い。Fe-N 系状態図をもとにして考察する。

1.1.1 Fe-N 合金の窒化物の結晶構造

Fe-N 系合金に現われる Fe 窒化物は $Fe_{16}N_2$, Fe_4N, Fe_2N の3種類である。

図1に $Fe_{16}N_2$ 及び Fe_4N の結晶構造を示す。Fe_3N は化合物ではなく固溶体(ε相)であり，稠密六方晶（hcp）である。ε相は N の組成範囲が広いため，代表組成として $\varepsilon\text{-}Fe_3N$ で表示される。図2に $\varepsilon\text{-}Fe_3N$ の結晶構造を示す。

$Fe_{16}N_2$：$Fe_{16}N_2$ 窒化物は準安定相であり，250℃以下でフェライトから析出する状態図には示されていない化合物であり，(100)面上 <100> 方向に板状に析出する。結

1. Fe-N系窒化物

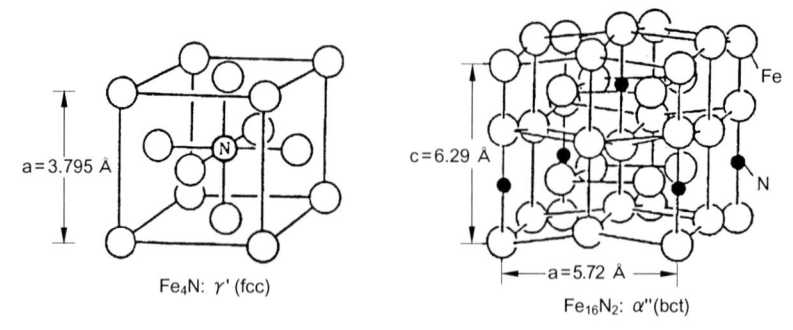

図1 Fe₄N と Fe₁₆N₂ の結晶構造

晶構造は体心正方晶(bct)でありα''相と表示され，格子定数はa=5.72, c=6.29 Åである。Fe-N系マルテンサイト相と同じ侵入位置の特定位置にN原子を持ち，c軸方向に伸びた結晶構造である。最近このFe₁₆N₂窒化物は磁性材料の分野で巨大飽和磁化磁性体として注目を集めている[1)-4)]。Fe₁₆N₂は実用材で最高値を示すCo合金のパーメンジュール (permendur)

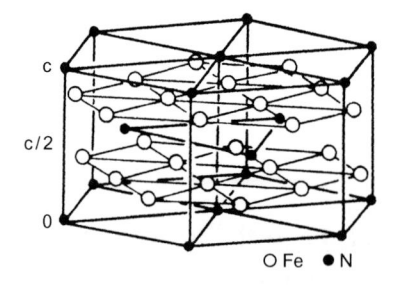

図2 ε-Fe₃N の結晶構造

よりも大きな飽和磁化値を持つ強磁性体として磁性材料の分野で有名な窒化物である。

Fe₄N：Fe₄N窒化物は安定相であり，状態図に示されている代表的な化合物である。結晶構造は体心位置にN原子を持つ面心立方晶(fcc)であり，格子定数はa=3.795 Åである。680℃以下で現われ，窒素を含むαFe合金の時効過程中に析出するFe₄Nの形状は細長いリボン状，または松葉状であり，(111)面，<111>方向に析出する。Fe₄Nは磁性材料の分野では強磁性体であり，フェライトのαFeとほぼ等しい飽和磁化値を示している。結晶構造はfccであるが同じfccのオーステナイトが示す常磁性体ではなく強磁性体である。

Fe₂N：Fe₂N窒化物は安定相であり，状態図に示されている高濃度窒素化合物である。結晶構造は斜方晶(rhombic)でありζ相と表示され，格子定数は a=2.764, b=4.829, c=4.425 Åである。Fe₂Nは常磁性体に属している。

1. Fe-N 系窒化物

表 1　Fe と Fe 窒化物の体積変化

Fe と窒化物	bcc Fe	fcc Fe*	hcp Fe*	$Fe_{16}N_2$	Fe_4N	Fe_3N	Fe_2N
結晶構造	bcc	fcc	hcp	bct(α'')	fcc(γ')	hcp(ε)	rhombic(ζ)
格子定数(Å)	a=2.867	a=3.510	a=2.481 c=4.053	a=5.72 c=6.29 (11 at%N)	a=3.795 (20 at%N)	a=2.660 c=4.344 (25 at%N)	a=2.764 b=4.829 c=4.425 (33 at%N)
単位胞体積(Å³)	23.56	43.24	64.81	205.8	54.66	79.86	59.06
関連 Fe 原子数	2	4	6	16	4	6	4
対純鉄の体積変化	±0	−8.3%	−8.3%	+9.2%	+16.0%	+16.0%	+25.2%
	…	収縮	収縮	膨張	膨張	膨張	膨張

*: bcc 純鉄の同一原子径による計算値

1.1.2 窒化物の体積変化

合金の析出過程における相分解過程では弾性的効果が重要であるといわれている[5)-7)]。ここで純鉄から各窒化物および γ や ε 相に相変態した時の体積変化を表1に示した[8)]。

純鉄から γ や ε 相に変態すると体積は約8.3%収縮するが,一方,各 Fe 窒化物に変態すると著しい体積膨張を起こすことが示されている。即ち,$Fe_{16}N_2$ は +9.2%,Fe_4N は +16.0%,Fe_2N は +24.1% と非常に大きな体積膨張を起こすことが明らかにされた。これは時効析出において大きな弾性歪の発生をもたらし,化合物の成長や分解の原因となり後述の繰り返し析出を引き起こしていると見なされている。一般的には,析出時には過飽和固溶体から化合物の析出により体積を減少させているが,しかしこれらの窒化物は体積を増加させている。それゆえ,窒素に基づく各種脆性はこれらの窒化物の結晶粒界や欠陥部への析出によって生じた大きな体積膨張による弾性歪の発生が主な原因であると見なされる。

1.1.3 Fe 窒化物の磁気的性質

磁性材料の分野でも侵入型元素である窒素は重要な役割を示しており,N を導入すると高性能を示す N 系磁石と呼ばれる磁石があり,この系の磁石材料は巨大飽和磁化磁性体 $Fe_{16}N_2$ と一緒にして Nitromagnet として知られている。$Fe_{16}N_2$ 窒化物は巨大磁化磁性体として,Co 合金の permendur 合金より大きな飽和磁化値を示す強磁性体化合物として有名である。Fe_4N はオーステナイト相と同じ fcc 構造を持っているが

純鉄と同程度の飽和磁化を持つ強磁性体化合物であり，磁気変態点は480℃である。

1.1.4 まとめ
1) 各 Fe 窒化物に変態すると著しい体積膨張を起こすことが示されている。即ち，$Fe_{16}N_2$ (bct) は +9.2 %，Fe_4N (fcc) は +16.0 %，Fe_2N (rhombic) は +25.2 % と非常に大きな体積膨張を起こすことが明らかにされた。
2) 窒素に基づく鋼の各種脆性はこれらの窒化物の結晶粒界等への析出によって生じた大きな体積膨張による弾性歪の発生に主原因があると見なされる。
3) N 濃度と格子定数との関係から示されるように Fe-N 系の Fe 窒化物は固溶体的な見方をすることも可能であろう。

1.2 Fe 窒化物と固溶体
1.2.1 $Fe_{16}N_2$ と α' 相

主な窒化物は不思議なことにいずれも結晶構造が各固溶体と同一である。このことはFe-C系と大きく異なっている。即ち，$Fe_{16}N_2$ は過飽和固溶体であるマルテンサイト相と同じ体心正方晶(bct)，Fe_4N はγ相と同じ面心立方晶(fcc) である。図 3 に Fe-N と Fe-C 合金のマルテンサイトと格子定数の関係を示す[9]。

$Fe_{16}N_2$ の格子定数は N 濃度を 11 at% まで延長した値 a=2.86，c=3.16 Å とよく一致している。ここでは $Fe_{16}N_2$ の格子定数は単位胞が異なるので，それぞれの

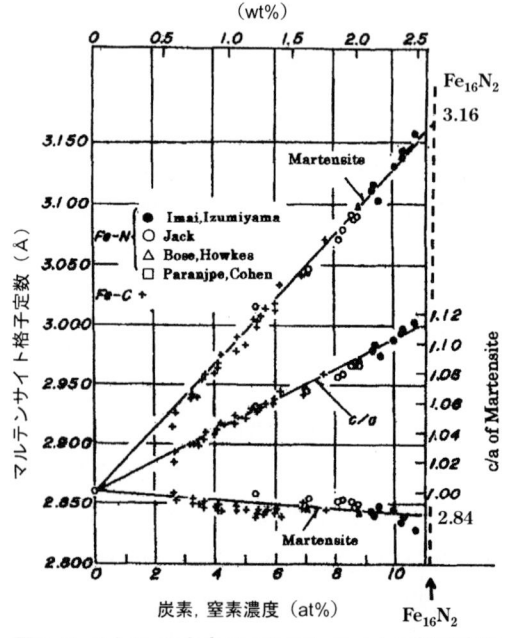

図3 Fe-CとFe-N合金のマルテンサイトの格子定数

1. Fe-N系窒化物

値は 1/2 にした値で比較している。図に明らかに示されているように $Fe_{16}N_2$ の格子定数は a 軸と c 軸ともに延長線上にあり，固溶体における金属間化合物的な見方も出来る。このように過飽和固溶体のマルテンサイトと $Fe_{16}N_2$ の結晶構造は同じで似た結晶であることからマルテンサイトの記号は $α'$ 相，$Fe_{16}N_2$ は $α''$ 相と示されている。従って，$Fe_{16}N_2$ は母相のフェライト($α$)には整合性を示し整合析出をしており，$Fe_{16}N_2$ の体積膨張の +9.2％増はマルテンサイトの体積膨張よりも大きな膨張を引き起こしている。

またこのマルテンサイトと $Fe_{16}N_2$ の格子定数の関係は第 6 章で述べている蒸着マルテンサイトが蒸着によって $Fe_{16}N_2$ の結晶を作製する際に重要な役割を果たしている。すなわち，マルテンサイトの a 軸の格子定数が $Fe_{16}N_2$ の a 軸の格子定数とほぼ同じであることを利用して a 軸の格子定数と同じ結晶を種結晶にして $Fe_{16}N_2$ の蒸着膜の作製を行っており，N 濃度を調整することによって $Fe_{16}N_2$ の濃度を持つ蒸着膜の作製を容易にしている。

1.2.2 Fe_4N と $γ$ 相

図 4 は Fe-C と Fe-N 合金のオーステナイト($γ$)の格子定数の濃度依存性を示している。図に示されるように格子定数は濃度に対して直線的に増加することが認められている。この直線の延長から求められる Fe_4N の濃度における格子定数は 3.75

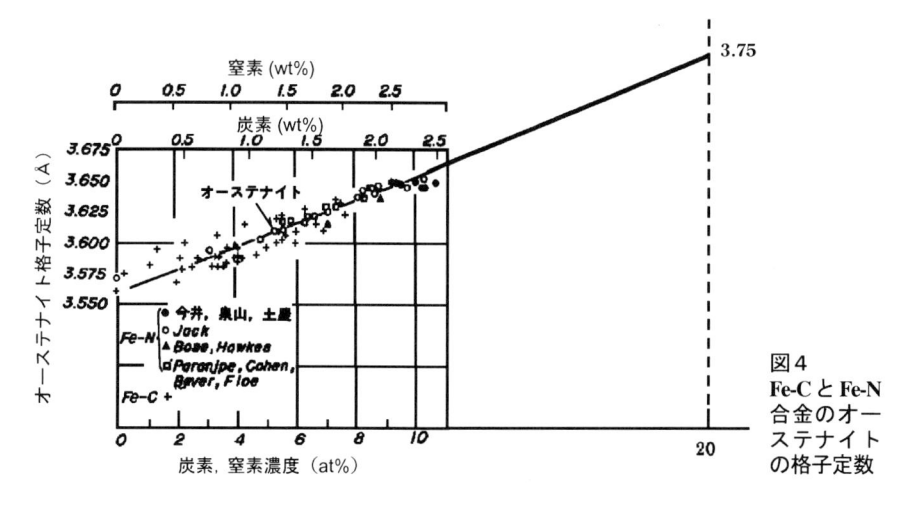

図4 Fe-C と Fe-N 合金のオーステナイトの格子定数

Åである。この値は Fe_4N の格子定数 3.795 Å に近い値である。

この図で 0 %N の外挿値は 3.564 Å である。一方,純鉄であるフェライトの格子定数 2.866 Å の Fe 原子半径 1.241 Å を用いて計算したオーステナイト(fcc)純鉄の格子定数は 3.511 Å となる。図から得られた外挿値はフェライトの Fe 原子を用いた計算値より約 0.05 Å ほど大きな値を示している。この値を延長直線から得た値に加えると Fe_4N の実測値とほぼ同じ値になっている。

これらのことから Fe_4N は N を含むオーステナイト固溶体の N 濃度を 20 at% に増加したものであるとも見られる。

Fe_4N はオーステナイトの γ 相と同じ fcc 構造を持つことから γ' 相と記号化されている。しかし,前記のようにオーステナイトは常磁性体であるが同じ結晶構造を持つ Fe_4N は強磁性体である。この磁気的性質の相違が化合物と固溶体の相違に影響を与えているのではないかと思われる。また体積変化ではフェライトがオーステナイトに変態すると bcc から fcc に構造が変化するため収縮するのが一般的である。前節で述べたように純鉄と Fe_4N の体積を比較すると Fe_4N は約 16 % の体積膨張を起こしている。Fe_4N がオーステナイト固溶体で高濃度の N を含んだものであるとすると,低濃度のオーステナイトに対しては収縮で高濃度の場合には膨張することになる。この体積変化が収縮から膨張に変化する境界は 5〜6 at%N となる。

1.2.3 Fe_2N と ε 相

結晶構造は固溶体の ε 相が稠密六方晶(hcp)であり,化合物の Fe_2N は斜方晶(rhombic)である。Fe_2N は濃度範囲が狭く殆ど規則格子的であり,773 K を越えると ε 固溶体に戻ってしまう。ε 相は組成範囲が広く格子定数も a=2.65〜2.78, c=4.35〜4.42 Å である。さらに ε 相は固溶体であるが Fe_3N や Fe_2N に規則格子性が強く現われ,ε-Fe_3N や ε-Fe_2N の表示がなされている。

また,ε-Fe_2N_{1-x} 相として非化学量論的な扱

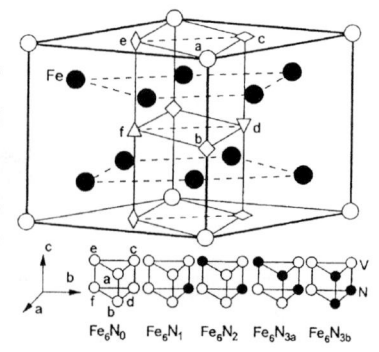

図5 Fe_2N の結晶格子

1. Fe-N系窒化物

いがなされている。図5に示すように[10]，幅広いNのモル分率（0.16～0.33）にわたってε相が存在している。ε-Fe_2Nはhcp構造で強磁性体，Fe_2Nはrhombic構造で常磁性体である。

1.3 Fe_4N相の恒温組織変化

　Fe合金を923Kのアンモニアガス中で窒化すると表面近傍に窒化物相が生成される。この窒化物相はFe_4Nからなっている。純鉄を窒化後に623Kのソルトバス中に焼入れ恒温保持した時の組織を写真1に示す[8]。10秒後に水冷したSEM写真では変化が見られず，Fe_4N相だけであり，結晶粒界が見られている。62秒になると大きく変化しており，結晶粒内全般に幅が数μmの直線状の帯が数多く認められている。また結晶粒界には広げられた部分が観察されている。さらに165秒になると結晶粒が大きくなり帯状の組織は一方向に長く粒界から他の粒界まで達している。粒界部に大きな幅広い組織が部分的に発生している。Fe_4Nはfcc構造を示すこ

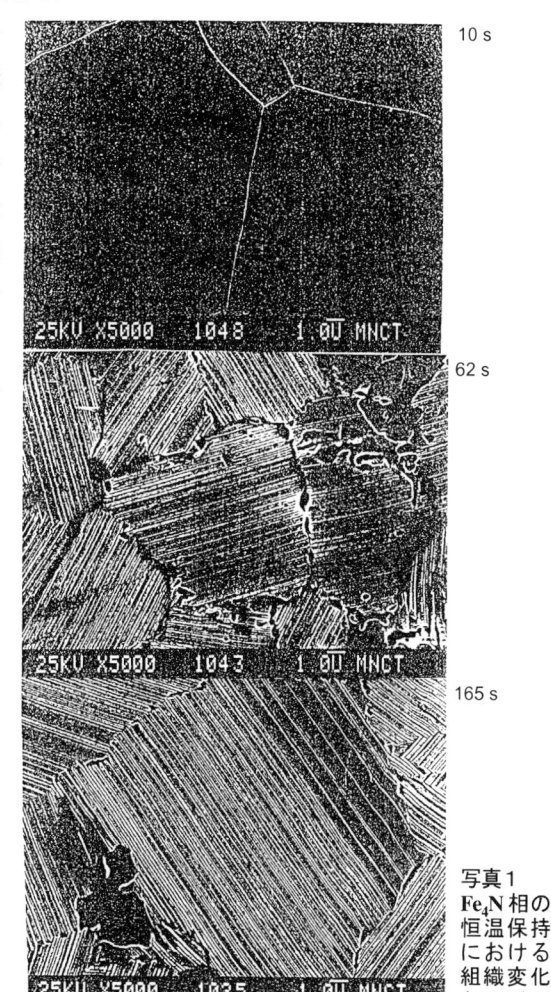

写真1
Fe_4N相の恒温保持における組織変化
（623K）

1. Fe-N系窒化物

写真 2
Fe-0.9%Co 合金の 623 K で 5000 秒
恒温保持後の組織（×2500）

とからこれらの帯状の組織は双晶であると思われる。Fe_4N は化合物相なので他の相の析出が起こることは考えられない。何故，恒温保持中にこのような組織変化を起こすのかは不明である。

　写真 2 は Fe-0.9Co 合金における窒化物相の 623 K で 5000 秒恒温保持した SEM 組織である[8]。写真 1 の組織と比較すると結晶粒内に生成した双晶の帯状の幅がかなり広がっている。そして粒界部にはボイドと思われる欠陥部が結節状に連なっている。この窒化物相内で生成する双晶状の組織など不明のままである。

　ここでボイドの発生などについて考察する。

　窒化はアンモニアガス中で行われており，試料表面からは N 原子と共に H 原子も拡散し多量に侵入してくる。N 原子は Fe 原子と結合して Fe_4N 相を形成するが，H 原子は原子半径が小さく，Fe 原子との結合力は弱いため Fe_4N 化合物内に固溶される。そして固溶限の大きい窒化温度から固溶したまま焼入れられて，固溶限の小さい 623 K に保持される。固溶した H 原子の多くは拡散して表面から出て行くが，内部では恒温保持間に結晶粒界に集まり結合して H_2 ガスに変化し，粒界ボイドを形成し大きな体積膨張を発生させる。この体積膨張の発生により Fe_4N 内に大きな変形が起こり，双晶が生じることが推察される。この現象の発生機構は明らかではないが，H 原子の存在が大きな役割を持っていると思われる。

2. Fe-N 合金の 2 段析出

2.1 α相からの 2 段析出

　αFe 中に固溶した N 量は内部摩擦の N の Snoek peak 値（Q^{-1}_{max}）に比例することから，αFe における N の時効析出過程は N の Snoek peak 値を測定することにより調べられている[16)-19)]。

　図 6 に 0.042 wt%N を含む αFe の各温度における時効析出曲線を示す[19)]。823 K から水冷後 448 K から 623 K までの温度範囲においてシリコンオイルバス中で時効し内部摩擦を測定した。Snoek peak 値の減少は固溶 N 量の減少すなわち窒化物の析出に相当している。573 K と 623 K の時効曲線は Fe_4N のみ析出による 1 段変化を示している。しかし 473 K と 523 K では明らかな 2 段変化を示しており，1 段目の減少は準安定相である $Fe_{16}N_2$ の析出によるものであり 2 段目の減少は安定相である Fe_4N の析出に相当している。このような時効析出曲線における 2 段変化を「2

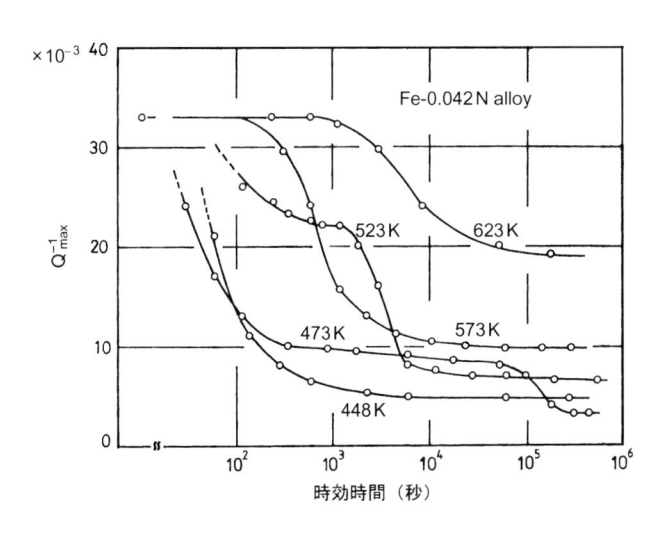

図6
Fe-0.042%N 合金の 448～623 K における時効析出曲線

2. Fe-N 合金の 2 段析出

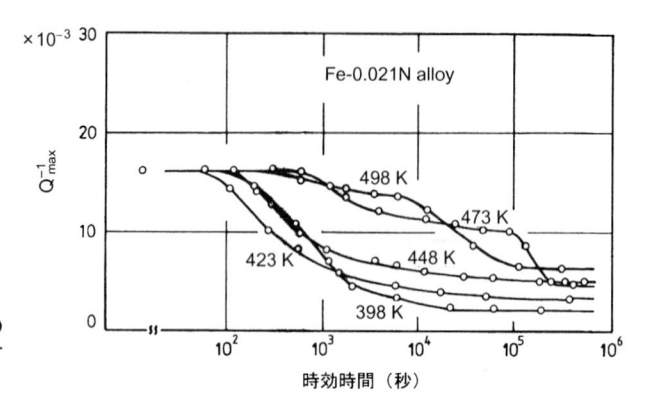

図 7
Fe-0.021%N 合金の398～498 K における時効析出曲線

段析出」と呼んでいる。448 K では $Fe_{16}N_2$ の析出のみによる 1 段変化である。従って，Fe_4N の析出は 448 K 以下の時効では起こっていない。

図 7 は 0.021 wt%N を含む αFe の時効析出曲線である[19]。N 量が少ないので図 6 に比較して析出の進行は遅くなっている。473 K と 498 K では $Fe_{16}N_2$ と Fe_4N の析出による 2 段変化が認められるが，498 K では $Fe_{16}N_2$ の溶解度が N 量に近いため 1 段目の僅かな減少を示している。398 K から 448 K の時効では $Fe_{16}N_2$ のみによる 1 段変化である。

従って，Fe-N 合金で起こる $Fe_{16}N_2$ と Fe_4N との析出による 2 段析出は 473 K から 523 K までの時効で現われるが，448 K 以下の時効では起こらない。

2.1.1 2 段析出の組織観察

次にこの 2 段析出ではその析出過程において 1 段目の $Fe_{16}N_2$ から 2 段目の Fe_4N への変化は $Fe_{16}N_2$ が分解して消滅し，その後まったく別の場所から Fe_4N が析出する。$Fe_{16}N_2$ の一部分から Fe_4N が発生し，全体が Fe_4N に変化してゆく現象は認められない。

この 2 段析出の析出過程を示した組織変化を次の写真 (SEM) 3-5 に示す[14],[15]。

写真 3 は Fe-N (0.04 wt%N) 合金を 473 K で 3×10^4 秒時効した時の組織を示している[14]。図 6 の 473K の時効曲線で示される 1 段目の析出が終了した時効時間に相

2. Fe-N 合金の 2 段析出

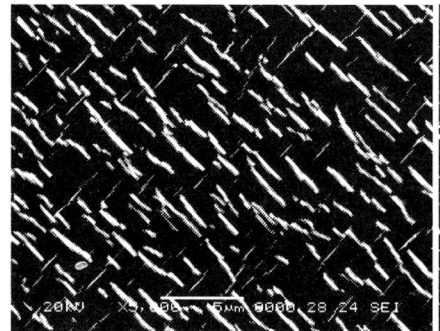

写真 3 Fe-N 合金の 473 K, 3×10^4 秒において析出した $Fe_{16}N_2$ の組織

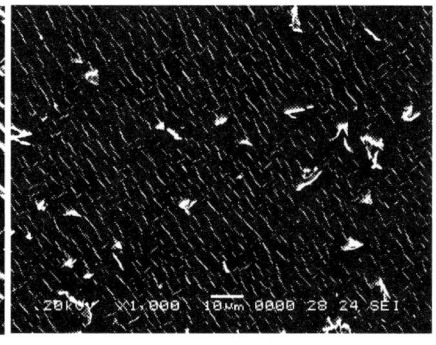

写真 4 Fe-N 合金の 473 K, 3×10^5 秒において析出した $Fe_{16}N_2+Fe_4N$ の組織

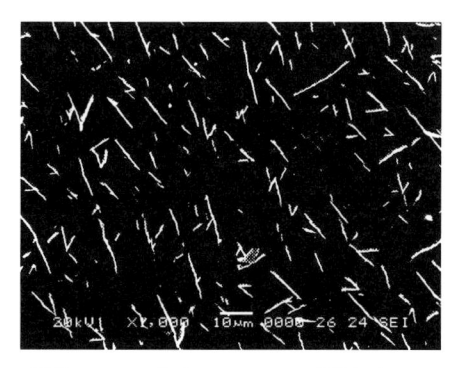

写真 5 Fe-N 合金の 473 K, 10^6 秒において析出した Fe_4N の組織

当している。全体に細かな $Fe_{16}N_2$ 析出物が (100) 面に析出しており,平均長さは 1.5 μm である。$Fe_{16}N_2$ は bct 構造であり,整合析出している。

写真 4 は 3×10^5 秒時効した時の組織を示している[14]。図 6 の 473 K の時効曲線では 2 段目の減少が起こり始めて, $Fe_{16}N_2$ が分解して消滅し Fe_4N の析出が起こり始めている過程である。Fe_4N は fcc 構造であり (111) 面上に析出しており,周りには $Fe_{16}N_2$ の析出物は認められず,消滅していることが明らかに示されている。

写真 5 は 473 K で 10^6 秒時効した時の組織であり,ここでは図 6 の 473 K の時効曲線では 2 段目の Fe_4N の析出が終了している。$Fe_{16}N_2$ の析出物は全く認められず,大きく成長した Fe_4N だけが見られる。(111) 面上に析出した Fe_4N の平均長さは 4.5 μm であり,特徴的な松葉状を示している。

上記のごとく,Fe-N 合金の時効析出で現われる 2 段析出は低い温度で起こり始めに準安定相の $Fe_{16}N_2$ が析出しその後安定相の Fe_4N が析出する現象である。

2.2 Fe 二元合金からの 2 段析出

一般に，αFe 二元合金中に固溶した N の内部摩擦は Fe-N 合金の N の Snoek peak は複雑な形状を示すが，Fe-Co，Fe-Ni，Fe-W の各合金では Fe と同じシングルピークである [20),21)]。このことから，これらの合金における N の時効析出過程は N の Snoek peak 値を測定することにより調べられている [19)]。

図8に Fe-4.9%Co-0.030%N 合金の各温度における時効析出曲線を示す [19)]。823 K から水冷後 373 K から 573 K までの温度範囲においてシリコンオイルバス中で時効し内部摩擦を測定した。Snoek peak 値 (Q^{-1}_{max}) の減少は固溶 N 量の減少すなわち窒化物の析出に相当している。473 K から 573 K の時効曲線は Fe_4N だけの析出による 1 段変化を示している。図6と比べると Fe_4N だけの 1 段変化が 473 K までと著しく低温である。Co 添加の影響が大きく現われている。明らかな 2 段変化も著しく低い 423 K と 448 K で示されている。1段目は $Fe_{16}N_2$ の析出であり，2段目は Fe_4N に相当した「2段析出」を起こしている。Fe_4N の析出限界が 423 K まで低下している。$Fe_{16}N_2$ の析出のみによる 1 段変化は 373 K と 398 K であり，Fe_4N の析出は 398 K 以下の時効では起こっていない。4.9 %Co 合金は $Fe_{16}N_2$ の析出速度を著しく遅らせている。

図9は Fe-4.7%Ni-0.035%N 合金の時効析出曲線である [19)]。図6に比べると Fe_4N の

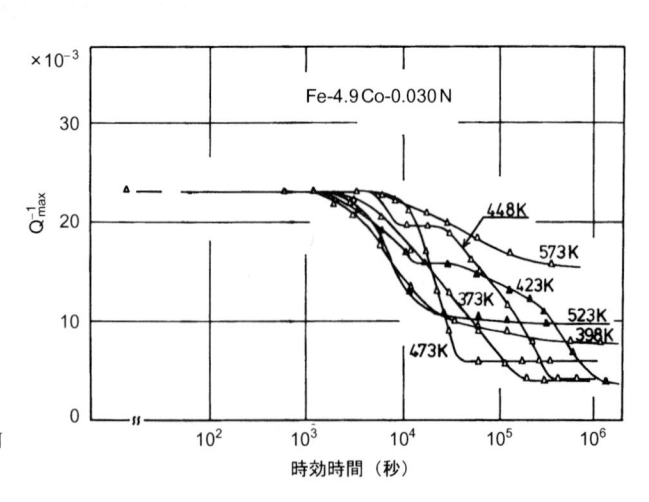

図8
Fe-4.9%Co-0.030 %N 合金の時効析出曲線

析出の進行は著しく速くなっているが $Fe_{16}N_2$ の析出の変化は殆んど見られない。4.7%Ni 合金は 4.9 %Co 合金とは異なった効果を示している。Ni 元素は Fe_4N の析出を速めまた Co 元素は $Fe_{16}N_2$ の析出を遅らせる効果を示すことが明らかになった。498 K では時効曲線は 1 段変化であり，Fe_4N だけの析出である。423 K から 473 K の時効曲線では $Fe_{16}N_2$ と Fe_4N の析出による 2 段変化が認められる。そして Fe_4N の析出は非常に短時間で起こっており，また析出温度も非常に低く 423 K まで Fe_4N の析出が起こっている。373 K と 398 K の時効では $Fe_{16}N_2$ だけによる 1 段変化である。

図 10 は Fe-0.8%W-0.042%N 合金の時効析出曲線である。この曲線は図 6 の

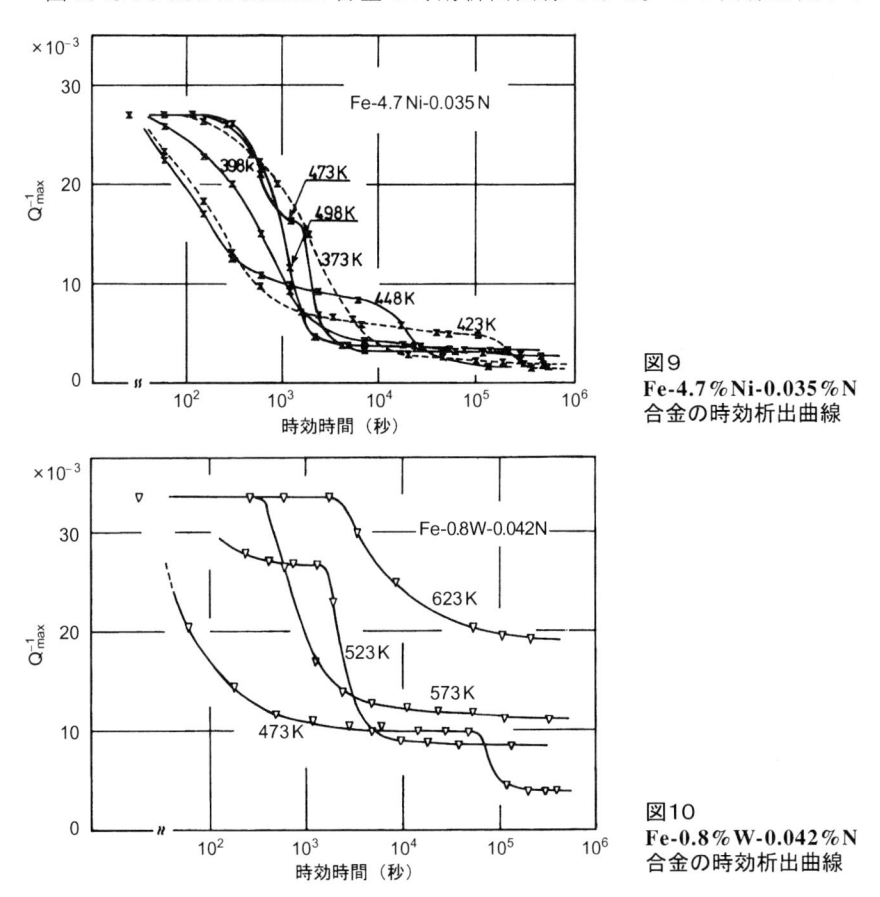

図9
Fe-4.7%Ni-0.035%N
合金の時効析出曲線

図10
Fe-0.8%W-0.042%N
合金の時効析出曲線

Fe-0.042%N 合金と殆んど同一である[19]。573 K と 623 K の曲線は 1 段変化を示しており，Fe$_4$N だけの析出である。523 K と 473 K では時効曲線は明瞭な 2 段変化を示しており，Fe$_{16}$N$_2$ の析出が 1 段目であり，Fe$_4$N の析出が 2 段目に起こっている。

0.8 %W と 1.26 %W 合金の Fe$_4$N と Fe$_{16}$N$_2$ の析出に対する合金元素の効果は殆んど認められていない。

2.2.1 Fe-W 合金の 2 段析出の組織観察

次に，Fe-1.26%W-0.04%N 合金の 473 K 時効における 2 段変化中の組織写真を写真 (SEM) 6〜8 に示す[15]。これらの写真は窒化後直接に 473 K のシリコンオイルバス中に焼入れ，恒温保持されたものであり，水焼入れ後シリコンオイルバス中で時効処理されたものではない。

写真 6 は Fe-1.26%W-N (0.04 %N) 合金を 473 K で 3×10^4 秒時効した時の組織を示している。図 10 の 473 K の時効曲線で示される 1 段目の析出が終了した時効時間に相当している。全体に細かな Fe$_{16}$N$_2$ 析出物が (100) 面に析出しており，平均長さは 1.8 μm である。Fe$_{16}$N$_2$ は bct 構造であり，整合析出している。

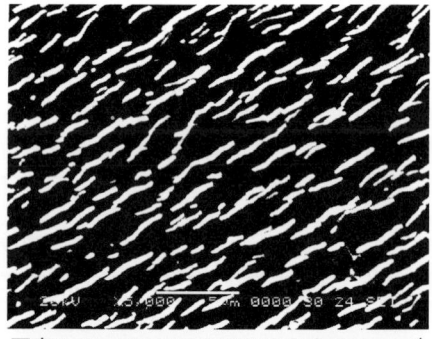

写真 6 Fe-1.26%W-0.04%N 合金の 3×10^4 秒時効 (473 K) 後の Fe$_{16}$N$_2$ の組織

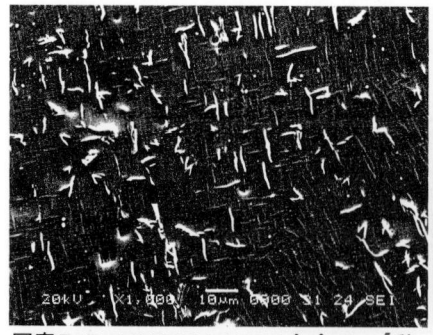

写真 7 Fe-1.26%W-0.04%N 合金の 10^5 秒時効後の Fe$_{16}$N$_2$ と Fe$_4$N の組織

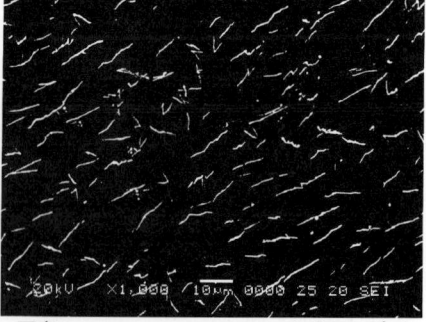

写真 8 Fe-1.26%W-0.04%N 合金の 10^6 秒時効後の Fe$_4$N の組織

2. Fe-N 合金の 2 段析出

写真 7 は 10^5 秒時効した時の組織を示している。図 10 の 473 K の時効曲線では 2 段目の減少が起こり始めて，$Fe_{16}N_2$ が分解して消滅し Fe_4N の析出が起こり始めている過程である。Fe_4N は fcc 構造であり (111) 面上に析出しており，周りには $Fe_{16}N_2$ の析出物は認められず，消滅していることが明らかに示されている。

写真 8 は 473 K で 10^6 秒時効した時の組織であり，ここでは図 10 の 473 K の時効曲線では 2 段目の Fe_4N の析出が終了している。$Fe_{16}N_2$ の析出物は全く認められず，大きく成長した Fe_4N だけが見られる。析出した Fe_4N の平均長さは 5 μm であり，特徴的な松葉状を示している。

上記のごとく，Fe-W-N 合金の時効析出で現われる 2 段析出は低い温度で起こり，始めに準安定相の $Fe_{16}N_2$ が析出しその後安定相の Fe_4N が析出する現象である[15]。

2.3 恒温変態における 2 段析出

5 章で Fe-N 合金の恒温変態において述べるが，低温部の 473 K〜523 K の各温度において前述のような 2 段変化が硬度変化曲線に示された[22),23)]。

図 11 に Fe-N 合金 (〜2.1 wt%N) の低温領域における恒温変態の硬度変化を示した[22)]。図に示されるように 473 K の恒温変態では硬度は明瞭な 2 段変化を起こしている。アンモニアガス中で窒化後に 473 K のシリコンオイルバス中に焼入れて各時間保持後に水焼入れされている。初期の高い硬度は恒温保持時中は未変態のオーステナイ

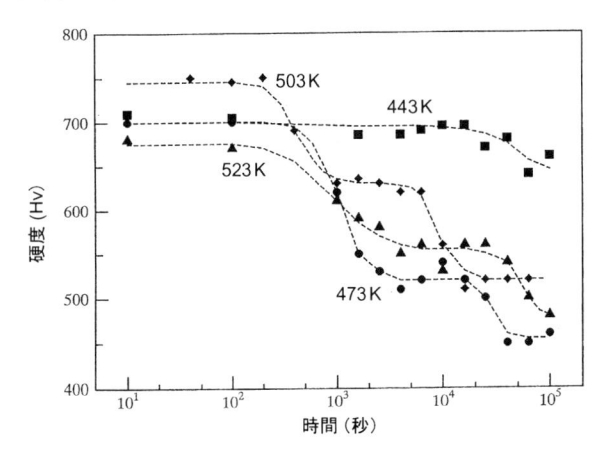

図11
Fe-2.1%Ni 合金の恒温変態における硬度変化

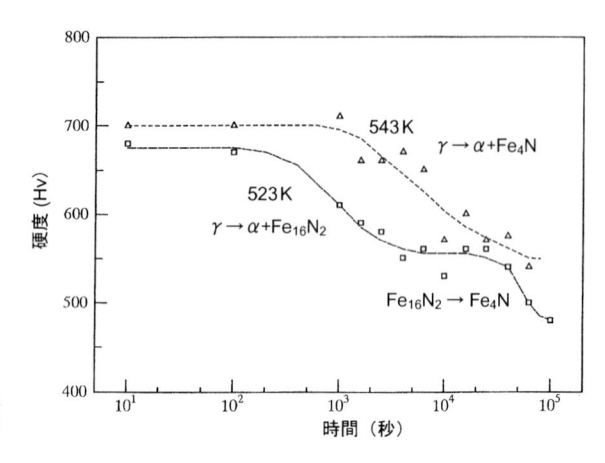

図12
Fe-2.1%Ni 合金の恒温変態における硬度変化

トが水焼入れ時にマルテンサイト変態を起こして，硬いマルテンサイト相になっているためである。その後恒温保持時間が長くなるにしたがって硬度が2段階に減少している。硬度の減少は恒温変態が進行していることを示しており，オーステナイトが他の相への変態を起こしている。しかし硬度の2段変化は相変化が2段階に変化をしていることを示しており，前述の2段析出に良く似た現象が起きていると推察される。

またこの硬度の2段変化の現象は2段析出と同じような温度範囲で起きている。このことから恒温変態においても同様に $Fe_{16}N_2$ と Fe_4N への相変化が起こっていると思われる。

図12に543Kと523Kの恒温変態における硬度変化曲線を示した[22]。543Kの硬度変化は1段変化だけであり，変態生成物は Fe_4N とフェライト相であった。従って，この相変態はオーステナイトから $(\alpha+Fe_4N)$ への反応であった。それゆえ523Kで示される硬度変化曲線の2段変化の2段目の反応は Fe_4N の析出であると見なされる。このことから1段目の変化は $Fe_{16}N_2$ の析出であると推察される。従って1段目の相変態はオーステナイトから $(\alpha+Fe_{16}N_2)$ への反応であると見なせる。すなわち，

1段目：$\gamma \rightarrow \alpha + Fe_{16}N_2$

2段目：$Fe_{16}N_2 \rightarrow Fe_4N$

の2段階の相反応が起こっていると推察され，Fe-N合金の恒温変態においても2段階の相反応が起こっていることが明らかに示された。

3. Fe-N 合金の繰返し析出

最近，Fe-N 合金の時効析出に関する研究において過飽和フェライトから析出した窒化物が時効中に繰返し析出を起こすことが報告されている[8),13)-15)]。625 K で時効中に析出した Fe_4N 窒化物の平均長さが画像解析によって測定され，Fe_4N 析出物の成長と分解が窒化した鉄合金の焼入れ時効したフェライト母相中で繰り返されることが示された。623 K で 1000 ks まで時効した Fe-N 系合金のフェライト母相中では Fe_4N 析出物の成長と分解が3～4回繰り返されることが報告された。そして，この現象は析出物の著しく大きな体積膨張に基づくものと推察されている。また 523 K 以下の低温時効では準安定相の $Fe_{16}N_2$ を析出する。さらに長時間時効すると2段析出現象を引き起こす。即ち時効初期に準安定相の $Fe_{16}N_2$ を析出し，その後分解して消失し新たに安定相の Fe_4N を析出する現象である。$Fe_{16}N_2$ 析出物は Fe_4N と同様に繰返し析出を引き起こすことが報告されている[14),15)]。

3.1 Fe_4N の繰返し析出

図 13 は 623 K で時効した Fe-N 合金（～0.04 wt%N）のフェライト母相内に析出し

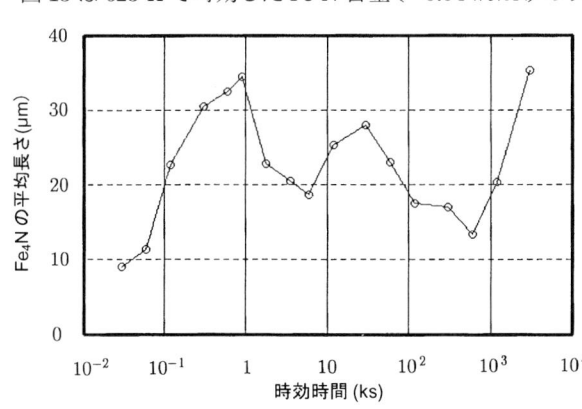

図13 Fe_4N の平均長さの時効時間変化（Fe-0.04%N, 623 K）

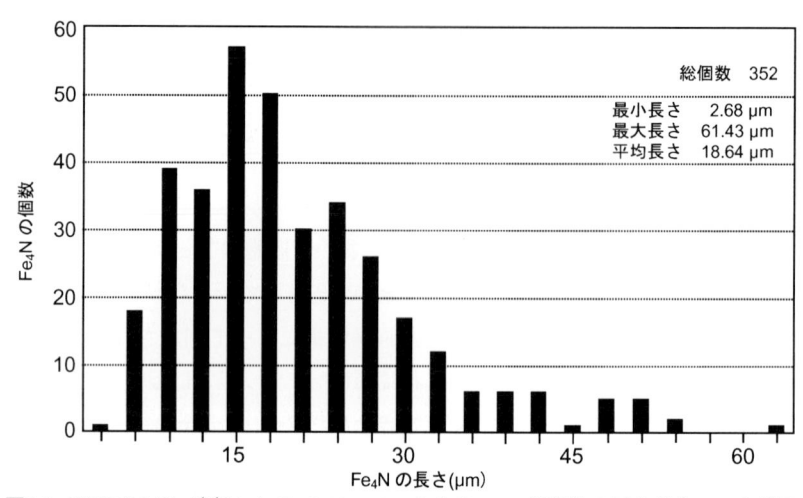

図14 623Kで6.0ks時効したFe-0.04wt%N合金のFe₄N析出物の長さ分布ヒストグラム

たFe₄N析出物の平均長さの時効時間による変化を示したものである[13]。923Kで窒化後623Kのソルトバス中に焼入れ30秒から2400ksまでの各時間時効され、その後水冷されている。

30秒からFe₄Nの析出が始まり時効時間と共に成長し、0.9ksまで平均長さは30μm以上に達している。しかしその後分解して平均長さは減少し、3.6ksでは20μm以下になっている。さらに時効が進むと再び成長し30ksでは30μm付近まで成長し、その後再び分解して平均長さは600ksまで減少している。また600ksを越えると成長して2400ksでは30μm以上にまで達している。この過程ではFe₄Nの成長と分解が3回繰返されている。

図14は623Kで6.0ks時効した時のFe₄N析出物長さのヒストグラムである．画像解析により求めた各Fe₄Nの長さの分布を示しており，平均長さ18.6μmが示された．

写真9はこの合金の623K時効による組織を各時効時間ごとに示している。

窒化後焼入れたAs quenchではフェライト母相には析出物は全く見られないが0.03ksではFe₄Nの析出が僅かに認められるようになる。そして0.9ksまで成長を続けて平均長さは30μm以上になり，その後3.6ksまで減少する。そして再び30ksまで成長して行き，さらに600ksでは減少して再び2400ksでは30μm以上に

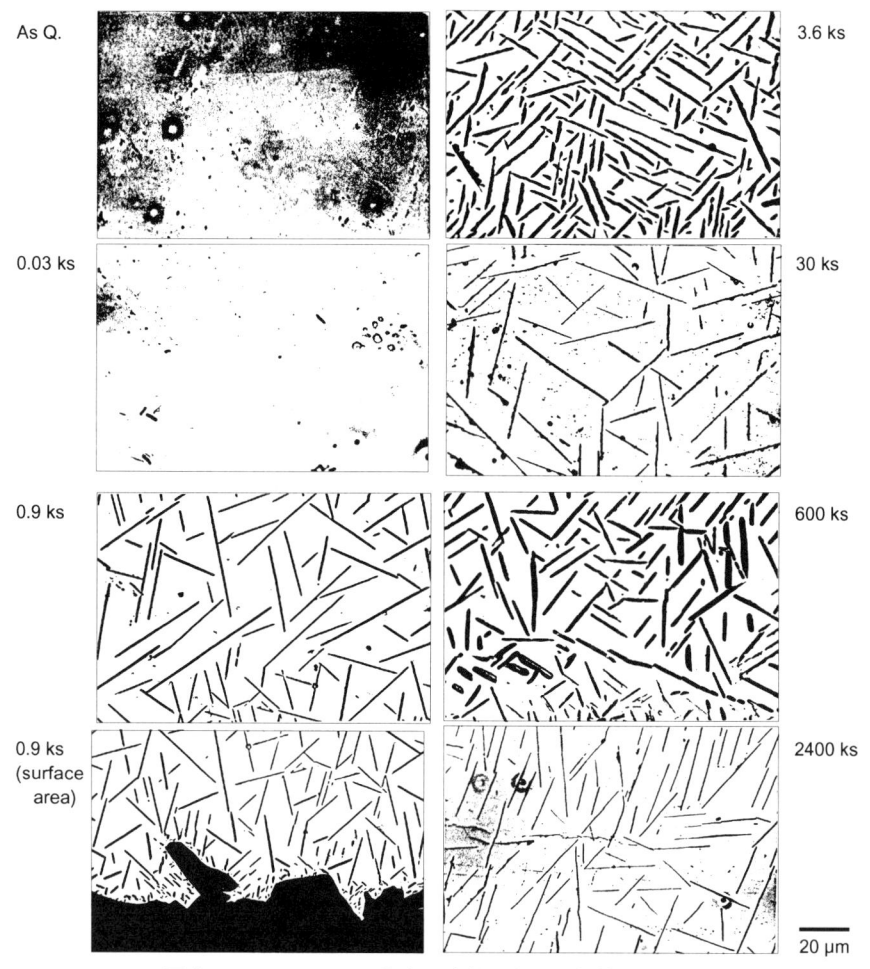

3. Fe-N 合金の繰返し析出　　　　　　　　　　　　　　181

写真9　623 K で Fe-N 合金の時効における組織 (0.04 %N)

成長している。フェライト母相に析出する Fe_4N は板状であり，(111) 面 <111> 方向に析出し松葉状の特色を示している。Fe_4N 析出物は時効時間と共に成長し続けてはおらず，組織変化からも明瞭な繰返し析出が認められている。

図 13 と写真 9 とから Fe-N 合金の 623 K における時効析出では Fe_4N の成長と分解が繰返し起こっていることが明らかになった。

3.2 Fe 二元合金中の Fe$_4$N の繰返し析出

この Fe$_4$N 窒化物の繰返し析出 (Cycle precipitation) 現象は Fe-Ni 等の Fe 二元合金においても確認されている。

図 15 は窒化した Fe および Fe-Ni 合金 (〜0.04 wt%N) の 623 K における Fe$_4$N 析出物の平均長さの時効時間による変化を示している[8]。この図では Fe$_4$N の析出過程が各合金 (0.96 と 2.06 wt%Ni) で成長と分解を繰返していることが示されている。しかし，Fe-5Ni 合金 (4.70 wt%Ni) では Fe$_4$N 析出物が非常に小さいので長さの変化は明瞭ではない。各合金とも焼入れ時には母相には析出物は認められないが，時

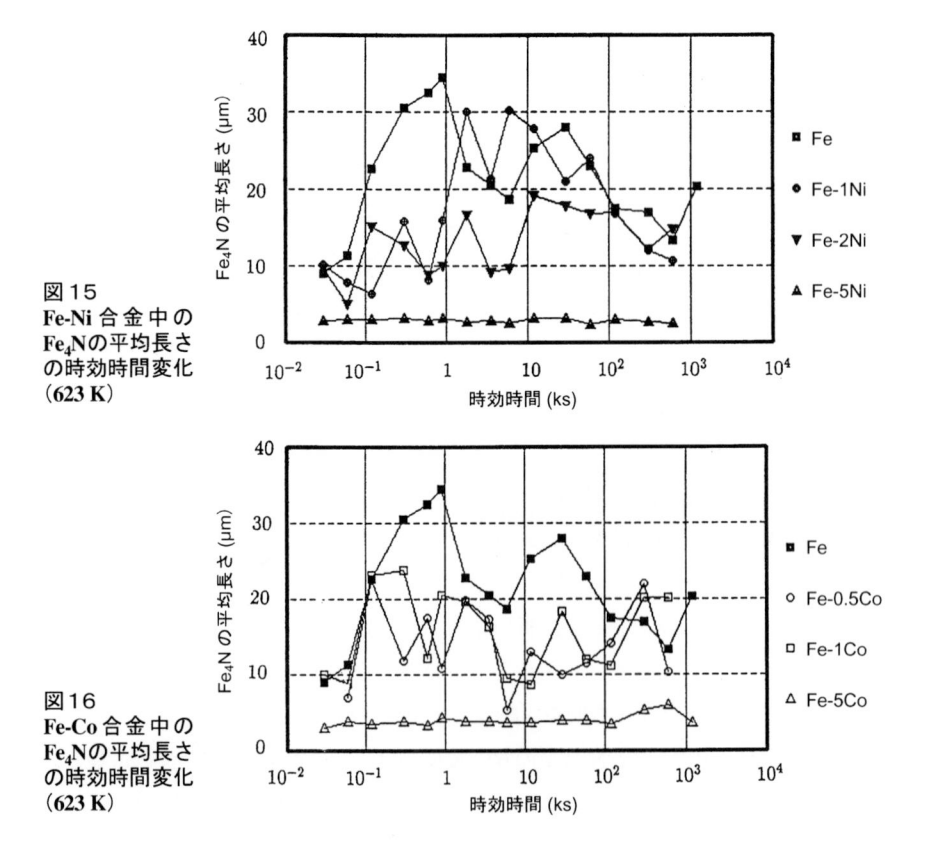

図 15
Fe-Ni 合金中の
Fe$_4$N の平均長さ
の時効時間変化
(623 K)

図 16
Fe-Co 合金中の
Fe$_4$N の平均長さ
の時効時間変化
(623 K)

効後 30 秒で Fe_4N が母相中に析出し始めている。その後平均長さは減少し分解していることが示されている。分解後再び成長しまた分解する挙動が 3～4 回繰返されている。Fe-N 合金と同様に Fe-Ni 合金においても成長と分解が繰返されている。

Fe_4N 析出物の平均長さの 1000 ks までの平均値は Fe 合金では 21.8 μm であり, Ni 量の増加に伴い平均値は減少している。5Ni 合金では 2.6 μm と著しく小さくなっており, 明瞭な変化は認められない。

図 16 は Fe-Co 合金 (～0.04 wt%N) の 623 K における Fe_4N 析出物の平均長さの時効時間による変化を示している[8]。この図において, Fe_4N の析出過程における繰返し析出が各 Fe-Co 合金 (0.48 と 0.93 wt%Co) でも起こっていることが示されている。しかし Fe-5Co 合金 (4.88 wt%Co) では Fe_4N 析出物の平均長さが著しく小さく 3.9 μm であるため, 明瞭な変化は認められない。Fe-Co 合金の析出挙動は Fe-N 合金に類似した形状と過程を示しており, 0.5Co と 1Co 合金では 4 回ほどの成長と分解を起こしている。

3.2.1 焼入れ時効と恒温保持における繰返し析出

図 17 は Fe-2Ni 合金を 923 K で窒化後水焼入れしその後 623 K のソルトバス中で時効した場合の析出挙動と, 923 K で窒化後直接 623 K のソルトバス中に焼入れ恒温保持した場合の析出挙動を比較して示したものである[8]。恒温保持した Fe-N 合金の析出過程は時効処理した場合の析出過程と非常に良く似た析出挙動を

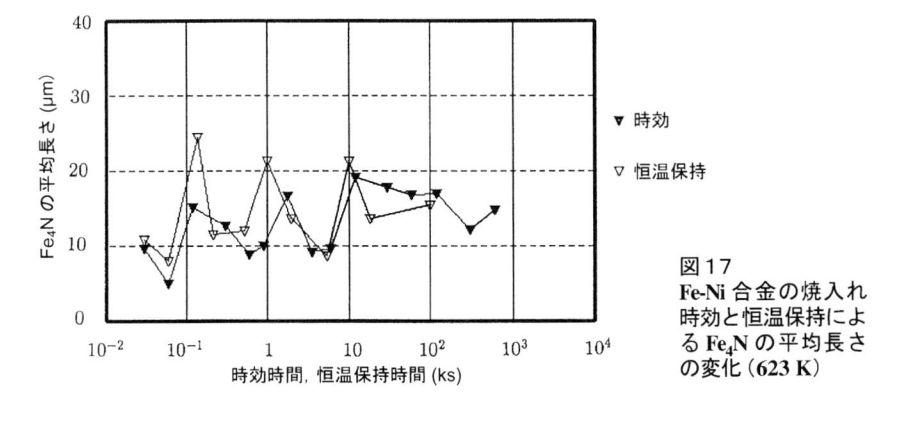

図 17
Fe-Ni 合金の焼入れ時効と恒温保持による Fe_4N の平均長さの変化 (623 K)

示しており，類似した繰返し析出が明瞭に確認された。Fe-N合金の成長と分解の繰返しは一致しておりほぼ同じ時間に起こっている。従って，時効処理と恒温保持の両熱処理はFe_4Nの析出挙動には相違はほとんど無いことが明らかに示された。Fe_4N析出物の平均長さの平均値は時効処理では12.9 μmであり，恒温保持では14.5 μmとほぼ同じ値を示している。

3.2.2 繰返し析出の考察

近年，多くの報告が析出過程における相の分解について出されてきている。これらの報告では弾性的な効果が受け入れられている。弾性エネルギー，弾性歪の整合性，弾性定数，弾性異方性などがこれらの過程で考慮されている。Fe_4Nの繰返し析出はFe-NiやFe-Co合金でも見出されており，この繰り返し析出は以下のように考察されている。

弾性的効果が非常に重要であることが考えられることから，窒化物の析出過程において析出時における窒化物の体積変化が重要である。この窒化物の体積変化は1章で示されているように大変大きく，フェライト母相からFe_4Nが析出する時には+16.0％もの体積膨張を起こすことが示されている。特に，Fe_4Nの析出に伴う体積膨張は非常に大きくそしてマルテンサイト変態時の体積変化よりも大きくなっている。それゆえ，Fe_4Nがフェライト母相から析出する時，母相の体積は変化しないためFe_4Nは大きな体積膨張に伴う弾性歪による大きな圧縮応力を母相から受けて成長する。そのため結晶内部に高い転位密度を持つことが示されている。大きく成長したFe_4N析出物はフェライト中では不安定になると思われる。そのためにこの繰返し析出が起こると考えられる。

3.3 $Fe_{16}N_2$の繰返し析出

窒化した鉄合金の低温時効で得られる準安定相の$Fe_{16}N_2$はbctの結晶構造を持ち，母相であるフェライト（αFe）から$Fe_{16}N_2$に格子変態した時，約9.2％の膨張となることから，$Fe_{16}N_2$は時効過程中において，Fe_4Nと同じような「繰返し析出」を起こすことが推察された[14),15)]。最近の研究では，Fe-N系合金に対するFe_4Nと$Fe_{16}N_2$

3. Fe-N 合金の繰返し析出

図18
Fe-N 合金中の $Fe_{16}N_2$ の平均長さの変化（423 K）

図19
Fe-P 及び Fe-Mn 合金中の $Fe_{16}N_2$ の平均長さの変化（423 K）

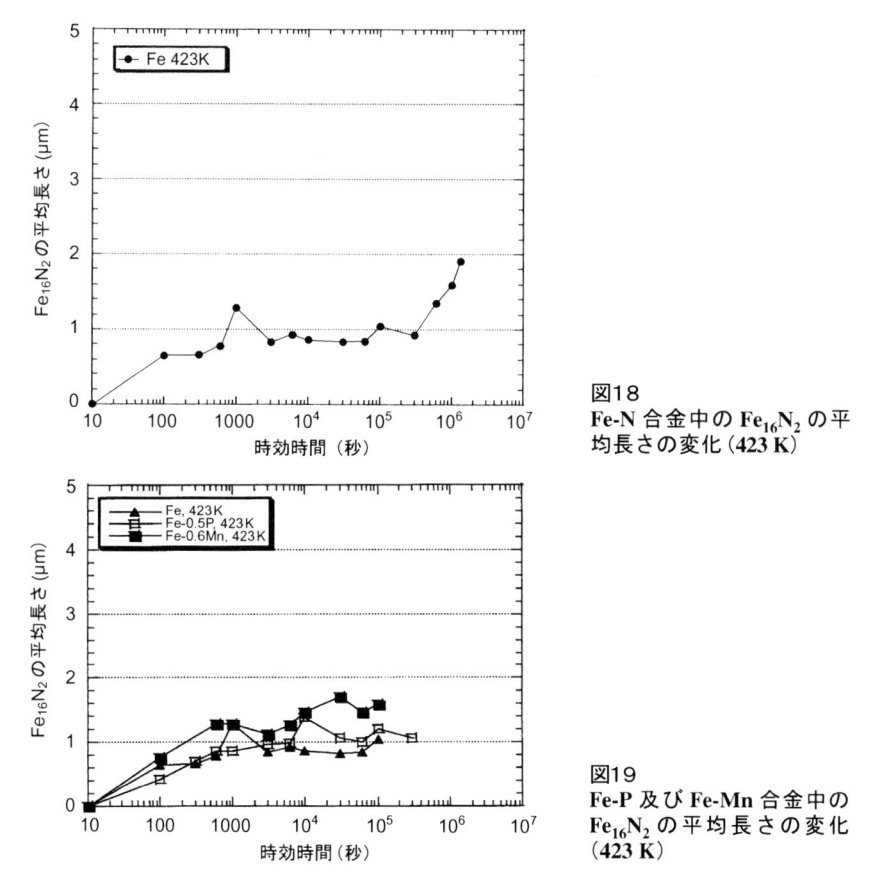

の析出挙動について調べ $Fe_{16}N_2$ の繰返し析出が認められた。423〜473 K において低温時効し，体積膨張を起こす $Fe_{16}N_2$ を時効析出させ，繰返し析出について調べ，更に低温時効で「2 段析出」(2.1 節参照)，すなわち初期に $Fe_{16}N_2$ を析出し，その後分解して Fe_4N が析出する現象について述べる。

図 18, 19 に示したように各合金共に時効温度 423 K において，$Fe_{16}N_2$ は 10 秒では析出せず，10^2 秒で析出し始めた[15]。そして，時効時間 10^3 秒まで，成長を示し，その後再び分解が起こり 10^6 秒までの時効中には 3〜4 回繰り返し析出が認められ，平均長さの平均値は約 1 μm であった。

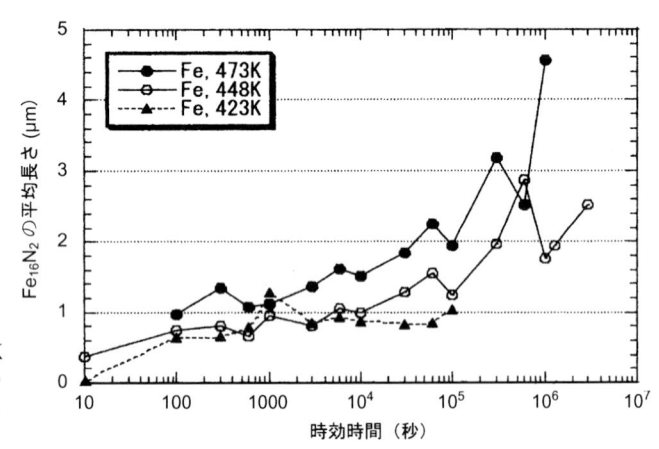

図20
Fe-N 合金の 423 K
～473 K における
$Fe_{16}N_2$ の平均長さ
の変化

473 K の時効時間 3×10^4 秒では，全体に細かい $Fe_{16}N_2$ 窒化物の (100) 面への析出が観察された (2.1 節，写真 3 参照)。

473 K の 3×10^5 秒で Fe_4N が析出し始めた (2.1 節，写真 4 参照)。更に時効時間の進行と共に，$Fe_{16}N_2$ が分解して消滅し，Fe_4N が成長する。その結果，析出物の平均長さが急激に大きくなっており，このことは組織写真 (2.1 節，写真 5 参照) に示される。時効時間 10^6 秒になると，$Fe_{16}N_2$ が完全に消え，大きな Fe_4N となっている。この現象は「2 段析出」(2.1 節参照) と呼ばれている。

図20に，時効温度 423～473 K において得られた $Fe_{16}N_2$ の平均長さの変化を示す。各温度における平均長さの平均値はそれぞれ 0.65；0.95；1.28 μm である。

これに対して，時効温度 448 と 473 K で 10^5 秒以上で析出する Fe_4N の平均値はそれぞれ 2.27；3.4 μm となった。従って，時効温度の上昇に伴って析出物の平均長さが大きくなっていることが明らかになった。また，時効温度 448 K においては Fe_4N が観察されなかった。時効温度 473 K において，$Fe_{16}N_2$ は繰返し析出を起こしながら，時効時間と共に平均長さは大きくなっていることが認められた。Fe-N 合金中の $Fe_{16}N_2$ の時効析出において成長と分解の繰返し析出が認められ，$Fe_{16}N_2$ の平均長さの平均値は 1.0～1.5 μm であった。

4. Fe-N 合金における内部摩擦

4.1 Fe-N マルテンサイトの内部摩擦

　Fe-C マルテンサイトの内部摩擦は 1 Hz で 200℃付近にピークが現われる。このピークはマルテンサイトピークとして良く知られている[24]。また，Fe-C 合金および Fe-N 合金を冷間加工した場合に認められる内部摩擦のピークは加工ピークとして知られており，1 Hz で約 200℃に現われる。加工ピークとマルテンサイトピークの現われる温度が大体一致することから両ピークは同一の機構に基づく内部摩擦であると考えられている。しかし加工ピークに対する C と N の寄与に相違が認められている。

　一方，高炭素マルテンサイトの内部摩擦はマルテンサイトピークのみであるが，低炭素マルテンサイトの場合にはマルテンサイトピークの他に C 原子の Snoek peak を示すことが報告されている[25]。これまではマルテンサイトピークは Fe-C 合金が主であり，Fe-N マルテンサイトの内部摩擦に関する報告は極めて少ない。

　次に Fe-N マルテンサイトの内部摩擦を測定した結果を示し，マルテンサイトピークに対する C と N 原子の寄与の相違についての検討結果を示す。

　図 21 は Fe-N 合金（0.2 wt%N）のマルテンサイトに対する内部摩擦測定の結果を示している[26]。190℃付近に明瞭なピークが認められ，マルテンサイトピークが Fe-N 合金でも確認された。このピーク温度は Fe-C マルテンサイトより低温度であり，Fe-N 合金の方がマルテンサイトピークは低温側に現われることが判った。また室温付近に小さな N の Snoek peak が Fe-C マルテンサイトと同様に示されている。

　写真 10 に得られた Fe-N 合金（0.2 wt% N）のマルテンサイト組織の光学顕微鏡組織を示す。試料は直径 1 mm の線材であり，NH_3 ガス中で 750℃に加熱後氷水焼入れされている。

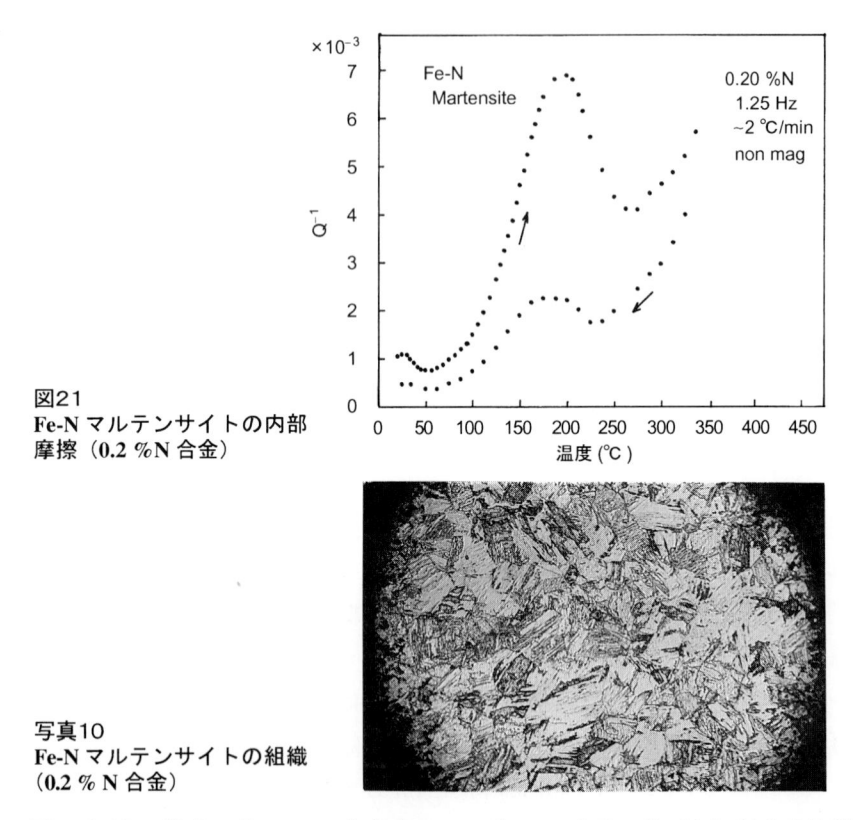

図21
Fe-N マルテンサイトの内部摩擦（0.2 %N 合金）

写真10
Fe-N マルテンサイトの組織（0.2 %N 合金）

　図22にはN濃度の高いFe-N合金（0.5 wt%N）のマルテンサイトに対する結果が示されている。N濃度が高いので内部摩擦値が大きくまたマルテンサイトピーク値も大きな値を示しており，さらに室温付近にNのSnoek peakが明瞭に認められている。ピーク温度が260℃付近にあり図20と異なるがこれは測定周波数を2.19 Hzと高く変えているためである。

　図23はFe-Cマルテンサイトに対する測定結果である。1.2 Hzで測定されおり，210℃付近にピークが現われている。マルテンサイトピーク値はC濃度の増加と共に増えている。

　図24はBackground値を差し引いたマルテンサイトピーク値のC及びNの濃度依存性を示している。Fe-N合金はFe-C合金よりも濃度依存性は大きく，マルテ

4. Fe-N 合金における内部摩擦

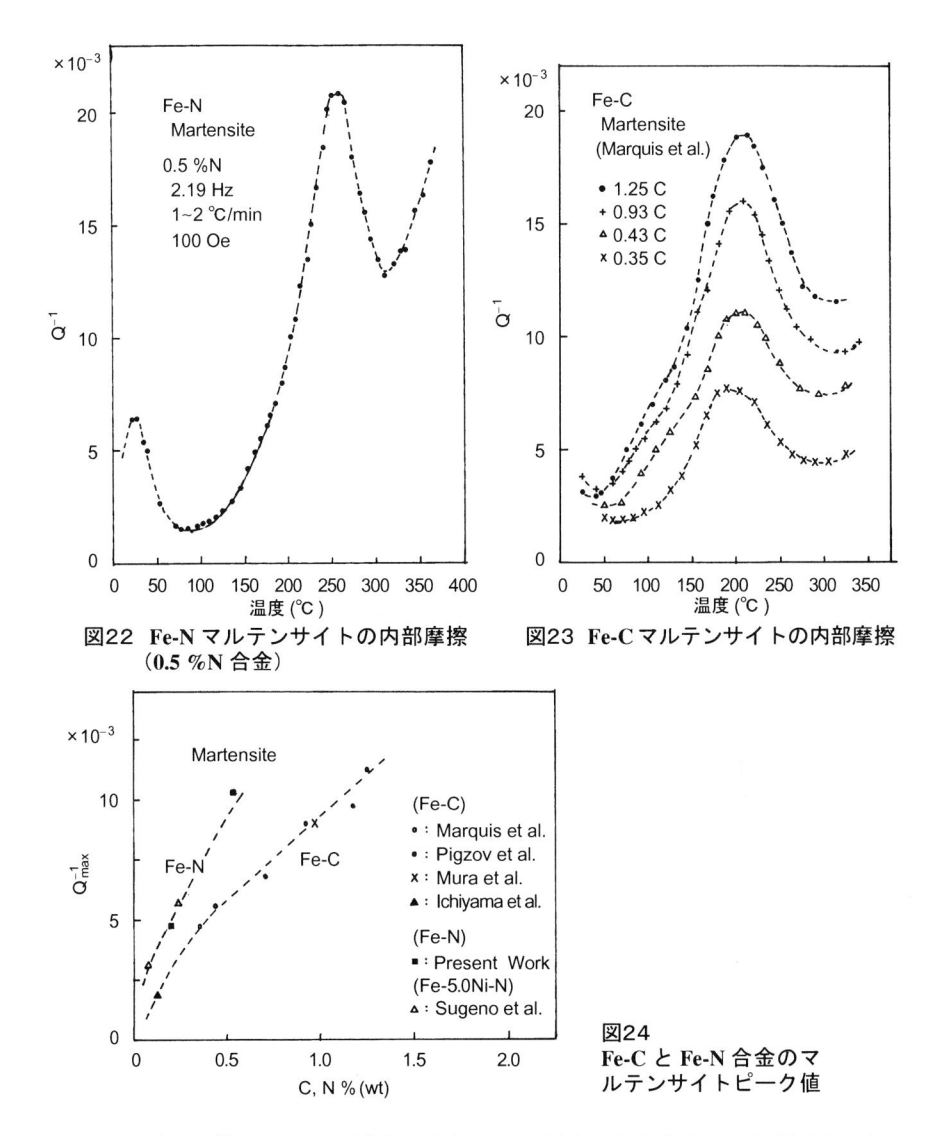

図22 Fe-N マルテンサイトの内部摩擦（0.5 %N 合金）

図23 Fe-C マルテンサイトの内部摩擦

図24 Fe-C と Fe-N 合金のマルテンサイトピーク値

ンサイトピーク値に対するN濃度の寄与はCの場合よりも大きいことが示された。この結果は加工ピークに対する寄与と同様な効果を示しており，マルテンサイトピークは転位の運動に基づく内部摩擦であることが示された。

4.2 窒化した Fe-Nb 合金の内部摩擦

αFe 中に固溶した N による内部摩擦は N の Snoek peak として知られている。Fe より N との親和力の強い原子 M (Mn,Mo,Si 等) を添加すると Fe-M site への N のジャンプに基づく他のピークを発生し, N の Snoek peak 曲線を複雑化する。Nb は N との親和力が大きいので現われるピークは高温度側に生じると思われる。

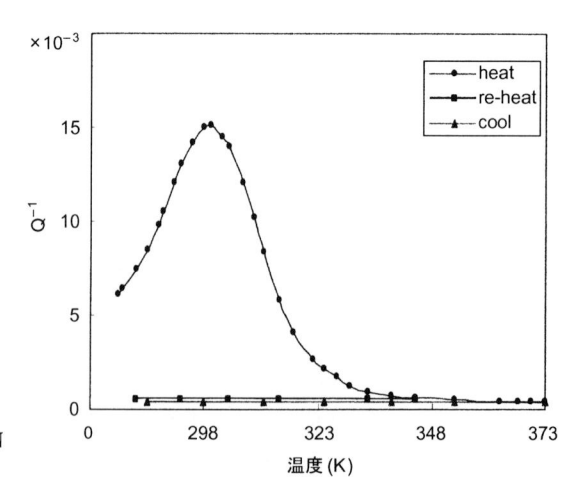

図 25 は Fe-0.4wt%Nb-0.02wt%N 合金の Snoek peak 曲線を示している。Snoek peak 曲線は Fe-N 合金の N によるシングルピークのみである。Fe-Nb site に基づく他のピークは 373 K まで認められない。Nb よりも N との親和力の弱い Mn や Mo 合金では明瞭な別のピークが認められている。また 373 K から冷却し再加熱したが, 再加熱では始めに得られた N の Snoek peak は全く現われていない。冷却時の Snoek peak も全く現われていない。

図 26 は 923 K で窒化後水冷し 299 K で時効した時の N の Snoek peak 値 (Q^{-1}_{max}) の時間変化を示している。20 分までは変化は見られないが 25 分からピーク値は減少し始めている。その後 60 分では消失している。そして, 測定後 Snoek peak を消失した試料を再度 923 K に加熱し水焼入れしたが全く Snoek peak は現われず Background 値の小さな内部摩擦値のみであった。窒化後焼入れた場合だけ Fe-Fe

図25
Fe-0.4wt%Nb-0.02wt%N
合金の Snoek peak 曲線

4. Fe-N 合金における内部摩擦

site の N の Snoek peak のみが現われている。このことは固溶した N が消失してしまったことを示している。

その原因の一つとして　固溶した N の消失は 373 K までの測定中に $Fe_{16}N_2$ が析出して，固溶した N が無くなり Snoek peak が消えることが考えられる。しかし，923 K への再加熱で $Fe_{16}N_2$ は完全に分解して N は再び固溶状態に戻り Snoek peak は回復して現われるはずである。373 K まで一度加熱後に N の Snoek peak が消失しまた 923 K に再加熱後の焼入れでも N の Snoek peak が消失することから $Fe_{16}N_2$ への析出による消失は有り得ないことになる。

次に他元素である H の存在に着目する。N を添加する窒化には数 % の NH_3 ガスと H_2 ガスの混合ガスを利用している。従って窒化によって試料中には N の他に H が大量に存在している，しかも H は拡散速度が N よりも早いために固溶した Nb 原子を N 原子が来る前に取り囲んでしまう。Nb の添加により 923 K 付近の H の溶解度が大きくなると報告されており[27]，Nb 原子の周りに H が多く集まることが予想される。この H の存在によって拡散速度の遅い N 原子は Fe-Nb site には入れず Fe-Fe site に固溶している。それゆえに窒化後焼入れた状態では N の Snoek peak が現われることが推察できる。

その後 373 K まで加熱中に H は Nb から離れ，表面から抜け出てゆき替わりに N

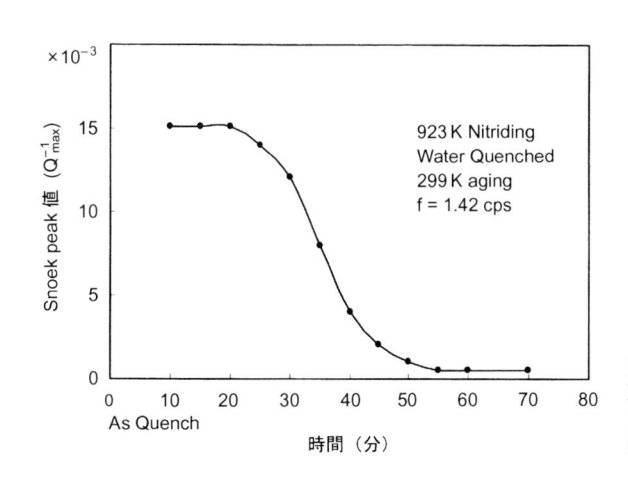

図26 Fe-0.4wt%Nb-0.02wt%N 合金の Snoek peak 値の時間変化

★ 600℃で窒化 :
　　　　　　$NH_3 + H_2$ 混合ガス中

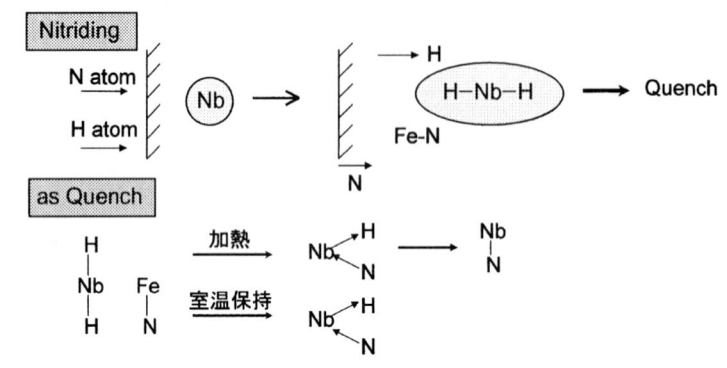

図27 Fe-Nb 合金における N-H 相互作用

が Nb に引き寄せられ Fe-Fe site から Fe-Nb site に拡散する。Nb と N の結合が強過ぎるためこの Nb によるピークは現われず，また窒化温度に再加熱してもこの結合は強く Fe-Fe site への移動は起きない。そのため N の Snoek peak は再び現われて来ないのであろう。

図 27 に窒化した Fe-Nb 合金における N と H との相互作用について示した。すなわち，窒化時には Nb の周りには H が集まっているが N は Fe の周りにいる。焼入れ後は N の Snoek peak を示すが 373 K まで測定後，拡散が容易な H は Nb を離れてしまい替わりに N が Nb に引き寄せられる。このように考えることによって，上記の現象をうまく説明できる。

従って，Fe-Nb 合金を窒化した場合には H の存在が重要であり，Fe-Nb-N-H の相互作用を考える必要があることが推察される。

4.3 内部摩擦による Fe-C-N 合金の焼入れ時効

Fe-C-N 合金の低温度における時効析出の研究はこれまで多く報告されてきている。しかし C と N の析出挙動を各々に分離して同時にその変化を測定した報告は非常に少ない。特に内部摩擦法はこの目的に適した測定法であり，C 及び N の成分ピークに分離して同時に各々の析出挙動を調べることが出来る。

4. Fe-N 合金における内部摩擦

図28 Fe-0.018%C-0.030%N 合金の Snoek peak 曲線

図29 Fe-0.018%C-0.030%N 合金の 175℃における時効曲線

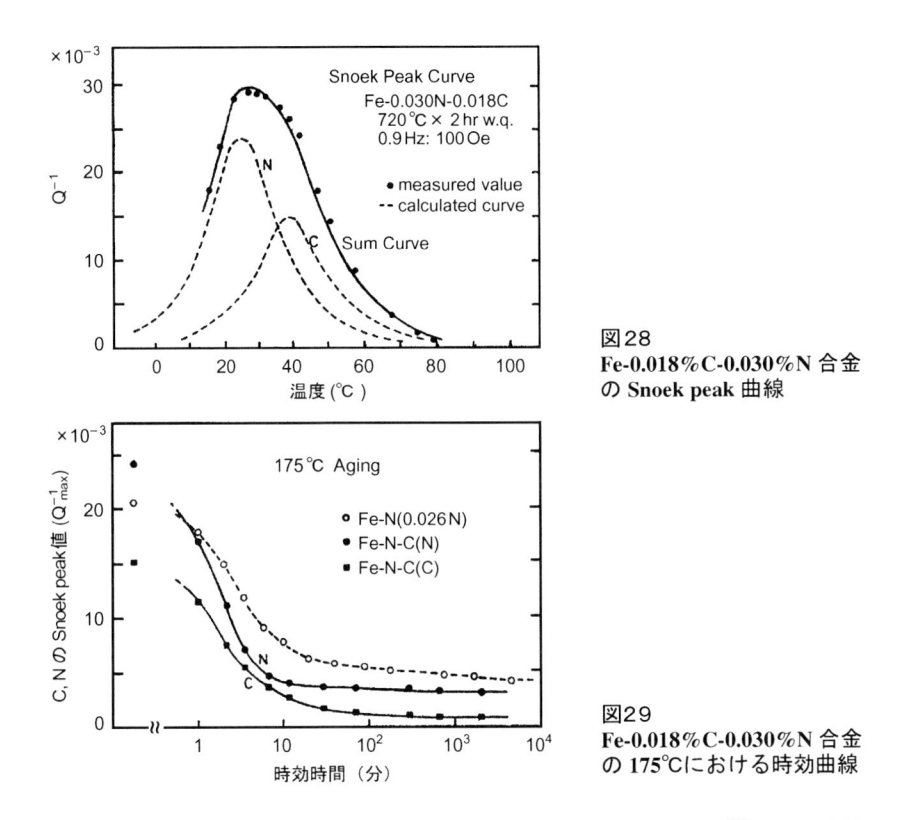

図28 は Fe-0.018wt%C-0.030wt%N 合金の Snoek peak 曲線である[28]。この曲線は C の Snoek peak と N の Snoek peak とが重なり合ったものであり，点線で示す曲線は解析の結果得られた各成分ピークに分離して示されたものである。αFe 中の C および N 原子に基づく内部摩擦の Snoek peak 値（Q^{-1}_{max}）は固溶した C 及び N 量に比例しており，解析の結果得られた C と N の Snoek peak 値の時効による変化を測定し C と N の析出挙動を同時に知ることが出来る。

図29 は 175℃における時効変化曲線である。窒素ガス中で 720℃に 1 時間加熱後，水冷し 175℃のシリコンオイルバス中で時効した。C と N の各ピーク値を時効時間による変化で示している。各曲線の変化は 1 段のみの変化であり，N の析出が C に比較して早い時間に起こっていることが示されている。

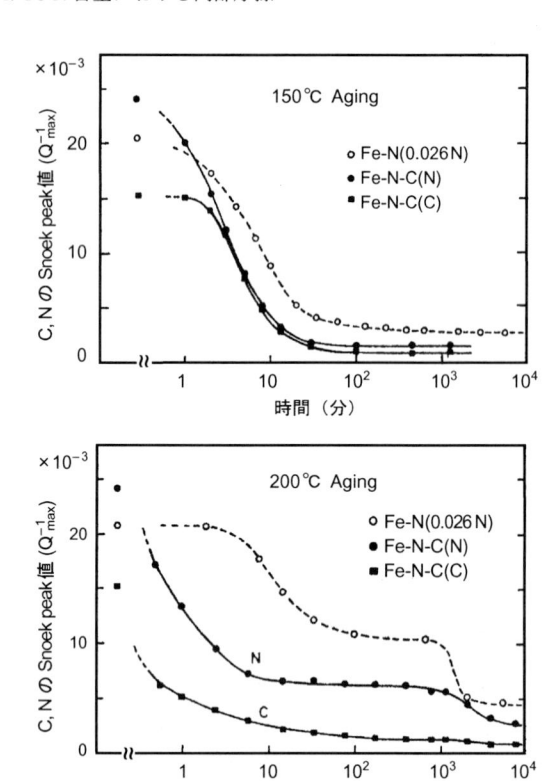

図30
Fe-0.018%C-0.030%N 合金の 150℃における時効曲線

図31
Fe-0.018%C-0.030%N 合金の 200℃における時効曲線

図30は150℃における時効変化曲線である。Nの析出はCに比べてかなり早く，始めにNが析出し，その後遅れてCの析出が起こっている。この傾向は175℃の時効に比較して，150℃では顕著に現われている。ここで，始めにαFeの過飽和固溶体から析出する析出物は$Fe_{16}N_2$であると見なされる。

図31は200℃における時効変化曲線であり，200℃時効になるとCの変化がNより短時間に起こっている。200℃時効では析出順序が逆転しており，始めにCが析出し，Nの析出は遅れることが示された。始めに析出する析出物はε炭化物であろう。また，図中に示されたFe-N合金の場合と同様に固溶したNの変化は明瞭な2段変化を示し，2段析出（始めに準安定相の$Fe_{16}N_2$が析出し，その後安定相のFe_4Nの変わる）が現われている。1段目の固溶N量の減少は$Fe_{16}N_2$の析出による

4. Fe-N 合金における内部摩擦

ものと見なされる。従って、本合金の低温度における時効析出過程では175℃以下の時効ではNの析出が始めに起こるが、200℃以上になるとCの析出が始めに起こることが示された。

Cの析出はCのピーク値がNに比べて小さいので時効変化曲線があまり明瞭でない。そこで、CとNの析出挙動をより明瞭な変化にするために、各ピーク値を規格化して再プロットした。その結果を図32から図34に示す。規格化して示した各図から、図32と図33の150℃と175℃の時効曲線では明らかにNの析出はCの析出に比べてかなり短時間で始まっている。この変化は規格化によってより強く現われている。一方、200℃の時効曲線では逆にCの析出が始めに起こっており、Nの析出が遅れて起こることが明らかに示されている。

以上のごとく内部摩擦値の規格化による時効曲線からも本合金において175℃以下の温度ではNの析出が始めに起こり、200℃以上では逆転してCの析出が始めに起こる。即ちこの逆

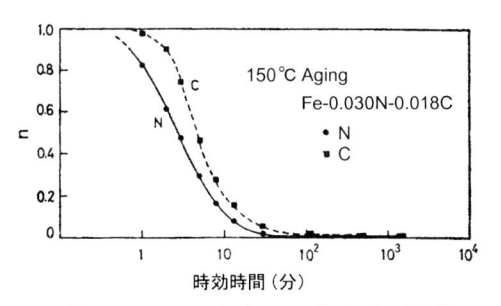

図32 Fe-C-N 合金の150℃における規格化した時効曲線

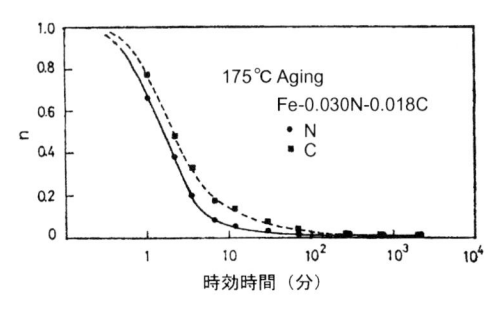

図33 Fe-C-N 合金の175℃における規格化した時効曲線

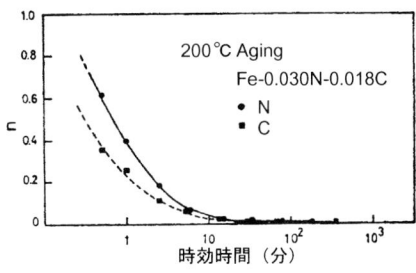

図34 Fe-C-N 合金の200℃における規格化した時効曲線

転は175℃と200℃の間で起こっている。175℃以下の低温度時効ではαFe中の拡散の活性化エネルギーがCよりもかなり小さいN原子の方が容易に拡散できるため，Nの析出が始めに起こると考えられる。

一方，200℃以上での逆転については準安定相の$Fe_{16}N_2$が析出する場合は前述のごとく約9％の体積膨張を伴うこと等から，析出により体積が収縮するε炭化物の析出が起こり系のエネルギーを減少させるため，始めにCが析出するとも考えられる。

これまでの，CとNの共存状態における低温時効析出挙動を分離して測定した研究はごく僅かであり，Fe-0.015 wt%C-0.015 wt%N合金とFe-0.017 wt%C-0.016 wt%N合金[30]の内部摩擦の報告がある。110℃，200℃と225℃の何れの時効析出過程においてもCの析出Nの析出に比較して著しく早く起こっていることを示した。一方，Fe-0.014 wt%C-0.028 wt%N合金の電子顕微鏡観察の結果では175℃以下では，始めに現われる析出物は$Fe_{16}N_2$であり，225℃の時効では始めにε炭化物が析出することが報告されている[31]。

以上，Fe-C-N合金の過飽和固溶体からの低温度の時効析出過程は次のように示される。

① 175℃以下の時効では始めに準安定相の$Fe_{16}N_2$が析出する。
② 200℃以上の時効では始めに準安定相のε炭化物（Fe_2C）が析出する。

5. Fe-N 合金の恒温変態

Fe-N 系合金は Fe-C 系合金の熱処理特性と類似した傾向を持つものと考えられていながらも，鉄中の窒素はガス元素であるため Fe-N 系に関する研究は非常に少なく，状態図や恒温変態なども明らかになっておらず，熱処理上の特性も不明な点が多い。

5.1 543 K 以上の恒温変態

Fe-N 合金の恒温変態に関する研究は極めて少なく B.Bose and M.Hawkes[32] と T.Bell and B.Farnell[33] の報告に限られている。変態生成相はフェライトと Fe_4N であり，ノーズ温度は 673 K である。ノーズ上下の温度での変態生成物は同一であると確認されており，そしてノーズ以上での組織は group noodle 型であり，ノーズ以下 573 K までは Fe-C 系に似た羽毛状の上ベイナイト的であった。

図 35 は近年報告された Fe-N（～2.1 wt%N）合金の TTT 曲線であり[34]，Bose ら

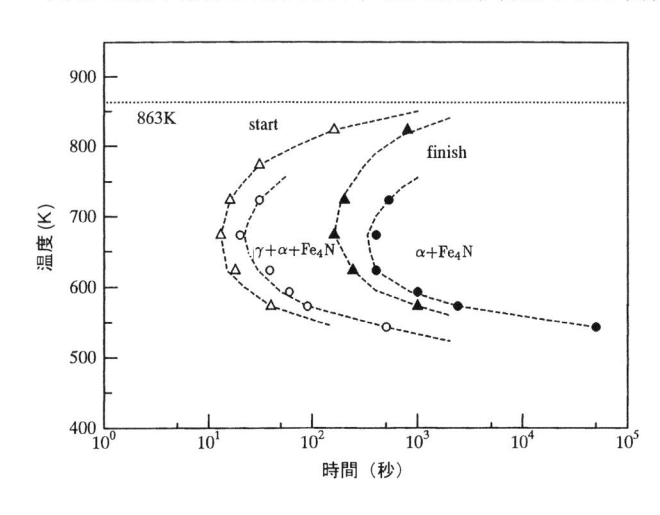

図 35 Fe-N 合金 (2.1%N) の TTT 曲線

5. Fe-N 合金の恒温変態

の結果（△印）と一緒に示されている。ノーズ温度やノーズ位置はほぼ一致しており、また組織もノーズ以上では group noodle 型であった。543 K 以上の恒温変態は Bose 等の結果と同様である。

写真11に543 K における Fe-N 合金の恒温変態組織を示した。10^3 秒ではネットワーク状にベイナイトが出始めており、ネットの内部は未変態のオーステナイトが焼入れ時にマルテンサイト変態を起こしたマルテンサイト組織になっている。10^4 秒では恒温変態が進行しており、50％以上の組織が恒温変態を起こして羽毛状のベイナイトに変態している。

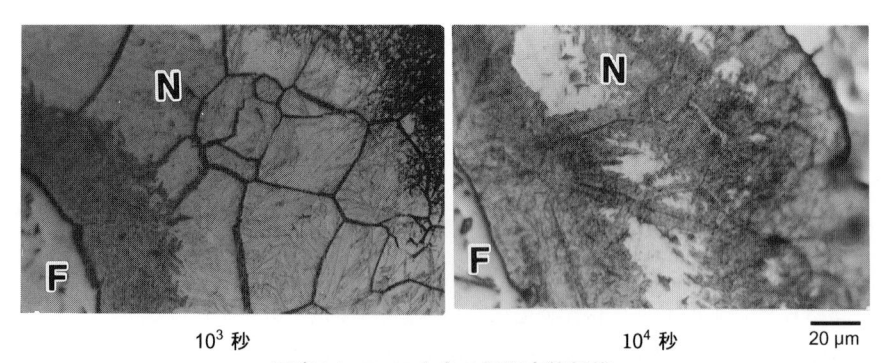

写真11　Fe-N 合金の恒温変態組織

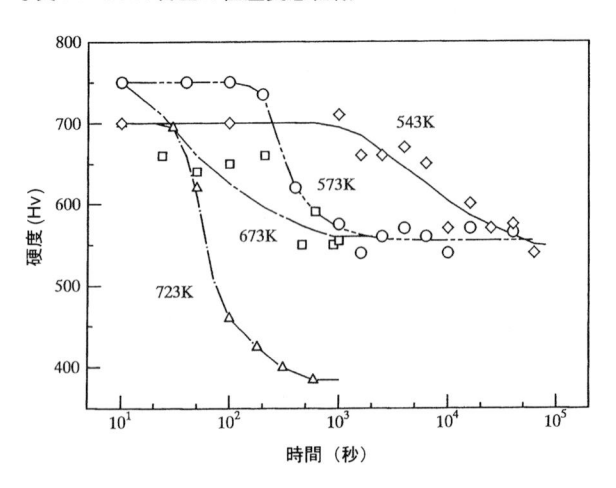

図36　Fe-N合金の恒温変態（543〜723 K）における硬度変化

5. Fe-N 合金の恒温変態

図 36 の硬度試験では未変態のオーステナイトは焼入れ時にマルテンサイトに変態して高い硬さを示しており，恒温変態の進行に伴ってマルテンサイト量は減少してベイナイト量が増加するため全体の硬さは低下している。組織写真と比較すると組織の変化の方が遅れて現われているのが解かる。組織の変化から 543 K の変態開始は 10^3 秒以前であるとされる。恒温変態の終了は硬度変化が認められなくなって一定値になった時点である。また，ノーズ温度の上下で硬度変化の認められなくなった値が大きく異なっている。

ノーズより高い 723 K では一定値は Hv が 400 以下であるが，ノーズより低い温度では Hv は 550 以上である。ノーズ以上の組織は group noodle 型，ノーズ以下ではベイナイト的組織であり，これら組織の違いが大きな硬さの違いをもたらしている。両組織はいずれもフェライトと Fe_4N からなることが X 線回折で確認されている。

5.2　523 K 以下の恒温変態

図 37 は Fe-N 合金の低温部の恒温変態における硬度変化を 443 K から 523 K の各温度について示したものである。図から明らかなように変態の開始と共に硬さは大きく低下し，恒温変態の進行を明瞭に示している。ここで注目すべきことは，

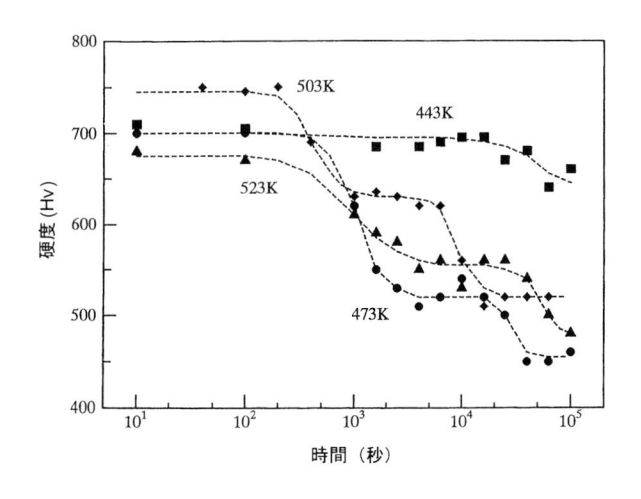

図37　Fe-N合金の恒温変態（443〜523 K）における硬度変化

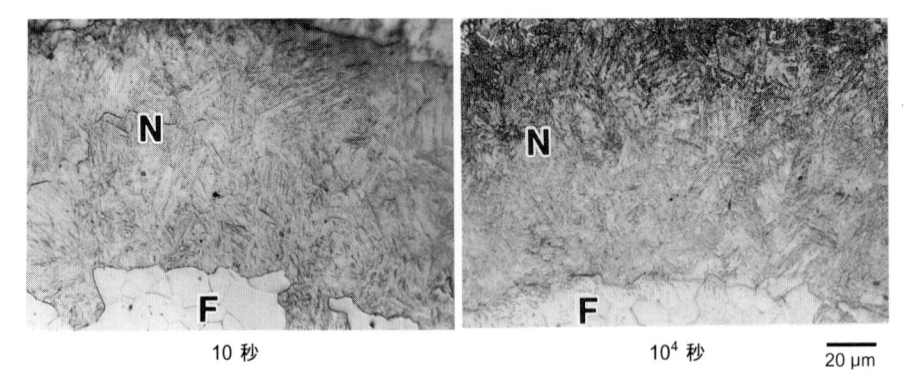

写真12　Fe-N合金の473Kにおける恒温変態組織

恒温変態に伴い硬度変化が2段階に進行していることである。2段階変化後の組織はX線構造解析の結果（α +Fe$_4$N）であることが確認されている。この2段階変化の現象はFe-N系フェライト合金の2段階析出に類似している。従って，恒温変態で現われた準安定相のFe$_{16}$N$_2$が分解して安定相のFe$_4$N変化するものと解釈される。Fe-N系では低温度における恒温変態でもこの2段析出が存在することが明らかになった。

写真12は473Kの恒温変態組織である。10秒では未変態でありマルテンサイトである。10^4秒では図37から1段目のFe$_{16}$N$_2$析出終了段階にあるが，この組織は写真11のベイナイト組織とは異なっており10秒の組織と較べて大きな変化は認められない。

上述のように，これらの組織は高温部のベイナイト的な組織とは著しく異なっていることが明らかである。543Kと523Kの温度を境にして恒温変態機構が異なることを示している。即ち，Fe-N（～2.1 wt%N）合金の恒温変態でオーステナイトは，

543 K 以上では：$\gamma \rightarrow (\alpha +\mathrm{Fe_4N})$

523 K 以下では：$\gamma \rightarrow (\alpha +\mathrm{Fe_{16}N_2})$

の2種類の恒温変態を示すことが確認された。

図38はFe-N合金の恒温変態機構が高温部から低温部に変化する境界を示した硬度変化曲線である。高温部は1段階変化であり，低温部は2段階変化を示してい

5. Fe-N合金の恒温変態

図38
Fe-N合金の523Kと543K恒温変態における硬度変化

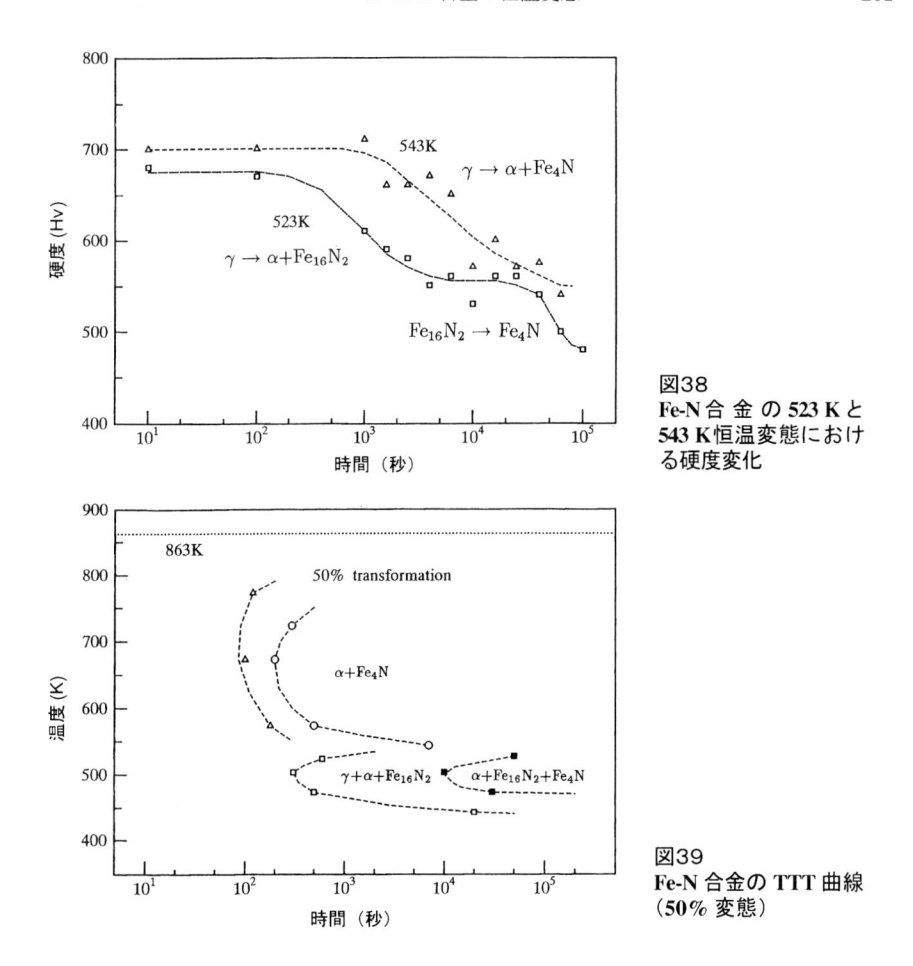

図39
Fe-N合金のTTT曲線（50%変態）

る。高温部の組織はFe-C合金の上ベイナイト的なものである。一方，523Kでの恒温変態は，

第1段階： $\gamma \to (\alpha + Fe_{16}N_2)$

第2段階： $Fe_{16}N_2 \to Fe_4N$

のマルテンサイト型と2段析出でラスマルテンサイト型の組織を示している。

従って，低温部の変態機構は変態後の組織がマルテンサイトの形態を保持していることから次のように考えられる。オーステナイトは始めにマルテンサイト変態を

起こし，形状はマルテンサイトに変わる。その後に $\alpha + Fe_{16}N_2$ に分解するが組織の形状は保持される。すなわち，第1段階は

$$\gamma \rightarrow \alpha' \rightarrow \alpha + Fe_{16}N_2$$

のように進み，組織の形状はマルテンサイトの形態が保持される。

図39はFe-N合金の高温部と低温部の恒温変態における50%変態時のTTT曲線を纏めて示したものである（Boseら：△印）。図から高温部と低温部のノーズ位置はほぼ同じ時間であり，変態開始時間も同じ程度であると推察される。

6. 恒温マルテンサイト変態と蒸着マルテンサイト

6.1 Fe-N 合金の恒温マルテンサイト変態

　Fe-N 系の合金は Fe-C 系の合金の熱処理特性と類似した傾向を持つものと考えられているが，Fe-N 系の研究は非常に少なく，熱処理上の特性も不明な点が多い。Fe-N 合金の恒温変態に関する研究は極端に少なく 1950 年の B.Bose and M.Hawkes らの報告に限られている [32),33)]。さらに，543 K 以下の恒温変態についてはごく最近になって漸く報告されるようになってきたばかりであり [34),35)]，その特徴などいまだ解明されていないことが多い。最近，高濃度の Fe-N 系合金を 423〜498 K 以下の低温で恒温保持中にマルテンサイト変態を起こすことが報告されている [36)] ので，高濃度の Fe-N 系合金の恒温マルテンサイト変態について示した。

6.1.1 高濃度 Fe-N 合金の恒温変態

　図 40 に窒化後 973 K から 473 K に焼入れた Fe-N 合金の恒温変態における硬度変化を示す [36)]。硬度は 473 K に恒温保持後シリコンオイルバス中で切出し，氷水焼入れ後に測定された。10^4 秒までは硬度は低く Hv = 300 以下であり，未変態のオーステナイトのままである。組織観察からもオーステナイト組織が認められ，Ms 点が 0 ℃以下で

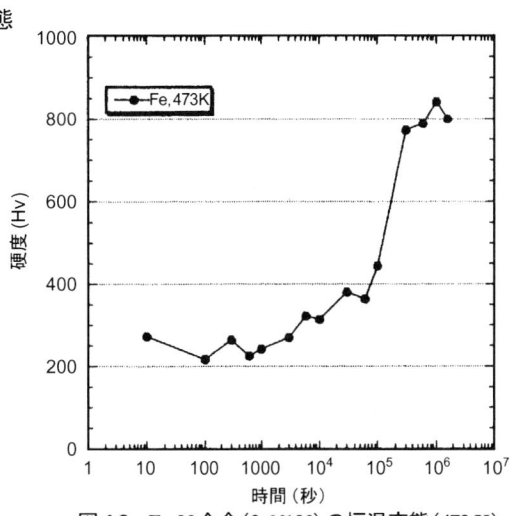

図40　Fe-N 合金（2.6%N）の恒温変態（473 K）における硬度変化

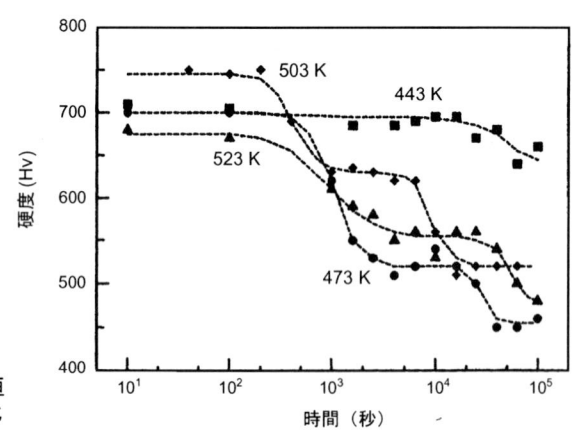

図41
Fe-N 合金 (2.1 %N) の恒温変態における硬度変化

あることを示している。10^5 秒を過ぎると急激な硬度の増加が認められ，Hv = 800 の値を示している。この高い硬度値はマルテンサイト変態を起こして得られるマルテンサイトの値であり，報告されている硬度値と一致している。また組織観察からも針状マルテンサイト組織が認められている。

図41に示す以前の報告[34]では，Fe-2.1 %N 合金の 473 K 恒温変態では 500 秒まで変態せず，その後のオイルバスからの氷水焼入れ時にマルテンサイト変態を起こしマルテンサイトの高い硬度値を示した。N 濃度が低く 2.3 % 以下であり，Ms 点が高く 0℃以上であることを示している。その後恒温保持中において 2 段階型の変化を示しながら硬度値は減少した。第 1 段階が $\gamma \to \alpha' \to \alpha + Fe_{16}N_2$ の変態，第 2 段階は $Fe_{16}N_2 \to Fe_4N$ の分解析出である。

図42に今井ら[37]によって報告された Fe-N 合金の焼戻し硬度変化を示す。2.0 % と 2.2 %N 合金は焼入れ時にマルテンサイト変態を起こし高い硬度を示すが，2.6 %N 以上では焼入れ時に変態せずオーステナイトの低い硬度値を示している。この図から図40の Fe-N 合金は 2.6 %N であると見なせる。

また，473 K 以下の焼戻しではオーステナイトは未変態のままであり硬度は低い値であるが，498 K の焼戻しでは硬度は著しく増加している。これはオーステナイトがマルテンサイト変態を起こし，マルテンサイトの高い硬度 (Hv = 800) を得たことを示している。一方，2.0 %N 合金では水冷中にマルテンサイト変態を起こ

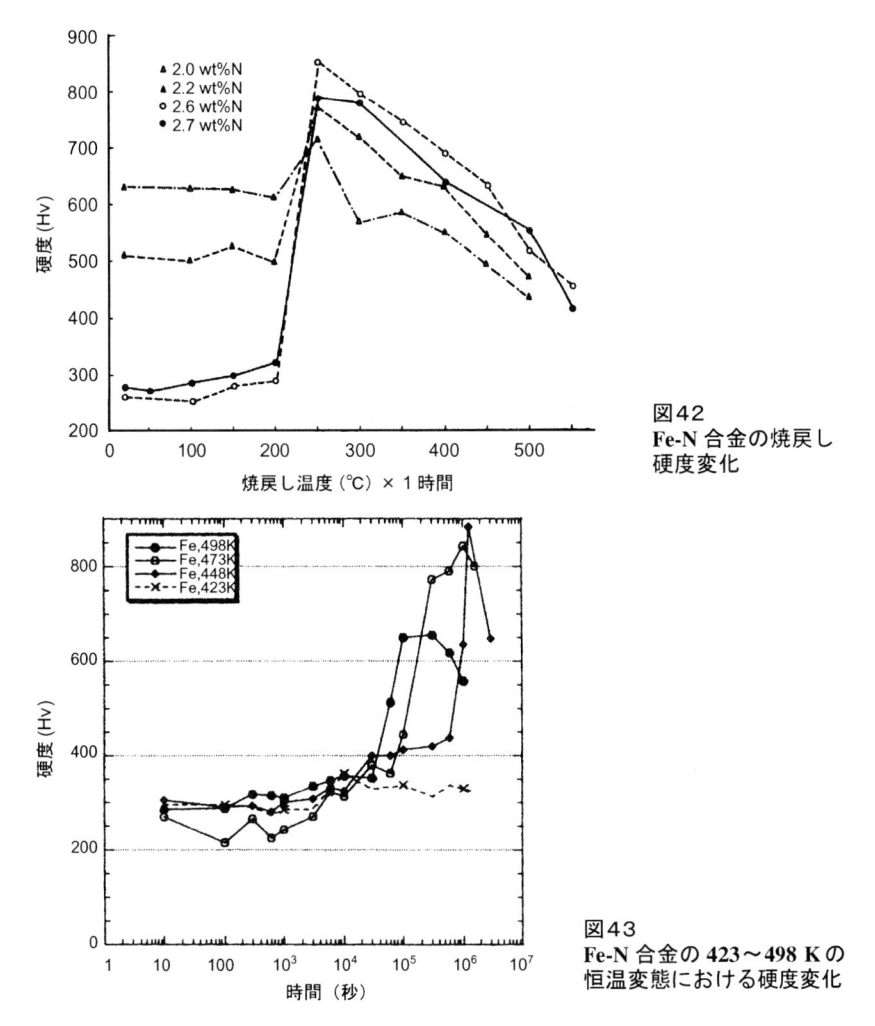

図42
Fe-N 合金の焼戻し硬度変化

図43
Fe-N 合金の 423〜498 K の恒温変態における硬度変化

し高い硬度を示している。しかし，未変態の残留オーステナイトが存在するため，498 K の焼戻しでマルテンサイト変態を起こし，さらに硬度は増加し高い値を示す。

この焼戻し結果からも高濃度 Fe-N 合金の 473 K での恒温変態におけるマルテンサイト変態の発生が支持される。

図 43 に Fe-N 合金の 423 K から 498 K までの恒温変態における硬度変化をまと

めて示した。マルテンサイト変態による硬度増加の開始時間は 498 K では 5×10^4 秒, 473 K では 5×10^5 秒, 448 K では 6×10^5 秒と温度の低下に伴って長時間側にずれ，遅くなっている。さらに変態が進むと硬度が低下を示し，これはマルテンサイトの分解が起こっていることを示している。423 K では 10^6 秒まで変態が起こらず，オーステナイトのままである。

6.1.2 まとめ

高濃度 Fe-2.6 %N 合金の恒温変態中に恒温マルテンサイト変態が起こっていることが確認され，N 濃度により変態挙動が大きく影響を受けることが明らかにされた。すなわち，N 濃度が 2.2 %N 以下の合金に見られる 2 段階型の変態は認められなかった。また，Fe-Mn-N，Fe-Ni-N，Fe-W-N 合金等の恒温変態でも恒温変態中にマルテンサイト変態が認められた。

6.2 蒸着マルテンサイト

鋼の熱処理においてマルテンサイト (α') 相は一般にオーステナイト (γ) 相を高温度から急速冷却することによって得られた準安定相であり，結晶構造は体心正方晶 (bct) である。この変態はマルテンサイト変態と呼ばれており，マルテンサイト相はオーステナイトから変態した変態生成相であるとされている。代表的なマルテンサイトとして侵入型元素である C 及び N を添加した Fe-C 及び Fe-N 合金で得られることが良く知られている。このマルテンサイト変態を起こさないで得られた，変態生成相でないマルテンサイトが蒸着マルテンサイト相である。この蒸着マルテンサイトは新しい磁性体として注目されている巨大飽和磁化磁性体：$Fe_{16}N_2$ 窒化物の作製過程において得られている。

第 1 章で述べたようにこの $Fe_{16}N_2$ 窒化物は結晶構造がマルテンサイトの体心正方晶 (bct) と全く同じであり，見方を変えれば N 濃度が $Fe_{16}N_2$ よりも少ない相がマルテンサイトであると言える。各相の記号はマルテンサイトが (α') そして $Fe_{16}N_2$ は (α'') として区別されている。

図 44 は蒸着を用いた $Fe_{16}N_2$ の作製方法を示している[38]。蒸着の種結晶として

6. 恒温マルテンサイト変態と蒸着マルテンサイト

格子定数が $Fe_{16}N_2$ の a 軸の格子定数とほぼ等しい単結晶を利用している。蒸着によって a 軸と同じ格子定数の結晶が種結晶の上に成長し，c 軸の N 濃度が $Fe_{16}N_2$ と同じになるように窒化時のアンモニアの濃度を調整することによって $Fe_{16}N_2$ を作製している。窒化する時のアンモニア濃度が少ないと $Fe_{16}N_2$ 窒化物は得られないが，ここで作製された蒸着膜は c 軸の格子定数が $Fe_{16}N_2$ の値より小さな結晶である。しかし，この結晶は a 軸が $Fe_{16}N_2$ の格子定数と同じで，c 軸が $Fe_{16}N_2$ の格子定数より小さいが $Fe_{16}N_2$ と同じ体心正方晶(bct)である。この体心正方晶の結晶はマルテンサイト変態で得られたマルテンサイトと同じ結晶である。

図 45 に蒸着膜における c 軸の格子定数の測定値を示している[39]。図中の P_{N_2}, V_g, I_g, t は各々ガス圧，グリッド電圧，グリッド電流，膜厚である。c 軸の格子定数が $Fe_{16}N_2$ の値である 3.14 Å より小さな値 3.05 Å まで変化している。これらの結晶が蒸着マルテンサイト(α'-$Fe_{16}N_2$)である。

図 46 には蒸着膜の N 濃度の相違によって得られた飽和磁化

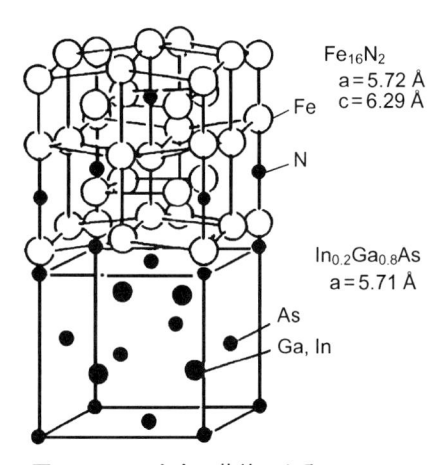

図44 Fe-N 合金の蒸着による $Fe_{16}N_2$ 単結晶薄膜の作製法

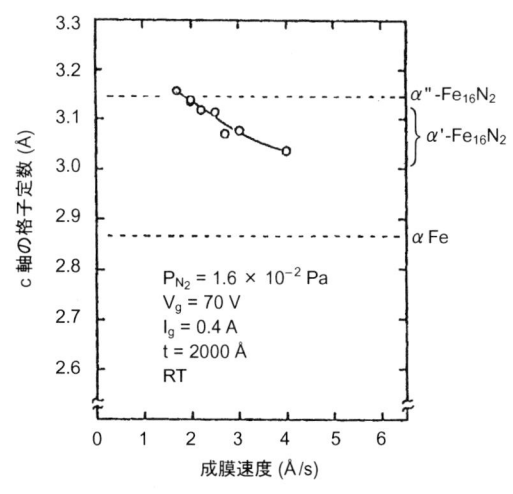

図45 α' Fe-N 薄膜の c 軸の格子定数の成膜速度依存性

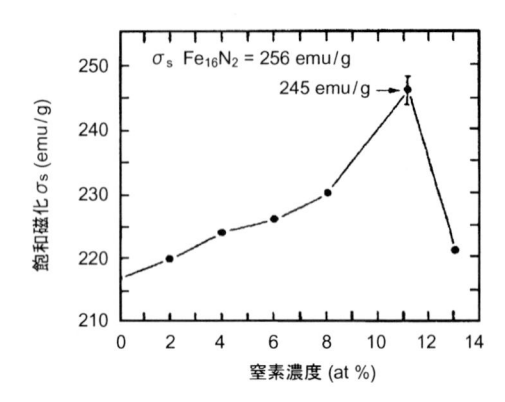

図46
Fe-N 薄膜の窒素濃度に対する飽和磁化の変化

値の測定値を示した[40)]。前述のように N 濃度が $Fe_{16}N_2$ の濃度に達していない結晶がマルテンサイトであり,蒸着マルテンサイトである。それゆえ,この結晶は蒸着マルテンサイトと呼ばれる別種のマルテンサイトとして区分される。また,磁性材料の分野では蒸着マルテンサイトを「α'-$Fe_{16}N_2$」,そして $Fe_{16}N_2$ 窒化物を「α''-$Fe_{16}N_2$」のように表示して区別されている。

すなわち,$Fe_{16}N_2$ の化学量論化合物から N 濃度が減少した非化学量論化合物($Fe_{16}N_{2-x}$)と解釈して α'-$Fe_{16}N_2$ と表示されている。ここで x の値は $0<x<0.8$ の範囲である。

7. 巨大飽和磁化磁性体 $Fe_{16}N_2$ の変遷

　第二部の第1章および第4章で述べているように，$Fe_{16}N_2$ は1972年に高橋 實らによって巨大飽和磁化を示す磁性体として報告された[41]。ガラス板に少量の窒素ガス雰囲気中で Fe を蒸着して得られた蒸着膜の磁化測定により求められた結果である。その後単結晶薄膜の $Fe_{16}N_2$ が作製され巨大飽和磁化値が示されたり，同じ単結晶薄膜でも巨大飽和磁化値を示さない報告も出されてきている[42]。第二部では1994年までの報告について纏めたが，$Fe_{16}N_2$ が巨大値を持つ磁性体であるかどうか結論が出されていなかった。

　その後も多くの研究が報告されてきているが，現在においても $Fe_{16}N_2$ が巨大飽和磁化を示す磁性体であるかどうかの結論は依然として出されていないと言えよう。表2[41)-57)] に2000年までに報告された主な結果を纏めて示した[58]。

　表中で，α：フェライト相，γ：オーステナイト相，ε：イプシロン相，α'：蒸着マルテンサイト相，α''：$Fe_{16}N_2$，γ'：Fe_4N，ζ：Fe_2N，σ_s：飽和磁化値，$V_{\alpha''}$：α'' の体積率，である。

　また，Evap.：蒸着，Ion Impla.：イオン注入，MBE：分子線エピタキシャル，RFS：高周波スパッタ，IBS：イオンビームスパッタ，FTS：対面ターゲットスパッタ法，DCS：直流スパッタ法，MD：分子動力学法，SB：基板バイアス法，Mö：メスバウアー測定，XRD：X線回折，TEM：透過電顕，である。

7.1　$Fe_{16}N_2$ を含む bulk Fe の飽和磁化

　巨大飽和磁化に関する $Fe_{16}N_2$ の報告は殆んどが種々の方法で得られた薄膜によって調べられている。前述のように $Fe_{16}N_2$ は bulk Fe においては N を含む過飽和固溶体からも析出する。従って巨大飽和磁化を持つ $Fe_{16}N_2$ を多く析出した bulk Fe では純鉄より高い飽和磁化値を示すことが期待できる。

表2 α"$Fe_{16}N_2$化合物研究の変遷

年	著者	方法	雰囲気	基板	膜厚 [Å]	σ_s (net at R.T.)	σ_s (α'' at R.T.)	相	$V_{\alpha''}$（方法）[%]	Ref.
1972	T.K.Kim	Evap.	N_2	glass	500	1900 emu/cm³	2200 emu/cm³	$\alpha'' + \alpha$	50-80(σ_s-T)	41
1990	Nakajima	Ion Impla.	N_2	MgO	2000	245 emu/g	257 emu/g	$\alpha + \alpha' + \alpha''$	30(Mö+XRD)	45
1991	Komuro	MBE	N_2+NH_3	$In_{0.2}Ga_{0.8}As$	500	2.9 T	2.9 T	α''	100(XRD)	46
1992	Takahashi	FTS	$Ar+N_2$	MgO	3000	218-230 emu/g	240 emu/g	$\alpha + \alpha' + \alpha''$	23-36(Mö+XRD)	42
1993	C.Gao	RFS	$Ar+N_2$	glass	2500	227 emu/g	315 emu/g	$\alpha + \alpha'' + \gamma'$	18(TEM)	43
1993	Satou	FTS	$Ar+N_2$	GaAs	2000	1760 emu/cm³		$\alpha + \alpha'' + \gamma$	Small(XRD)	47
1994	J.M.Coey	760℃ +Q	NH_3+H_2		Powder	202-213 emu/g	243 emu/g	$\alpha + \alpha''+ \gamma+ \gamma'$	20-40(Mö)	44
1994	X.Bao	650℃ +Q	NH_3+H_2		Powder	170 emu/g	310 emu/g	$\alpha + \alpha'' + \gamma$	30-40(Mö+XRD)	48
1994	W.E.Wallace	950 K+Q	NH_3+H_2			189 emu/g	285 emu/g	$\alpha + \alpha'' + \gamma$		49
1994	H.Jiang	IBS	N_2	GaAs	2500	237 emu/g		$\alpha + \alpha''$	55(XRD)	50
1994	Ortiz	DCS	$Ar+N_2$	MgO	200-850	250 emu/g		$\alpha + \alpha'' + \varepsilon$		51
1995	Utsushikawa	MD	N_2	glass	1300	2060 emu/cm³	2210 emu/cm³ 1710 emu/cm³	$\alpha + \alpha'' + \varepsilon + \gamma' + \zeta$	78.1(XRD) 49.3(XRD)	52
1996	D.C.Sun	FTS	$Ar+N_2$	NaCl		2200 emu/cm³	2200 emu/cm³	α''	100(XRD)	53
1996	S.Okamoto	SB	$Ar+N_2$	GaAs	200-2000	25 kG($4\pi M_s$)	2.4, 3.2 μ_B	$\alpha' + \alpha''$		54
1997	Shinno	Ion Impla.	N_2	MgO	500-2500	2.4 μ_B		$\alpha + \alpha' + \alpha''$	36(XRD)	55
1997	Xing-Zhao	IBS	NH_3	Ge	2000-3560	215-230 emu/g		$\alpha + \alpha' + \alpha''$		56
1997	Brewer	DCS	$Ar+N_2$	Si	650	1780 emu/cm³		$\alpha' + \alpha''$	46	57

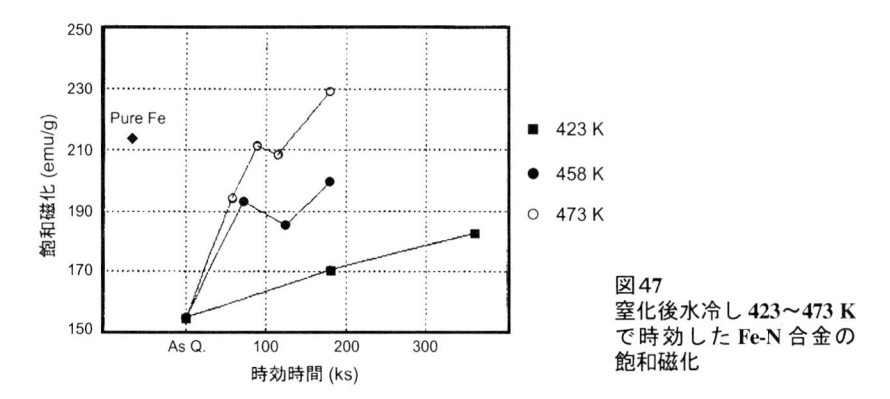

7. 巨大飽和磁化磁性体 $Fe_{16}N_2$ の変遷

図47
窒化後水冷し 423〜473 K
で時効した Fe-N 合金の
飽和磁化

この bulk Fe による報告 (第二部 1.4) は少なく，Fe-0.05 wt%N 合金であったため $Fe_{16}N_2$ の析出量が少なく，可能性を示す程度であった。

最近，N を多量に含む $α'$ マルテンサイトを持つ bulk Fe の報告が出された[59]。図47には NH_3 ガス中で純鉄板 (0.3 mm) を窒化後水冷し，423〜473 K で時効して得られた飽和磁化を示した。窒化後得られた試片の表面部は Fe_4N 層，中間部は $γ$ 相，内部は $α$ 相である。中間部の $γ$ 相は焼入れ時にマルテンサイト変態を起こして高濃度の N を含むマルテンサイトに変態している。

N を固溶した $αFe$ の飽和磁化は N 量の増加に伴って減少するため As quench では純鉄よりかなり小さな値を示しているが，時効時間の増加と共に飽和磁化値は増加を示している。458 K 以下の時効では純鉄の値より小さいが，473 K では時効に伴って急激に増加して純鉄の 210 emu/g を越え 230 emu/g に達している。473 K の時効ではマルテンサイトが分解して多量の $Fe_{16}N_2$ を析出し，また内部の $α$ 相でも $Fe_{16}N_2$ を析出している。これらのことから高い飽和磁化値が得られたものと思われる。表面部の Fe_4N 相の飽和磁化値は 193 emu/g であり，純鉄よりも小さい値なので，全体の飽和磁化値を逆に減少させる作用を持っている。それにも拘らず試片は純鉄より高い値を示すことからも析出した $Fe_{16}N_2$ がかなり大きな飽和磁化を持つと見なされるであろう。

写真 13 の a) は中間部の $γ$ 相の窒化後焼入れた As quench の組織 (SEM) である。焼入れ時に変態した典型的なマルテンサイト組織を示している。

写真 13 の b) は 423 K で 50 時間時効したマルテンサイト部の組織である。組織

は細かくはなっているがマルテンサイトから(α + Fe$_{16}$N$_2$)への分解がほとんど進んでいないようである。

写真14のa)は473Kで16時間時効したマルテンサイト部の組織である。時効によりマルテンサイトの分解が完全に進み，高密度のFe$_{16}$N$_2$の析出が起こっている。変態前のマルテンサイト葉の形状を残しながら微細なFe$_{16}$N$_2$析出物が認められる。

写真14のb)は473Kで16時間時効した内部のα相の組織である。N濃度が低いためα相中に析出したFe$_{16}$N$_2$の密度はかなり小さい。従って，高濃度のNを含むマルテンサイト相の完全な分解によるFe$_{16}$N$_2$の析出密度はα相中の組織と比べて高密度である。また時効によりFe$_{16}$N$_2$を析出するとαFe中のN量はFe$_{16}$N$_2$の溶解度まで減少し，αFeの飽和磁化値は増加する。そして巨大飽和磁化を持つFe$_{16}$N$_2$が析出することによってさらに増加し，この析出したFe$_{16}$N$_2$の量（体積）が多いほど高い飽和磁化値が得られる。

上記のことから高濃度のNを含むマルテンサイト相を多く含むbulk Feを作成し，473 K時効で多量のFe$_{16}$N$_2$を時効析出させることによって純鉄をかなり越える，高い飽和磁化値を持つbulk Feが期待できることが示された。

a) As quench

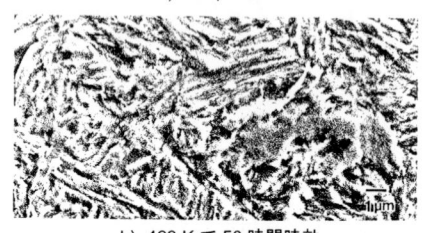

b) 423 Kで50時間時効

写真13 Fe-N合金の組織（SEM）

a) マルテンサイト部の組織

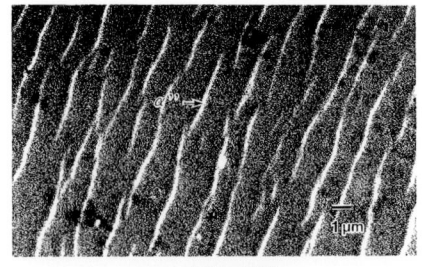

b) α相部の組織

写真14 Fe-N合金の時効組織（473 Kで16時間時効）

おわりに

　鋼中の窒素に関する研究は国内外で盛んに行われてきており，数多くの研究・開発論文が発表されている。これらの内から最近の研究・開発論文の詳細が「鋼の諸特性に対する窒素の有効性」研究会(ISIJ)の調査報告書（日本鉄鋼協会より近々発行予定）に纏められている。

　報告書の主要な項目
1. 製造技術（加圧溶融法・固相法）
2. 窒化鉄の物性（窒化物・析出・相変態）
3. 強度特性（引張・衝撃・クリープ・疲労・変形機構）
4. 環境特性（海水・高温腐食，生体・燃料電池・環境）
5. 表面改質（真空・プラズマ窒化，摩擦・腐食・疲労）
6. 溶接・接合技術（アーク・レーザー溶接，固相接合）
7. 国際会議・欧州の窒素研究（研究トピックス）
8. 窒素添加合金鋼一覧（国内外の規格材・独自開発材）

　上記報告書には最近の研究・開発情報が系統的に幅広く網羅されているので参照されたい。

参考文献

1) T.K.Kim, M.Takahashi; Appl.Phys.Lett., **20**(1972)492
2) M.Komuro, Y.Kozono, M.Hanazono, Y.Sugita; J.Appl.Phys., **67**(1990)5126
3) Migaku Takahashi, H.Syoji, H.Takahashi, T.Wakiyama, M.Kinoshita; IEEE Trans. Magn., **29**(1993)3040
4) C.Gao, W.D.Doyle; J.Appl.Phys., **73**(1993)6579
5) W.C.Jonson; Acta Metall., **32**(1984)465
6) T.Miyazaki, K.Seki, M.Doi, T.Kozakai; Meter.Sci.Eng., **77**(1986)125
7) J.K.Lee; Mtall.Trans., **22A**(1991)97
8) M.Sakamoto; TERMEC2000, Inter. Conf. on Thermodynamic Processing of Steels and Other Metals, Vol.1(2000)657
9) 坂本政祀; 日本鉄鋼協会春季講演会講演概要, 17(2004)1176
10) S.Shang, A.J.Böttger, M.P.Steenvoorden, M.W.J.Craje; Proc. of High Nitrogen Steels 2004, GRIPS media, (2004)87
11) H.A.Wriedt, N.A.Gokucen, R.H.Nutziger; Bulletin of Alloy Phase Diagram, **8**(1987)355
12) M.I.Pekelharning et al.; Mater. Sci. Forum, **318/320**(1999)115
13) M.Sakamoto; TERMEC '97, Inter. Conf. on Thermodynamic Processing of Steels and Other Metals, Vol.1(1997)317
14) M.Sakamoto; HNS 2003, High Nirtogen Steels, Institute of Metals ETH Zurich, (2003) 377
15) M.Sakamoto; TERMEC2003, Inter. Conf. on Processing & Manufacturing of Advanced Materials,Part 2(2003)981
16) L.T.Dijkstra; J.Metals, **1**(1949)252
17) C.Wert; Acta Metall., **2**(1954)361
18) J.F.Butler; J.Iron Steel Inst., **204**(1966)127
19) 坂本政祀, 今井勇之進; 日本金属学会誌, **44**(1980)1329
20) 坂本政祀, 今井勇之進, 増本 健; 日本金属学会誌, **37**(1973)1212
21) 坂本政祀, 今井勇之進, 増本 健; 日本金属学会誌, **37**(1973)708
22) 坂本政祀; 宮城工業高等専門学校研究紀要, **35**(1999)49
23) M.Sakamoto; Proc. Inter. Conf. on High Nitrogen Steels (1998)96
24) 市山 正, 川崎正之, 高階喜久男; 日本金属学会誌, **24**(1960)456

25) 市山 正, 川崎正之, 工藤寛弘, 脇 修；日本金属学会誌, **23**(1959)717
26) 今井勇之進, 坂本政祀；日本金属学会秋季大会講演概要, (1972)
27) 大村朋彦, 櫛田隆弘, 宮田佳織, 小溝裕一；鉄と鋼, **90**(2004)106
28) 坂本政祀；宮城工業高等専門学校研究紀要, **21**(1975)61
29) C.Wert; Acta Metall., **2**(1954)361
30) W.Koster, L.Baugert; Arch.Eisenhutt, **25**(1954)231
31) 安彦謙次, 今井勇之進；日本金属学会誌, **37**(1973)657
32) B.Bose, M.Hawkes;Trans AIME, **188**(1950)307
33) T.Bell, B.C.Farnell; Institute of metals Monograph, (1968)
34) 坂本政祀；宮城工業高等専門学校研究紀要, **35**(1999)49
35) M.Sakamoto; Proc. Inter. Conf. on High Nitrogen Steels, (2002)10
36) 坂本政祀；ふえらむ, **9**(2004)34
37) 今井勇之進, 泉山昌夫, 土屋正行；日本金属学会誌, **29**(1965)1047
38) 小室又洋, 小園裕三, 華園雅信, 杉田 愃；日本応用磁気学会誌, **13**(1989)301
39) 木下郁夫, 大田和三郎, 国井 誠, 庄司弘樹, 高橋 研；第16回日本応用磁気学会講演概要集, p.168(1992)
40) 中島健介, 岡本洋一；日本応用磁気学会誌, **14**(1990)271
41) T.Kim, M.Takahashi; Appl.Phys.Lett., **20**(1972)492
42) MigakuTakahashi, H.Shoji, H.Takahashi, T.Wakiyama, M.Kinoshita, W.Ohta; IEEE Trans.Magn., **29**(1993)3040
43) C.Gao, W.D.Doyle; J.Appl.Phys., **73**(1993)6579
44) J.M.D.Coey, K.O'Donnell, Q.Qinian, E.Touchais, K.H.Jack; J.Phys., Condens Matter **6**(1994)L23
45) K.Nkajima, S.Okamoto; Appl.Phys.Lett., **56**(1990)92
46) M.Komuro, Y.Kozono, M.Hanazono,Y.Sugita; J.Appl.Phys., **67**(1990)5126
47) M.Satoh, A.Morisako, M.Matsumoto; Digest of 17th annual Conference on Magnetics in Japan, 1993, p.142
48) X.Bao, R.M.Metzger, M.Carbucicchio; J.Appl.Phys., **75**(1994)5870
49) M.Q.Huang, W.E.Wallance, S.Shimizu, A.P.Pedziwiatr, S.G.Sankar; J.Appl.Phys., **75**(1994)6574
50) H.Jiang, K.Tao, H.Li; J.Phys., Condence Matter **6**(1994)L279
51) C.Ortiz, G.Dumpich, A.H.Morrish; Appl.Phys.Lett., **65**(1994)2737
52) Y.Utsushikawa, K.Niizuma; J.Appl.Compounds, **222**(1995)188

53) D.C.Sun, E.Y.Jiang, M.B.Tian, C.Lin, X.X.Zhang; J.Appl.Phys., **79**(1996)5440
54) S.Okamoto, O.Kitakami, Y.Shimada; J.Appl.Phys., **79**(996)5250
55) H.Shinno, M.Uehara, K.Saito; J.Mater.Sci., **32**(1997)2255
56) X.Z.Ding, F.M.Zhang, J.S.Yan, H.L.Shen, X.Wang, X.H.Liu, D.F.Shen; J.Appl.Phys., **82** (1997)5154
57) M.A.Brewer, C.J.Echer, K.M.Krishnann; J.Appl.Phys., **81**(1997)4128
58) Migaku Takahashi, H.Shojin; J.Magnetism and Magnetic Materials., **208**(2000)145
59) M.Sakamoto: 宮城工業高等専門学校研究紀要, **32**(1996)51

索　引

[あ 行]

亜鉛ボンド磁石の減磁曲線……………… 125
エポキシボンド磁石のヒステリシス曲線
　　………………………………………… 125
エレクトロ・トランスポートの測定 ……… 19
エレクトロスラグ溶接……………………… 85
塩化物応力腐食割れ（ステンレスの）…… 81
延性脆性遷移温度………………………… 87
オーステナイト系ステンレス鋼の腐食…… 80
──────系耐熱鋼（の溶接）……… 88
──────鋼の応力腐食割れ成長速度
　　………………………………………… 133
──────ステンレス鋼応力腐食割れ
　　成長速度……………………… 131
──────窒素鋼の化学組成……… 129
──────での固溶体硬化（合金元素の
　　影響）……………………… 66
──────の格子定数……………… 47
応力強さと雰囲気の影響（応力腐食割れの）
　　………………………………… 131
応力－伸び曲線（Fe-0.15Nb-1.45Mn 合金）
　　………………………………… 138
応力－歪み曲線の温度依存性(Fe-0.1Nb)…137
応力腐食割れ（ステンレス鋼の）………… 80
────────（SCC）…………… 130
────────に無感な超高強度鋼……… 130
温度依存性（N の拡散係数の）………… 73

[か 行]

加圧エレクトロスラグ再溶解法…………… 28
界面化学反応速度定数……………… 29, 30

下降伏応力と N ……………………………… 56
画像解析（Fe_4N 析出物の）……………… 180
過飽和固溶体……………………… 166, 167
含窒素（N）オーステナイト系耐熱鋼 …… 66
──────オーステナイト鋼からの析出
　　………………………………………… 51
──────フェライト系耐熱鋼 ………… 64
──────α-Fe の焼入れ時効 ……… 41
──────の歪み時効 ……………… 41
機械的性質（オーステナイト窒素鋼の
　　線引き後）……………………… 129
機械的性質と窒素……………………… 55
キュリー点の比較（各種化合物の）…… 122
共振曲線の分離解析……………………… 75
強磁性体 Fe_4N ……………… 113, 117, 168
強度と靭性……………………… 129
────（固溶 N 量の影響）……… 128
強度におよぼす N の影響 ……………… 55
巨大磁気モーメント磁性体の発見……… 112
巨大飽和磁化……………………… 139
巨大飽和磁化磁性体 $Fe_{16}N_2$ …… 164, 206, 209
繰返し析出（Cycle precipitation）……… 182
────（Fe_4N の）……………… 179, 182
────（$Fe_{16}N_2$ の）……………… 184
クリープ挙動と N ……………………… 135
クリープ破断強度……………………… 68
クロム窒化物の析出……………………… 51
結晶方位関係（$\alpha''Fe_{16}N_2$ と MgO の）… 146
恒温変態図（Fe-0.022N 合金の）………… 43
恒温変態における硬度変化…… 177, 199, 203
──────────2 段析出 ……… 177

220　　　　　　　　　　　　　索　引

恒温マルテンサイト変態………………… 203
格子定数と N 濃度 ……………………… 166
孔食電位（ステンレス，高合金の）……… 82
高速度鋼の焼戻し挙動（N の影響）…… 135
高窒素オーステナイトステンレス鋼の
　　応力腐食割れ………………………… 132
高窒素オーステナイト鋼の透磁率……… 133
鋼中窒化物の抽出分離定量法…………… 92
降伏強度と破壊靭性（Nitrogen Steel の）… 127
降伏強さ（冷間加工の）………………… 128
固溶窒素の有効原子価…………………… 19

[さ 行]
サブマージアーク溶接（SAW）………… 85
磁気的性質………………………… 134, 165
磁気ヘッド材料の飽和磁化……………… 93
磁気変態（Fe$_4$N の）……………………… 5
磁気モーメント…………………………… 150
────の窒素濃度依存性………… 117
磁気履歴曲線（磁性材料の）…………… 119
時効………………………………… 172, 173
時効析出…………………………… 171, 174
時効（析出）曲線 ……………… 44, 45, 171,
　　　　　　　　　 172, 174, 175, 193, 194, 195
磁石材料の特性…………………………… 123
磁性材料の中の注目元素………………… 119
────の飽和磁化（年代順の）……… 120
準安定相 Fe$_{16}$N$_2$ …… 118, 163, 171, 173, 177
衝撃値（N の影響）……………………… 89
状態図の熱力学的な計算（Fe-Al-N の）… 10
蒸着マルテンサイト……………… 167, 206
上部棚エネルギー………………………… 86
シリコン窒化物…………………………… 39
試料薄膜作製条件………………………… 141
真空下粉体上吹法（VOD-PB）………… 29

新磁性体 Fe$_{16}$N$_2$ の展望 ………………… 118
ステンレス鋼の腐食（N の影響）……… 77
────の引張り強さ（N の影響）…… 67
────────と伸び………… 70
スネークピーク…………………………… 73
────（Fe-C-N 合金の）……… 193
────（N の）……………………… 190
スネークピーク値（Q$_{max}^{-1}$）………… 171, 174
────（Fe-C-N 合金の）
　　　　　　　　　　　　………… 193, 194
────（Fe-Nb-N 合金の）
　　　　　　　　　　　　……………… 191
整合析出（Fe$_{16}$N$_2$ の）……… 167, 173, 176
析出（Fe$_4$N の）……… 171, 172, 173, 174, 177
セルフシールドアーク溶接……………… 86
相互作用係数（Fe-N-Cr, Fe-N-Nb 系の）… 25
相互作用助係数…………………… 26, 31
────の温度依存性（オーステナイ
　　ト の）……………………………… 32
双晶………………………………………… 170
組成変調窒化合金膜……………………… 93

[た 行]
耐水素侵食性……………………………… 78
体積膨張（窒化物の）…………………… 165
────（Fe$_4$N の）……… 168, 170, 179, 184
────（Fe$_{16}$N$_2$ の）………………… 167
多元系の N 溶解度……………………… 31
炭素鋼（の溶接）………………………… 85
窒化物の体積変化………………… 165, 184
窒化物の分析……………………………… 91
────溶解度（固体鉄中の）……… 35
窒化物の溶解度積（オーステナイト中の）… 35
────（フェライト中の）…… 38
窒素（N）含有量と窒素圧（純鉄の）…… 33

索　引

窒素(N)系磁石材料の展望……………126
─────系磁石の組織展開………………121
─────吸収(固体鉄,鉄合金の)………31
─────吸収(溶融鉄,鉄合金の)………23
─────定量法……………………………91
─────添加法……………………………28,34
─────濃度の熱力学的計算値((Fe,Co)₄N
　　　　と平衡する)……………………14
─────の化学分析………………………91
─────の拡散係数(オーステナイトの)…69
─────の拡散係数(溶融鉄中の)………21
─────の拡散係数(α-Fe 中の)……21,73
─────の自己拡散係数…………………22
─────の溶解度(オーステナイトへの)…10
─────フィシャー(亀裂)………………63
─────溶解度(合金元素の影響)………23
─────────(溶融鉄合金の)…………24
─────────の計算式…………………25
中間温度脆性…………………………………68
超高強度鋼………………………………… 128
超高 N 鋼……………………………………71
鉄単結晶の応力-歪み曲線と N ……………55

[な 行]

内部摩擦(Fe-C マルテンサイトの)
　　　　………………………… 188, 189
─────(Fe-N マルテンサイトの) 187, 189
─────(Fe-Nb-N 合金の)………………190
─────(Mn の影響)……………………75
─────と窒素……………………………73
熱力学計算による等温断面図(Fe-Co-N 系の)
　　　　………………………………13

[は 行]

パーメンジュール………………112, 120, 164

非化学量論化合物…………………………208
ヒストグラム(Fe₄N 析出物長さ分布の)…180
歪み時効指数……………………………45, 46
─────の時効時間依存性………………43
─────の測定……………………………46
疲労挙動…………………………………… 134
フェライト系ステンレス鋼の腐食…………77
─────────の溶接……………………85
粉末冶金法による高窒素鋼の製造………134
平均ピンニング距離…………………………46
ボイドの発生……………………………… 170
飽和磁化の変化(と N 濃度)………………115
飽和磁化 σs の変化(単位胞体積に対する)
　　　　……………………………… 150
ボンド磁石の開発……………………… 125

[ま 行]

マルテンサイトの格子定数(N, C の影響)
　　　　………………………………47
マルテンサイト葉……………………… 212
マルテンサイトピーク………………… 187
─────────(Fe-N 合金の)………76
─────────値(Fe-C, Fe-N の)…189
メカニカルアロイング(MA)法(N 添加法)
　　　　………………………………34
メスバウアー効果………………………19, 49
─────測定……………………………147

[や 行]

焼戻し脆性と N ……………………………58
溶解度積の van't Hoff 表示…………………27
溶接金属の汚染(N による)………………85
─────の機械的性質(N の影響)………85
─────の高温特性値……………………88
─────の窒素吸収………………………85

索引

溶接金属のフェライト量（Nの影響）……89
溶接熱影響部（HAZ）……………85, 87
溶融鉄合金の脱窒素………………………29

［ら 行］

臨界窒素含有量（ブローホール生成の）……28
冷間加工後窒化した合金の機械的性質… 137

［ギリシャ文字］

α 相からの2段析出 ………………… 171
α-Fe中のN溶解度（$Fe_{16}N_2$, Fe_4Nと平衡する）
　……………………………………………38
α' 相 ………………… 143, 150, 166, 167
α'-$Fe_{16}N_2$（蒸着マルテンサイト）……… 207
α'' 相 ………………… 143, 151, 164, 167
α''-$Fe_{16}N_2$ ………………… 139, 142, 208
――――研究の変遷………………… 210
γ 結晶粒度特性（Al, N量と）……………60
γ 相……………………… 165, 167, 211
γ-Fe のN溶解度 ………………………33
γ' 相 ………………………… 164, 165, 168
γ'(Fe_4N_{1-x}) の格子定数 ………………… 5
――――の熱膨張係数 ………………… 5
ε 相……………………… 163, 165, 168
ε 炭化物（Fe_2C）の析出 ………… 194, 196
ε-Fe_2N ………………………………… 168
ε-Fe_3N ………………… 163, 164, 168
π 相………………………………………52
π 相析出…………………………………51
σ 相の析出とN………………………………53
ζ 相……………………………… 164, 165

［英 字］

Al-N 鋼（の機械的性質）………………59
Al-Nb-N 鋼のAlN析出範囲………………62
B-N 鋼（の機械的性質）………………59
bulk Fe の飽和磁化 ……………… 209
Cr-Fe-C-N の断面組織図 ………………16
Cr-Fe-Ni-N 系等温断面図 ………………52
――――の断面組織図………………17
Fe 系軟磁性材料 ……………………… 113
Fe 原子磁気モーメントと飽和磁化 … 117
Fe 窒化物 ……………………………… 163
Fe 窒化物と固溶体 ……………………… 166
Fe の粒界拡散係数 ………………………21
Fe-11at%N 薄膜のメスバウアースペクトル
　……………………………………………… 149
Fe-18Cr-Ni-N 系 ……………………………18
Fe-C 合金のMs 点 ………………………48
Fe-C-N 合金の焼入れ時効 ……………… 192
Fe-Co-N 合金のC 曲線 ………………45
Fe-Cr-C-N ……………………………………15
Fe-Cr-Ni-C-N 系 ……………………………18
Fe-M-N 系の内部摩擦 ……………………74
Fe-Mo-N 合金のC 曲線 ………………45
Fe-N 系の電子構造 ……………………… 116
Fe-N 結晶構造のデータ …………………… 7
Fe-N 合金の機械的性質と焼戻し温度 … 57
――――の繰返し析出 ……………… 179
――――の恒温変態 ……………………… 197
――――の恒温変態における硬度変化… 198
――――のマルテンサイト ………… 47, 49
――――のMs 点 ……………………………48
――――の2段析出 ……………………… 171
Fe-N 状態図の相変化 …………………… 7
――――平衡状態図 ……………………… 6
――――膜の B_s とN濃度 ………………… 115
――――マルテンサイトの内部摩擦 ……… 187
――――マルテンサイトの焼戻し ……………49
Fe-Ni-N ………………………………………14

索 引

Fe-Ni-N 系の液相面 …………………… 14
──合金の C 曲線 ………………… 45
Fe-W-N 合金の C 曲線 ………………… 45
Fe_2N …………………… 164, 165, 168
Fe_2N と ε 相 ……………………… 168
Fe_3N …………………………… 163, 165
Fe_4N（強磁性体）………… 113, 117, 168
──析出物の成長と分解 ………… 179
──析出物の長さ分布ヒストグラム … 180
──相の恒温組織変化 …………… 169
──と γ 相 ……………………… 167
──の繰返し析出 ………… 179, 182
──の結晶構造 …………………… 164
──の磁気変態 ……………………… 5
──の析出 …… 171, 172, 173, 174, 177
──の析出（亜結晶粒界からの）……… 44
$Fe_{16}N_2$ 単結晶薄膜 ………………… 115
──と α' 相 ……………………… 166
──の繰返し析出………………… 184
──の結晶構造………………… 111, 163
──の格子定数……………………… 146
──の磁気定数……………………… 112
──の磁性…………………………… 93
──の X 線回折パターン（InGaAs 上の）
  ……………………………………… 144
──の X 線回折パターン（MgO 上の）
  ………………………………… 143, 145
──薄膜作製 ………………… 114, 207
──薄膜の積分強度比 R_1 と $σ_s$ ……… 152
──薄膜の飽和磁化………………… 140
──薄膜のメスバウアースペクトル… 148
──薄膜の B_s の温度依存性 ………… 154
──薄膜の B_s の温度変化 ………… 115
──薄膜の $σ_s$ 温度依存性 ………… 153
──を析出した bulk 鉄 …………… 118

Hillert-Staffansson の副格子模型 ………… 18
HSLA（High Strength Low Alloyed）鋼 … 136
Mn-N オーステナイト鋼の応力腐食割れ
  ……………………………………… 132
Mn_4N への Fe の溶解度 ………………… 12
N と H の相互作用 ……………… 170, 192
N のスネークピーク …………………… 190
Nb-N 鋼 ………………………………… 63
$Nd_2Fe_{14}B$ ……………………………… 122
Nitromagnet …………… 111, 121, 126, 165
Nitromagnetism ……………………… 126
Nitronic 50 鋼 …………………………… 51
N_2 ガスの溶解度（Fe-Al 合金への）……… 10
N_2 の溶解度（Fe-Ni 合金への）………… 15
RH 真空精錬法 ………………………… 29
Scavenging 効果 ……………………… 63
SEM 組織写真 … 169, 170, 173, 176, 211, 212
Sieverts の法則 ………………………… 26
Slater-Pauling 曲線 …………………… 113
$Sm_2Fe_{17}N_3$ ……………………………… 94
$Sm_2Fe_{17}N_x$ 系磁石材料 ………………… 121
──圧粉磁石 ……………………… 126
──の結晶構造 …………………… 123
──の N 組成 …………………… 124
Th_2Ni_{17} 型結晶 ……………………… 123
Th_2Zn_{17} 型結晶 ……………………… 123
TiN（溶接時の） ………………………… 86
TTT 曲線 ……………………… 197, 202
V-N 鋼 …………………………………… 62
X 線回折パターンの変化（$Fe_{16}N_2$ の加熱
  による） ………………………… 151
Z 相（$Cr_2Nb_2N_2$）……………………… 52

[数 字]

2 相ステンレス鋼の溶接 ………………… 87

2相ステンレス鋼の溶接の腐食 ……………78
2段析出 …………………… 171, 185, 194, 200
――― （Fe-Co-N 合金の） ……… 45, 174
――― （Fe-Ni-N 合金の） ……… 45, 174
――― （Fe-W-N 合金の）………… 45, 175
――― （α相からの）………………… 171

2段析出の組織観察 ……………………… 172
―――の組織観察（Fe-W-N 合金の）… 176
475℃脆性と N ………………………………53
523 K 以下の恒温変態 …………………… 199
1000 h 破断時間（C と N の影響）…………69

編者紹介

今井 勇之進（いまい ゆうのしん）

昭和 6 年 3 月 東北帝国大学工学部金属工学科卒業
〃 18 年 1 月 東北帝国大学助教授：金属材料研究所勤務
〃 22 年 3 月 東北帝国大学教授：金属材料研究所勤務
〃 46 年 3 月 東北大学定年退官
〃 46 年 4 月 東北大学名誉教授
〃 50 年 4 月 金属博物館館長
平成 13 年 9 月 死去

著者紹介

村田 威雄（むらた たけお）（第一部担当）

昭和 39 年 3 月 東北大学大学院工学研究科修士課程修了
〃 51 年 4 月 東北大学助教授：金属材料研究所勤務
〃 52 年 1 月 日揮株式会社技術開発本部
平成 10 年 12 月 日揮株式会社技術開発本部退職
現在：JICA シニア海外ボランティア

坂本 政紀（さかもと まさとし）（第二部，第三部担当）

昭和 44 年 3 月 東北大学大学院工学研究科博士課程修了
〃 48 年 1 月 東北大学講師：金属材料研究所勤務
〃 48 年 4 月 宮城工業高等専門学校助教授：金属工学科
〃 60 年 7 月 〃 教授：材料工学科
平成 15 年 3 月 〃 定年退官
平成 15 年 4 月 宮城工業高等専門学校名誉教授

増補版　鋼（はがね）の物性（ぶっせい）と窒素（ちっそ）

1994 年 11 月 30 日　初　版 第 1 刷発行
2005 年 12 月 15 日　増補版 第 1 刷発行

編　　　者　　今井 勇之進

著　　　者　　村田 威雄，坂本 政紀 ©

発 行 者　　比留間 柏子

発 行 所　　株式会社 アグネ技術センター
　　　　　　〒107-0062 東京都港区南青山 5-1-25
　　　　　　電話 03（3409）5329・FAX 03（3409）8237
　　　　　　振替 00180-8-41975

印刷・製本　　株式会社 平河工業社

Printed in Japan, 1994, 2005

落丁本・乱丁本はお取り替えいたします。
定価の表示は表紙カバーにしてあります。

ISBN4-901496-29-8 C3057